Propiedades Funcionales de Hoy

María Eugenia Ramírez Ortíz

OmniaScience

Propiedades Funcionales de Hoy

Editora:
María Eugenia Ramírez Ortíz
Facultad de Estudios Superiores Cuautitlán, Universidad Nacional Autónoma de México

ISBN: 978-84-945603-4-7
DOI: http://dx.doi.org/10.3926/oms.361

ÍNDICE

Capítulo 2
Frutas de cactáceas: Compuestos bioactivos y sus propiedades nutracéuticas

Capítulo 3

Glucomanano de konjac, un polisacárido bifuncional de origen asiático

PRÓLOGO

Alimentos funcionales de hoy

La tendencia de consumo de alimentos viene modificándose de unos años a la fecha, la aparición de enfermedades derivadas del estrés, el sedentarismo, la mala alimentación, en general el acelerado estilo actual de vida están obligando a los consumidores, a los médicos e inclusive al sector gubernamental a fomentar una alimentación más sana, más consciente en la población, dados los altos costos en el mantenimiento de enfermedades crónico degenerativas, la disminución de la productividad y calidad de vida de la población.

El reto de la industria alimentaria se encuentra en proponer alimentos innovadores que incluyan beneficios extras, que ataquen directamente los problemas de salud que más agobian a la población actual, con buenas características sensoriales, estabilidad, costo razonable pero sobre todo con un beneficio real para el consumidor, en este sentido, la investigación en el área de alimentos ha profundizado en averiguar qué ingredientes tienen beneficios, cómo preservar esos beneficios y cómo potenciar su uso al máximo en aplicaciones reales. Reconociendo que éstos muchas veces cuentan con componentes bioactivos que tienen características antioxidantes, antitrombóticas, hipoglucemiantes, anticariogénicas, etc. también es cierto que el aprovechamiento de estos bioactivos está limitado por la pérdida de sus propiedades durante el tránsito por el tracto gastrointestinal, debido a daños por el pH en el estómago, que su consumo es limitado por el sabor amargo o la acción astringente que presentan, que la cantidad de bioactivo en el alimento es pequeña y se requiere un consumo muy elevado del producto, lo cual es impráctico y a veces imposible. O como en el caso de los péptidos en su presentación nativa no presentan tal bioactividad.

La intención de este libro es hacer un recuento de algunos ingredientes con potencial para beneficiar la salud, iniciando con la fibra, uno de los primeros ingredientes de los que se ha hecho uso y que sigue evolucionando a la par que la industria alimentaria, luego se revisan algunos ingredientes como los provenientes de frutas de cactáceas, polisacáridos (como el konjac y los fructanos) que además de tener propiedades funcionales muy conocidas y empleadas para el desarrollo de nuevos productos se ha visto que tienen también beneficios para la salud. El caso de los péptidos que presentan bioactividad y las condiciones en las que se pueden obtener estas ventajas. Para el caso de las plantas, se ha visto que los beneficios pueden estar en diversas partes de la misma, hojas, raíz, tallo y es parte de lo que se trata en el capítulo 6 donde se estudian plantas reconocidas en diversas regiones por su actividad hipoglucémica y antioxidante. Por otro lado se revisan diversos procesos para proteger bioactivos mediante la encapsulación, donde además de poner una barrera que los protege de la luz, el oxígeno, también permite la liberación controlada hasta el intestino donde la mayoría se absorbe. También se estudia la aplicación de un concentrado proteínico para una población especial, siendo un ejemplo del proceso que se sigue para obtener un beneficio extra en un alimento para adultos mayores. Y finalmente se tiene una reflexión acerca de cómo los hábitos alimenticios han evolucionado para vivir la crisis de obesidad que se vive actualmente.

María Eugenia Ramírez Ortiz

Capítulo 1

FIBRA PARA EL FUTURO: PROPIEDADES Y BENEFICIOS

Ma. Andrea Trejo-Márquez*, Alma Adela Lira-Vargas, Selene Pascual-Bustamante

Universidad Nacional Autónoma de México, Facultad de Estudios Superiores Cuautitlán, Laboratorio de Postcosecha de Productos Vegetales, Centro de Asimilación Tecnológica, Cuautitlán Izcalli, Estado de México, México

andreatrejo@unam.mx*, adelavargas9@gmail.com, spluna27@gmail.com

https://doi.org/10.3926/oms.354

Trejo-Márquez, M.A., Lira-Vargas, A.A., & Pascual-Bustamante, S. (2016). Fibra para el futuro: propiedades y beneficios. En M.E. Ramírez Ortiz (Ed.). *Alimentos Funcionales de Hoy*. Barcelona, España: OmniaScience. 1-34.

Resumen

La fibra es un componente complejo de origen vegetal que incluye polisacáridos de plantas está constituida por los componentes estructurales de las paredes celulares como: la celulosa, la hemicelulosa, las pectinas y la lignina; los cuales son resistentes a la hidrólisis de las enzimas digestivas del intestino delgado y llegan al intestino grueso y son atacados por la microflora colónica, dando como resultado ácidos grasos de cadena corta, hidrógeno, dióxido de carbono y metano.

La fibra dietética se puede clasificar según diferentes criterios: origen botánico, naturaleza química de sus componentes, relación con la estructura de las paredes celulares, por las distintas características que las definen, por su composición química, por su situación en la planta o sus propiedades físico-químicas.

Los métodos de extracción y la diversificación de las fuentes utilizadas para obtener fibras ha sido uno de los temas de investigación de los últimos años. Los desechos de frutas, hortalizas y otros vegetales se han estudiado como fuentes alternas de fibra dietética. La fibra ha sido muy estudiada ya que ofrece diversos beneficios a la salud como prevenir la diabetes, cardiopatía o neoplasias del estómago, aligeramiento del tránsito intestinal, eliminación de grasas, entre otras. Además al presentar propiedades funcionales como: la capacidad de hinchamiento, la capacidad de retención de agua y la capacidad de retención de aceite, puede ser explotadas para el desarrollo de nuevos productos alimenticios, brindándole nuevas y mejores características al producto final.

Palabras clave

Fibra, vegetales, extracción, propiedades, funcionales

1.1. Introducción

La fibra está constituida por los componentes estructurales de las paredes celulares de los vegetales, entre los que destacan la celulosa, la hemicelulosa y las pectinas, así como la lignina, que aun cuando no es un hidrato de carbono, se encuentra asociada a ellos y es un compuesto no digerible por el tracto digestivo del humano. La composición de la fibra es muy variada en los distintos alimentos, y depende de muchos factores, entre los que destaca la madurez del producto (Badui-Dergal, 2006). Se conoce como fibra dietética (FD) a los componentes endógenos de las plantas, polisacáridos no almidón y lignina, que son resistentes a la digestión por las enzimas digestivas de los humanos. La FD se clasifica de una forma simplificada en soluble en agua (viscosa), que es fermentada en el colon por las bacterias (pectinas, gomas, mucílagos, β-glucanos y algunas hemicelulosas) e insoluble en agua (no viscosa) que sólo es fermentada en una parte limitada del colon (Fernández-Miranda, 2010).

La FD tiene diversas aplicaciones entre las que se encuentran ser un coadyuvante de la salud pública, incidiendo particularmente en los problemas de nutrición actuales. Los efectos derivados de la viscosidad de la fibra son los responsables de sus acciones sobre el metabolismo lipídico, hidrocarbonado y en parte su potencial anticarcinogénico. Las fibras insolubles son capaces de retener el agua en su matriz estructural formando mezclas de baja viscosidad; esto produce un aumento de la masa fecal que acelera el tránsito intestinal. También contribuye a disminuir la concentración y el tiempo de contacto de potenciales carcinogénicos con la mucosa del colon. El tamaño de la partícula de la fibra puede influir en su capacidad de captar agua y será un factor influyente en el procesado del alimento y en la masticación (Escudero-Álvarez & González-Sánchez, 2006).

En los últimos años se ha visto un auge del consumo de FD, producto de las recomendaciones de organismos internacionales, que ha obligado al mercado de alimentos a ofrecer productos combinados de fibra con otros nutrientes, como un elemento importante para una nutrición sana.

De acuerdo con el Comité de Expertos FAO/OMS, la recomendación diaria de FD total para adultos es de 25 g/día. La FD es un nutriente muy utilizado por la industria alimentaria y está siendo estudiada cada día más para su aprovechamiento. Los métodos de extracción y las diversas fuentes, es algo que ha ido incrementando las investigaciones a nivel mundial. La extracción de FD ha sido principalmente a partir de cereales de grano entero, sin embargo se han ido incluyendo otros grupos como: frutas y hortalizas (Cañas, 2010; García, Infante & Rivera, 2009; Pino, Cediel, & Hirsch, 2009).

1.2. La fibra dietética

1.2.1. Concepto

La fibra dietética o también llamada fibra alimentaria, constituye un importante componente de la dieta, no es una sustancia homogénea y existen diversos tipos de fibra, con mecanismos y efectos fisiológicos diferentes. A través del tiempo ha tenido diferentes conceptos (Tabla 1).

En la actualidad, la fibra total se compone de la suma de fibra dietética más fibra funcional o añadida, siento ésta una sustancia aislada o separada del alimento o sintetizada en el laboratorio.

La fibra funcional incluye además: otros polisacáridos no amiláceos o hidratos de carbono análogos como el almidón resistentes, diversos oligosacáridos como la inulina y disacáridos, compuestos asociados a las estructuras vegetales, macronutrientes como proteínas y grasa resistentes al ataque de enzimas digestivas y compuestos bioactivos como carotenos, fitoesteroles o polifenoles (Zarzuelo & Gálvez, 2010).

Por lo que finalmente podemos decir que la fibra es un componente complejo de origen vegetal que incluye polisacáridos de plantas y otros compuestos de la pared vegetal con la característica común de ser resistentes a la hidrólisis por las enzimas digestivas del intestino delgado y llegan al intestino grueso y son atacados por la microflora colónica, dando como resultado ácidos grasos de cadena corta (AGCC), hidrógeno, dióxido de carbono y metano.

1.2.2. Clasificación y composición

La fibra dietética se puede clasificar según diferentes criterios: origen botánico, naturaleza química de sus componentes, relación con la estructura de las paredes

Año	Autor	Concepto
1929	McCance y Lawrence	Hidratos de carbono no disponibles, no metabolizables, ni utilizables.
1953	Hispley	Componentes vegetales no digeribles que se encuentran en la pared celular vegetal.
1972	Trowell	Parte de las paredes celulares vegetales, incluidas en la dieta humana que resiste la acción de las secreciones del tracto gastrointestinal.
1974	Trowell	La definición anterior con la adición de sustancias asociadas a los polisacáridos estructurales tales como: la lignina, ceras, cutina, polifenoles, proteínas indigeribles, una fracción de lípidos y compuestos inorgánicos.
1976	Trowell	El remanente de los componentes de la planta que son resistentes a la hidrólisis por las enzimas intestinales humanas.
1981	Englyst y Asp	Conjunto de los polisacáridos, excepto el almidón y la lignina, que resisten a las enzimas del tracto gastrointestinal humano.
1986	Lanza y Butrom	Suma de todos los polisacáridos no amiláceos y la lignina, presente en los alimentos que no son digestibles por las secreciones endógenas del tracto digestivo humano.
1991	Nishimune, Sumimoto, Yakusiji, Kunita	Son todos los componentes indigeribles en los alimentos, los cuales son resistentes a las enzimas digestivas de humanos.
2001	American Association of Cereal Chemist	Es la parte comestible de las plantas o hidratos de carbono análogos que son resistentes a la digestión y la absorción en el intestino delgado, con completa o parcial fermentación en el intestino grueso. Incluye: polisacáridos, oligosacáridos, lignina y sustancias asociadas de la planta. La FD promueve efectos fisiológicos beneficiosos como: laxante y/o atenúa los niveles de colesterol y/o de glucosa en sangre.
2008	Codex Alimentarius	Se reconoce que existen tres categorías de fibra dietética, que no son necesariamente equivalentes. La primera categoría reconoce los carbohidratos intrínsecos de la pared celular vegetal, como la principal forma de fibra. La segunda y tercera categorías describen extraídos y polímeros de carbohidratos sintéticos y claramente establecen que para tales categorías para ser incluidos como FD, autoridades competentes deben estar seguros de que el efecto fisiológico beneficioso para la salud se ha demostrado mediante pruebas científicas generalmente aceptadas.

Tabla 1. Concepto de fibra dietética a través del tiempo (Mateu de Antonio, 2004; García-Peris & Velasco-Gimeno, 2007; García, Infante & Rivera, 2008; Zarzuelo & Gálvez, 2010; Macagnan, Picolli da Silva & Hecktheuer, 2016; Rainakari, Rita, Putkonen & Pastell, 2016).

celulares, por las distintas características que las definen, por su composición química, por su situación en la planta o sus propiedades físico-químicas.

De manera general, las fibras se suelen clasificar en función de dos de sus propiedades que son responsables de la mayoría de sus beneficios fisiológicos: comportamiento en contacto con el agua y capacidad de fermentación. Atendiendo a estas características hablamos de fibra insoluble y fibra soluble (Tabla 2).

Así, las fibras que contienen componentes insolubles con menor grado de retención acuosa inicial, tienden a tener un mayor efecto sobre la retención final de agua y, por lo tanto, sobre el peso fecal en comparación con las fibras solubles. La razón de este hecho, aparentemente paradójico, radica en que las fibras solubles que retienen más agua en los segmentos digestivos iniciales son fermentadas por la microbiota intestinal, con lo que se produce más masa bacteriana que contribuye a la masa fecal, pero desaparece el agua que retenían. Por el contrario, la fibra insoluble es mucho menos fermentable por la microbiota, contribuyendo decisivamente a los contenidos fecales por el residuo no digerido y en menor proporción al agua retenida. La mayoría de los alimentos tienen una mezcla de ambos tipos de fibra. El contenido medio de fibra soluble en algunos alimentos, expresado como porcentaje del contenido total de fibra, es el siguiente: 32% en cereales, verduras y hortalizas, 25% en leguminosas y 38% en frutas (Zarzuelo & Gálvez, 2010).

Los componentes químicos que constituyen la fibra se muestran en la Tabla 3. El contenido de estos compuestos depende también del grado de maduración del producto vegetal, puede decirse que el porcentaje de la celulosa aumenta con la maduración y lo contrario ocurre con la hemicelulosa y la pectina. La lignificación representa el envejecimiento de la planta (Escudero-Álvarez & González-Sánchez, 2006).

1.2.3. Fuentes de obtención

De acuerdo con la «Norma Oficial Mexicana NOM-043-SSA2-2005. Servicios básicos de salud. Promoción y educación para la salud en materia alimentaria criterios para brindar orientación», se consideran fuentes de fibra dietética a los cereales, verduras, frutas (de preferencia crudas y con cáscara), leguminosas y otros alimentos como orejones de chabacano o durazno, ciruela pasa, pasas, almendras y nueces.

Tipo de fibra	Característica	Función en el tracto intestinal (estomago, intestino delgado y colon)	Elementos de composición	Capacidad de fermentación
Fibra insoluble o escasamente fermentable y no viscosa	Son compuestos que debido a su composición química presentan una escasa capacidad para retener agua y van a actuar como una «esponja» de forma que el agua queda retenida en su matriz estructural, formando mezclas de baja viscosidad tanto en el estómago como en el intestino delgado.	• Aumenta el peso y el volumen de las heces. • Provoca una aceleración del tránsito intestinal y tiene efecto laxante. • Previene estreñimiento, diverticulosis y hemorroides. • Aumenta la producción de ácidos grasos de cadena corta (AGCC).	Lignina	Fibras no fermentables (<10%)
			Celulosa Algunas hemicelulosas	Fibras parcialmente fermentables (10-70%)
Fibra soluble o fermentable y viscosa	Son compuestos que forman soluciones muy viscosas en agua en el estómago y en el intestino delgado. La propiedad que presenta de retener agua le proporciona sus efectos fisiológicos, una vez que abandona el estómago y llega al colon, es un sustrato altamente fermentable por la microbiota colónica desencadenando varios efectos beneficiosos.	• Ralentizar el vaciamiento gástrico. • Ralentizar las funciones digestivas. • Disminución de la glucemia postpandrial. • Atenuación de los niveles plasmáticos de colesterol. • Efecto prebiótico y presenta un efecto antiinflamatorio, con una acción protectora frente diferentes patologías del colon. • Proporcionan sensación de saciedad.	Gomas Mucílagos Pectinas Determinadas hemicelulosas Almidón resistente Inulina Fructooligosacáridos Galactooligosacáridos	Fibras fermentables (>70%)

Tabla 2. Clasificación de fibra dietética en función del comportamiento en contacto con el agua y capacidad de fermentación (Mateu de Antonio, 2004; García-Peris, 2004; Escudero-Álvarez & González-Sánchez, 2006); García-Peris & Velasco-Gimeno, 2007; Gotteland & Peña, 2011).

Componente	Descripción	Fuente de obtención
Polisacáridos	Son polímeros de hidratos de carbono que contienen más de veinte residuos de monosacáridos	
Celulosa	Es un polisacárido estructural formado por unidades de glucosa, no ramificado con enlaces β(1-4) glucosídico, que forma parte de las paredes de los vegetales, tienen un grado de fermentación de 40-60%. Representa la molécula más abundante en la naturaleza.	Verduras verdes, frutas con piel, cítricos, frutos secos, cereales.
Hemicelulosa	Es un polisacárido de cadenas largas con ramificaciones y con una gran variedad de pentosas (D-xilanos) y hexosas (glucosa, manosa y galactosa) ácidos urónicos (galacturónico y glucurónico) y algunos desoxiazúcares en su composición, tienen un grado de fermentación de 60-80%.	Frutas, tallos de plantas y cáscaras de granos.
Pectinas	Son polímeros de ácido galacturónico unido a otros azúcares. La cadena principal posee segmentos de L-ramnosa, D-galactanos y L-arabinanos, unidos al galacturonato, tienen un grado de fermentación de 90-100% y tienen la capacidad de formar geles termorreversibles a pH 3, que en presencia de Ca y otros cationes divalentes los hace insolubles en agua. Se emplea en la elaboración de mermeladas y confituras.	Piel de las frutas, verduras.
Mucílagos	Son sustancias vegetales de carácter viscoso que tienen un grado de fermentación de 80-90%.	Granos, semillas del plántago, lino y algas, flores de malva.
Gomas	Moléculas de alto peso molecular, formadas por un tipo o varios tipos de monosacáridos, son polímeros heterogéneos, reticulares de hexosas, pentosas y ácidos urónicos; principalmente: L-arabinosa, D-galactosa, D-ramnosa y ácido D-glucurónico. Se encuentran en la paredes celulares de las plantas y en los exudados de éstas, tienen un grado de fermentación de 80-90%. Son utilizados como gelificantes y estabilizantes.	Componente natural de algunos alimentos. Aditivo sintético.

Componente	Descripción	Fuente de obtención
Oligosacáridos	Son hidratos de carbono con un nivel de polimerización de tres a diez moléculas de monosacáridos. Son compuestos resistentes a la hidrólisis por las enzimas digestivas humanas y se fermentan por bifidobacterias y los lactobacilos, han puesto de manifiesto su efecto prebiótico y tienen un grado de fermentación del 100%.	
Inulina	Es un fructano polidisperso que consiste en una mezcla de oligómeros y polímeros mayores formados por uniones β-(2-1) fructosil-fructosa. El grado de polimerización proveniente de la achicoria oscila entre 3 y 60, con un valor promedio de aproximadamente 10. Posee un sabor neutral suave, es moderadamente soluble en agua y otorga cuerpo y palatividad. Puede ser utilizada como sustituta del azúcar, reemplazante de las grasas, agente texturizante y/o estabilizador de espuma y emulsiones.	Plátano, cebolla, ajo, espárrago, puerro, alcachofa, trigo y centeno. A partir de la raíz de la achicoria y desde la sacarosa a través de la acción de la β-fructo-furanosidasa
Fructo-oligosacaridos (FOS)	Son oligosacáridos lineales de monómeros de fructosa con un grado de polimerización de entre 2 a 20 unidades y de entre 2 y 60 unidades, se obtiene mediante la hidrólisis enzimática parcial de la inulina, está compuesta por cadenas lineales de glucosil-fructosil, fermentan completamente en el colon.	Plátano, cebolla, raíz de achicoria, ajo, espárrago, alcachofa, puerro, trigo y centeno.
Galacto-oligosacaridos (GOS)	Son creados a partir de la acción de una enzima sobre la lactosa. Fermentan casi en tu totalidad en el colon.	Leche de vaca y de otros mamíferos Legumbres.

Continúa

(Cont.)

Componente	Descripción	Fuente de obtención
Derivados no hidratos de carbono	Se trata de un grupo referido a polímeros de naturaleza no hidrocarbonada.	
Lignina	Estructura compleja formada por compuestos fenólicos, polisacáridos, ácidos urónicos y proteínas. Contribuyen a dar rigidez a la pared celular haciéndola más resistente. No se digiere ni se absorbe, es atacada por la microflora bacteriana del colon, no tienen grado de fermentación. Una de sus propiedades más interesantes es su capacidad de unirse a los ácidos biliares y al colesterol retrasando o disminuyendo su absorción en el intestino delgado.	Semillas de fruta y vegetales maduros. Salvado de los cereales.
Análogos de hidratos de carbono	Son productos derivados del almidón o hidratos de carbono sintetizados artificialmente que no fueron digeridos en el intestino delgado, pero que si fueron fermentados en el colon.	
Almidón resistente	El concepto de almidón resistente engloba tanto al almidón como los productos procedentes de la degradación de éste. Prácticamente presenta una fermentación total en el colon aunque una pequeña porción es eliminada por las heces.	Granos, semillas parcialmente molidas, papas y plátano crudo.
Polidextrosa	Es un polímero sintético de glucosa con terminales de sorbitol y ácido cítrico. Es un buen humectante, efectivo para controlar la humedad de los productos. Posee un sabor neutro y una agradable palatabilidad. Puede ser utilizada como fuente de fibra o como prebiótico con efectos benéficos para la flora intestinal. Es conocida por ser un excelente agente de cuerpo, siendo un sustituto del azúcar y grasas.	Granos, semillas parcialmente molidas, papas y plátano crudo.

Tabla 3. Descripción y posibles fuentes obtención de cada tipo de componente de la fibra. (Moreno, 2000; García-Peris, Bretón, De la Cuerda & Camblor, 2002; Escudero-Álvarez & González-Sánchez, 2006; Badui-Dergal, 2006; García-Peris & Velasco-Gimeno, 2007; Olagnero et al., 2007; Gil, 2010).

Esta NOM también establece que se debe promover el consumo de muchas verduras y frutas -de preferencia crudas, regionales y de la estación- que son fuente de carotenos, de vitamina A y C, de ácido fólico y de fibra, y dan color y textura a los platillos; así como recomendar el consumo de cereales, de preferencia integrales o sus derivados y tubérculos, destacando su aporte de fibra y energía.

1.2.3.1. Fuentes convencionales

Es bien conocido que la fuente de fibra insoluble más común se encuentra en productos como cereales comerciales y de grano entero, sin embargo, otras buenas fuentes de fibra insolubles se encuentran en las alubias secas, los guisantes, vegetales y los frutos secos. Por su parte, la avena de grano entero y la cebada, salvado de avena, algunas frutas, alubias secas y otras legumbres son buenas fuentes de fibra soluble (Matos-Chamorro & Chambilla-Mamani, 2010).

En la Tabla 4, se muestran el contenido de fibra soluble e insoluble y total de algunos alimentos cuantificada con diferentes métodos de extracción.

1.2.3.2. Fuentes no convencionales

Los desechos de frutas, hortalizas y otros vegetales se han estudiado como fuentes alternas de fibra dietética, entre ellos se tienen los residuos de la industria de jugo de naranja (Tamayo & Bermúdez, 1998) y maracuyá (Baquero & Bermúdez, 1998), el bagazo de caña de azúcar, la cascarilla del cacao y del frijol lima (*Phaseolus lunatus*). Matos-Chamorro & Chambilla-Mamani (2010) mencionan que las industrias dedicadas a la elaboración de jugo y concentrados cítricos realizan una serie de etapas para su producción, en donde en la etapa final por filtración se eliminan las semillas y el bagazo, compuesto por las membranas también llamadas sáculos. Los residuos obtenidos (cáscaras, semillas y sáculos) representan el 50% del fruto entero y son aprovechados para diferentes propósitos industriales.

Las cáscaras son aprovechadas para la obtención de aceites esenciales y pectinas. Sin embargo pocas son las industrias que se han interesado en aprovechar los

Alimento	AOAC 985.29	AOAC 991.43			AOAC 2009.1			Referencia
	Fibra total	Fibra insoluble	Fibra soluble	Fibra total (%)	Alto peso molecular	Bajo peso molecular	Fibra total	
Cereales								
Pan blanco	3	–	–	–	3.0	1.1	4.1	
Pan integral	7.5	–	–	–	7.7	0.9	8.6	
Pan de pasta cruda	6.7	–	–	–	6.5	2.1	8.6	Brunt & Sanders (2013); Macagnan et al. (2016)
Harina de trigo	2.4	–	–	–	3.4	2.9	6.3	
Grano de trigo	12.8	–	–	–	12.4	2.8	15.2	
Pan de centeno integral	–	6.3	2.7	9.0	8.9	2.1	11	Hollmann, Themeier, Neese & Lindhauer (2013); Macagnan et al. (2016)
Obleas de arroz	–	2.6	0.9	3.5	2.8	1.9	4.7	
Soya				10.64-19.5				Ferreira, Poppi & Pallone (2015)
Legumbres cocidas								
Frijoles rojos	–	8.89 (0.67)	2.34 (0.70)	11.22 (0.14)	–	–	–	
Garbanzo amarillo	–	5.45 (0.55)	3.74 (0.67)	9.19 (0.46)	–	–	–	Aldwairji, Chu, Burley & Orfila (2014)
Chícharos	–	4.57 (0.51)	1.35 (0.61)	5.92 (0.16)	–	–	–	
Lenteja roja	–	8.17 (0.03)	1.06 (0.23)	9.23 (0.21)	–	–	–	

Alimento	AOAC 985.29	AOAC 991.43			AOAC 2009.1			Referencia
	Fibra total	Fibra insoluble	Fibra soluble	Fibra total (%)	Alto peso molecular	Bajo peso molecular	Fibra total	
Legumbres en conserva								
Frijoles rojos	–	3.84 (0.73)	1.65 (0.36)	5.49 (0.44)	–	–	–	
Garbanzo amarillo	–	6.42 (0.15)	0.99 (0.23)	7.41 (0.34)	–	–	–	Aldwairji et al. (2014)
Chícharos	–	4.27 (0.22)	0.92 (0.27)	5.19 (0.13)	–	–	–	
Frutas								
Pulpa de manzana		57.87 (0.3)	18.97 (0.92)	76.84 (1.24)				Macagnan et al. (2015)
Jugo de naranja	0.7	–	–	–	1.0	1.4	2.4	Westenbrink, Brunt, Van der Kamp (2013)
Nopal: Cladodio		3.3-3.4 (0.2)	2.1-2.7 (0.2)	5.4-6.2 (0.2)				
Pulpa		3-3.3 (0.25)	0.98 (0.05)	4-4.3 (0.35)				Chahdoura et al. (2015)
Semilla		39-40 (1.5)	15-16 (1)	55-56 (1)				
Tuna (g/kg) Pulpa		42-76 (3)	76-124 (3)	140-166 (6)				Jiménez-Aguilar, López-Martínez, Hernández-Brenes, Gutiérrez-Uribe & Welti-Chanes (2015)

*Los valores entre paréntesis indican la desviación estándar.

Tabla 4. Contenido de fibra total, soluble e insoluble de algunos alimentos determinados con diferentes métodos.

residuos como fibra dietética. Algunos estudios realizados señalan que los sáculos de naranja representan un desecho al que no se ha prestado debida atención, pues existe evidencia de que son ricos en fibra dietética (70%) y poseen buena relación de fibra dietética soluble e insoluble (Matos-Chamorro & Chambilla-Mamani, 2010).

En la Tabla 5, se muestran algunas fuentes de fibra dietética no convencionales.

Alimento	Fibra total	Fibra insoluble	Fibra soluble	Referencia
Diferentes mezclas comerciales de cápsulas de café express (mg/taza 40mL)	142.4-348.3	–	–	Lopes et al (2016)
Comino (g/100g)	33.32	25.31	8.01	Ma et al. (2015)
Agave tequilana (g/100g)	10	5	5	Moyano et al. (2016)
Hibidus sabdariffa (g/100g)	6.44	5.05	1.39	
Gabazo de naranja (g/100g)	54.82	29.65 (1.49)	25.17	Macagnan et al. (2015)
Piel de maracuya (g/100g)	18.97	25.17 (0.22)	19.22	
Alga (*Ulva lactuca*) (g/100g)) Método Englys Método Prosty	 53.09 54.9	 21.54 34.37	 31.55 20.53	Yaich et al. (2015)
Cascarilla de soya (g/100g) AOAC 991.43 AOAC 2011.25	 59.8-87.50 58.7-88.50	 54.5-86.50 55.2-85.90	 1-5.30 2.60-3.50	Yang, Xiao y Wang (2014)

Tabla 5. Contenido de fibra total, soluble e insoluble de residuos de algunos alimentos o alimentos no convencionales.

1.2.4. Métodos de extracción de fibra

La obtención de concentrados de fibra, así como sus propiedades, están en función de la fuente empleada (frutas, vegetales, leguminosas o cereales), de su estado de madurez, época de producción, lugar de cosecha y procesamiento al que sea sometida (Pérez, 2003; Grijelmo & Martín, 1999; Baquero & Bermúdez, 1998).

Los métodos tradicionales para la obtención de fibra involucran operaciones como trituración para disminuir tamaño de partícula, lavado para eliminar carga microbiana, residuos y azúcares simples; filtración y secado para prolongar su vida útil y finalmente, la molienda y el envasado (Pérez, 2003). Actualmente también son empleados tratamientos como extrusión, autoclavado e hidrólisis en medios ácidos o alcalinos, que se aplican en fuentes con alto contenido de fibra dietética con el fin de hidrolizar parte de esta fracción para obtener una mejor relación de fibra dietética soluble e insoluble y para inducir a los residuos de fibra propiedades funcionales deseables para un sistema alimenticio específico (Priego-Mendoza, 2007). Las condiciones de procesamiento en el método, cambian la composición y microestructura de la fibra dietética, lo que a su vez, conduce a efectos deseables e indeseables en sus propiedades físico-químicas y funcionales (Meng-Mei, 2015).

Sin embargo, aunque existan diferentes tratamientos para la extracción de fibra es necesario tener en cuenta que un tratamiento eficaz debe ser de bajo costo y bajo consumo energético, fácil recuperación y reutilización, además de ser aplicable a diversos materiales con eficacia y reproducibilidad (Hamelinck, Hooijdonk & Faaij, 2005).

En forma general Castells (2000) agrupa los tratamientos empleados para la solubilización y separación de uno o más de los componentes de los residuos en tres categorías: físico, químico y biológico.

1.2.4.1. Tratamientos físicos

Su principal uso es denominado como pretratamiento de los residuos. No obstante, algunas veces tales técnicas se pueden usar como complemento al método químico y biológico. Algunas operaciones de este tratamiento son: la absorción, adsorción, decantación, flotación, centrifugación, filtración, destilación entre otro. Sin embargo, los tratamientos físicos pueden llegar a modificar las propiedades de la fibra, incluso los contenidos de fibra dietética y fibra insoluble presentes en los residuos de fibra. A continuación se mencionan algunos trabajos sobre la obtención de fibra dietética por métodos físicos y las características del producto obtenido.

Martínez-Bustos, Larrea y Chang (2005) indicaron que al aplicar un tratamiento por extrusión en residuos de fibra se observaron cambios en los contenidos de fibra dietética soluble e insoluble debido a la ruptura de enlaces de los polisacáridos constituyentes de ambas fracciones de fibra, lo cual condujo a la formación de fragmentos moleculares más soluble, pudiendo ser recomendable este tratamiento para residuos con alto contenido de fibra dietética insoluble.

Por otra parte Chang y Morris (1990) reportaron que en el caso de tratamientos en autoclave se produjo un efecto de ruptura en la estructura de fibra, pues al realizar un estudio con fibra de cáscara de manzana, al ser observada al microscopio electrónico, encontraron la formación de grietas en la superficie de la fibra, reportando que dicho efecto pudo atribuirse a la presión alta generada por el autoclavado. Este tratamiento pueden llegar a cambiar la estructura física de la fibra, por lo que sería poco recomendable para fibras provenientes de frutas, pues al ser fibras suaves la fracción soluble se vería muy afectada, pudiéndose perder con mayor facilidad llegando a disminuir su calidad.

Otro método físico para la obtención de fibra, es la aplicación de vapor. En este tratamiento las fibras son sometidas a alta temperatura y presión, para provocar luego una expansión súbita, con la cual se logra una limpieza de la fibra, a la vez que disminuye su higroscopicidad, promueve la solubilización de la hemicelulosa y la conversión enzimática de algunos polisacáridos (Negro, Manzanares, Oliva & Ballesteros, 2003). Gutiérrez, Zuluaga, Cruz y Gañan (2005), realizaron la extracción de fibra de plátano mediante el sometimiento de la muestra a vapor saturado a 190°C por ocho minutos, obteniendo como resultados que la aplicación de vapor remueve algunas de las sustancias presentes en la superficie de las fibras como son pectinas o ceras, produciendo un posible debilitamiento en la pared exterior de la fibra que se traduce en una reducción del comportamiento mecánico, también el tratamiento permite incrementar el área superficial de las fibras.

Martínez-Silva (2015) menciona que para la obtención de fibra de piña se comienza por retirar el penacho o corona, se transporta en bandas y se retira la cáscara de la piña y los polos, después cae en bandas que van directo al procesamiento de diversos subproductos, todos los restos de fruta que no entran dentro de un tamaño, así como el corazón cae a un canal llamado gusano de pulpa, siguiendo por el canal llega al molino donde se obtiene puré de 5 mm que puede contener pequeños trozos de fruta, posteriormente se bombea hasta el siguiente molino, éste cuenta con una malla de 0.01 pulgadas y aquí se obtiene un puré del 1.5 al 6% de fibra de piña, y que finalmente pasa a través de un molino con una malla de 0.5 mm y es secado (Figuras 1 y 2).

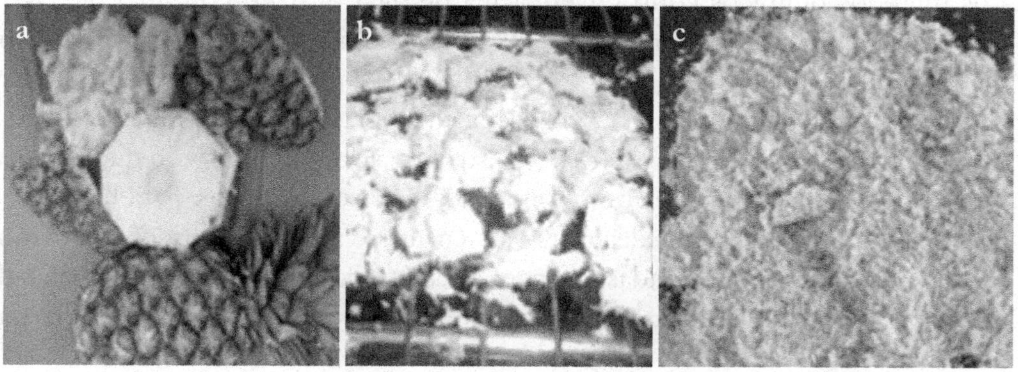

Figura 1. Obtención de fibra de piña: (a) retiro de corona y cáscara, (b) secado y (c) fibra deshidratada.

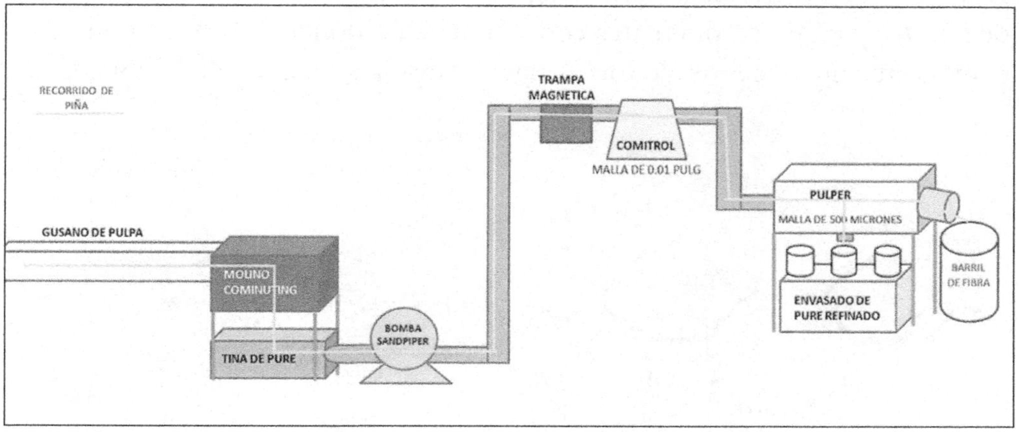

Figura 2. Proceso de obtención de fibra de piña fresca (Martínez-Silva, 2015).

1.2.4.2. Tratamientos químicos

Los tratamientos químicos consisten en provocar alteraciones en la naturaleza química del mismo, mediante el uso de equipos y reactivo, se provocan reacciones, para convertirlos en otras sustancias que no sean perjudiciales para el medio ambiente o bien que permitan su reutilización en algún proceso industrial (Meng-Mei, 2015). Sin embargo, los tratamientos químicos han recibido mayor atención debido a que los tratamientos físicos llegan a ser relativamente ineficientes y los enzimáticos (biológicos) muy específicos. Dentro de los tratamientos químicos se han utilizado diferentes procesos con diferentes sustancias y condiciones (Castells, 2000).

Los métodos químicos contribuyen a una pérdida de 100% de fibra dietética soluble, el 30-40% hemicelulosas, y 10-20% de celulosa, debido a la interrupción de ligamiento glucosídico (Meng-Mei, 2015). En algunos residuos de fibra de cereales y bagazos como los de coco y caña, que poseen un alto contenido de celulosa, hemicelulosa y lignina, por lo que sus fibras son duras, por lo que para su obtención se aplican tratamientos con ácidos, sales o peróxidos, para hidrolizar las estructuras de la fibra al destruirse los enlaces entre polisacáridos, así como las paredes celulares lignificadas (Fernández & Rodríguez, 2001), con la finalidad de hacer menos duros dichos residuos y poderlos incorporar en alimentos para humanos.

Un ejemplo de la obtención de fibra por métodos químicos es el realizado para la extracción de fibra de nopal, efectuando el proceso de extracción en tres etapas: escaldado, prensado y purificado, en donde emplearon soluciones alcalinas de NaOH y KOH en diferentes concentraciones, donde observaron que estos compuestos no afectaron de forma significativa la estructura de la fibra, la cual

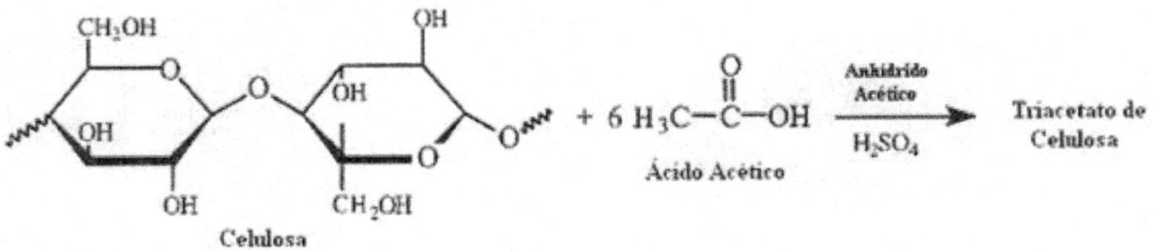

Figura 3. Reacción de hidrólisis de la celulosa en medio ácido

presentó mayor porcentaje de lignina, alrededor de un 30%. Mientras que el uso de soluciones alcalinas para debilitar la pared celular y facilitar la separación del tejido paranquimático y fibra tiene como consecuencia una degradación superficial, la cual se ve reflejada en la capacidad de estiramiento (Aquino-González, Rodríguez, Méndez & Hernández, 2007).

Cabe mencionar que el cambio en el medio extractivo de pH, alterara las propiedades funcionales de la fibra, como lo reporta Rasgado-Vázquez, Trejo-Márquez y Pascual-Bustamante (2016), quienes aplicaron una extracción química de fibra en los dos medios (ácido y básico) para la obtención de fibra proveniente de residuos de piña, en donde se observó una disminución en el rendimiento de fibra obtenida en el medio ácido, sin embargo, presentaron mayor capacidad de hinchamiento, así como capacidad de retención de aceite. Guerrero-Colín, Trejo-Márquez, Moreno-Lara, Lira-Vargas y Pascual-Bustamante (2016) utilizaron el método químico para la extracción de fibra de cáscara de cacahuate, encontrándo que con HCl 0.5N y 1N, se lograron rendimientos aproximadamente del 75%. Además la fibra presentó adecuadas propiedades funcionales, registrándose valores para la capacidad de retención de agua entre 2.41 y 2.95 g/g de agua y de 3.28 g/g para la capacidad de retención de aceite. Generando alternativas de aprovechamiento para los residuos industriales de algunos vegetales como cacahuate o alcachofa (Figura 4).

Generalmente las condiciones de extracción empleadas en los métodos convencionales provocan la degradación térmica de ciertos compuestos, lo cual llega a generar pérdidas de cantidad y calidad del producto a obtener. En algunos casos la obtención de ciertos compuestos a partir de residuos de la agroindustria, como

Figura 4. Fibra de cáscara de cacahuate (a) y de alcachofa (b) extraídas por el método químico alcalino.

por ejemplo, fibra o pectinas por métodos químicos, es combinada o asistida con algunos equipos, como es el caso de las microondas y el ultrasonido de alta frecuencia. Ya que permiten realizar las extracciones en menor tiempo y con mejor calidad y rendimiento (Fishman, Chau, Hoagland & Ayyad, 2000; Fishman, Chau, Hoagland & Hotchkiss, 2006).

1.2.4.3. Tratamientos biológicos

Los tratamientos biológicos se aplican para ciertos productos orgánicos que pueden ser degradados en productos relativamente inocuos por la acción biológica de microorganismos. Los procesos que se usan en estos tratamientos son: fangos activados, tratamientos por bacterias o compostaje.

Existen también métodos químicos, enzimáticos y enzimático-químicos, que son algunas técnicas que se utilizan actualmente para extraer fibra dietética a partir de diferentes fuentes de alimentos. Las condiciones de procesamiento en el método, cambian la composición y microestructura de la fibra dietética, lo que a su vez, conduce a efectos deseables e indeseables en sus propiedades físico-químicas y funcionales (Meng-Mei, 2015).

Para los métodos enzimáticos, dos o tres enzimas tales como amilasa, amiloglucosidasa y la proteasa se utilizan en el proceso de extracción enzimática para eliminar el almidón, el azúcar soluble y proteínas, que aumentan la complejidad y coste. El método enzimático-químico disminuye el rendimiento de la fibra dietética, debido a la pérdida de polisacáridos durante la hidrólisis química y tratamiento previo (Meng-Mei, 2015).

Otro método biológico para la obtención de fibra, es por medio de las fermentaciones. La fermentación es un proceso en el que se presentan cambios químicos y físicos en un sustrato de naturaleza orgánica, el cual ocurre como resultado de la acción de un complejo enzimático y microorganismo relacionados. Es también denominado como una respiración en ausencia de oxígeno, es un proceso metabólico en donde los carbohidratos y otros compuestos relacionados son parcialmente oxidados, con liberación de energía en la ausencia de algunos electrones aceptadores externos. Este proceso anaerobio genera menor energía, que el proceso aerobio.

Dentro de los procesos de fermentación como ya se había mencionado los microorganismos juegan un papel importante, por ello dentro del grupo hay uno denominado como fermentación bacteriana, en el cual el ácido pirúvico, es el intermediario principal en la degradación de la glucosa, su catabolismo involucra muchos mecanismos diferentes que forman una variedad de productos finales característicos de las fermentaciones bacterianas. Los monosacáridos son catabolizados como resultado de la oxidación a ácido pirúvico, a través de una secuencia de pasos metabólicos por enzimas específicas. Las bacterias pueden utilizar vías diferentes para formar ácido pirúvico y más de una vía puede ocurrir de manera simultánea en el mismo microorganismo (Rondinone & Giovanniello, 2003).

Los principales productos obtenidos de una fermentación bacteriana son:

- Ácido láctico
- Ácido acético y fórmico
- Ácido láctico y alcohol etílico
- Etanol
- Acetilmetilcarbonil (acetoina) y CO_2
- Ácido succínico a ácido propiónico y CO_2
- Acetona a alcohol isoprolíilico (isopropánol) y CO_2
- Ácido butírico a alcohol butílico (butanol)

Las bacterias actúan como los principales agentes en la fermentación de los carbohidratos estructurales y la proteína de las plantas. Los protozoos se encargan de la digestión de carbohidratos no estructurales, intervienen en el fraccionamiento físico del alimento y juegan un importante papel como reguladores del pH ruminal. Los hongos son los primeros organismos en invadir y digerir el componente estructural de las plantas y tienen una relación estrecha con las bacterias del material vegetal, iniciando el proceso de degradación de las fracciones insolubles del alimento (Angulo, Noguera & Berdugo, 2005).

Baena y García (2012), obtuvieron fibra dietética a partir de cascarilla de las semillas tostadas de cacao, por medio del proceso de fermentación, en donde se empleó una α-amilasa de *Bacillus licheniformis,* encontrándose un contenido de fibra dietética total de 76% después de la hidrólisis enzimática, la cual indicó que la composición química de la cascarilla fue de celulosa 17.4%, hemicelulosa 6.4%, pectinas 19.6% y lignina 32.4%. Mostrando que los tratamientos biológicos generan buenos rendimientos y otro tipo de características a las fibras obtenidas.

1.2.4.4. Propiedades funcionales de la fibra

Las propiedades funcionales están vinculadas a la capacidad de las macromoléculas para fijar en sus estructuras una cierta cantidad de moléculas de agua y aceite. De este modo, tales macromoléculas presentarán unas propiedades muy específicas, dependientes tanto de su conformación estructural como de las interacciones con el agua o el aceite, estas propiedades se reflejan en parámetros como la capacidad de retención de agua y aceite, o la capacidad de hinchamiento (Bello, 2000).

La expresión «capacidad de retención de agua» generalmente se emplea para hacer referencia a la cantidad de agua que una proteína o un hidrato de carbono (macromoléculas en general) puede retener sin que haya liberación del líquido. Dicha capacidad depende de factores intrínsecos (tipo de polímero, peso molecular, linealidad, etc.) y de factores extrínsecos (pH, fuerza iónica, temperatura, presencia de ciertos cationes, etc.). La retención de agua puede causar la formación de un gel; tal es el caso de los producidos por las carrageninas y las pectinas. Las macromoléculas actúan entre sí y forman una red tridimensional en la que queda atrapada el agua debido a una fuerte hidratación de polímero (Badui-Dergal, 2006).

La capacidad de retención de aceite está relacionada con la capacidad para absorber grasa bajo la acción de una fuerza mecánica; cuando esta retención es baja proporciona una sensación no grasosa en los productos fritos, cuando es alta, imparte a los productos cárnicos jugosidad y mejor textura (Peraza, 2000; Sánchez, 2005). Mientras que la capacidad de hinchamiento es una medida del volumen obtenido por una masa definida de fibras cuando se obtiene el equilibrio en presencia de un exceso de solvente (agua) (Thebaudin, Lefebvre, Harrington & Burgeois, 1997).

Las propiedades funcionales de la fibra son las responsables de los efectos fisiológicos que desarrolla y están influenciadas por la matriz estructural de la fibra, la relación fibra soluble/fibra insoluble, el tamaño de partícula, la fuente, así como por el grado y el tipo de procesamiento llevado a cabo (Figuerola, Hurtado & Estevez, 2005; Saura, Goñi & Ferrer, 2003).

1.2.5. Beneficios del consumo de alimentos altos en fibra

El consumo de la fibra se realiza por las personas que buscan una dieta equilibrada, en la que la fibra es un factor de regulación intestinal que previene de enfermedades y trastornos fisiológicos, y también por las personas que presentan ya un tipo de enfermedad o alteración (López & Marcos, 1999).

Los componentes solubles e insolubles de la fibra dietética ejercen distintos efectos en la salud. El componente que ha recibido mayor atención es la fracción soluble porque se le asocia con la reducción del colesterol en la sangre, en tanto que la fracción insoluble afecta el tránsito intestinal y la tasa de absorción de nutrientes. A esta última se le considera como agente engrosante o de relleno y como un compuesto terapéutico para prevenir o combatir la constipación mediante la activación de los movimientos peristálticos del estómago. La fibra insoluble reduce la biodisponibilidad de los minerales, pero ayuda a reducir la tasa de absorción de glucosa, lo cual es benéfico para los diabéticos. Así mismo, esta fracción insoluble tiene la propiedad de ligar o simplemente minimizar la exposición de agentes carcinogénicos al lumen intestinal (Serna, 1996; Betancur-Ancona, Pérez-Flores & Chel-Guerrero, 2003).

En la Figura 5, se esquematizan los problemas de salud que provoca un déficit en el consumo de fibra.

El consumo de alimentos integrales permite la obtención de todos los nutrimentos a la vez: proteínas, lípidos, hidratos de carbono, vitaminas, minerales y particularmente de fibra. Aunque no se han establecido recomendaciones específicas

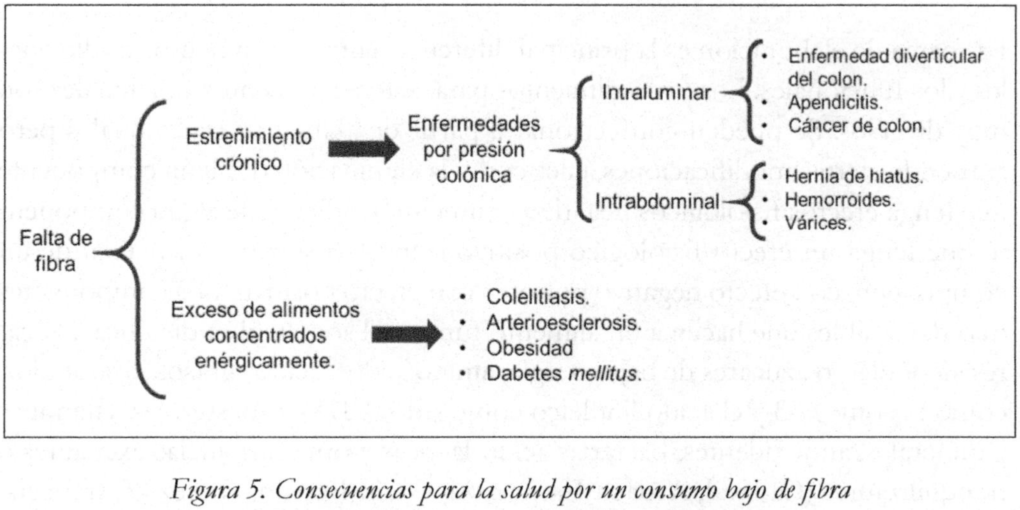

Figura 5. Consecuencias para la salud por un consumo bajo de fibra (Elaborado a partir de información de Betancur-Ancona et al., 2003).

de la cantidad de fibra alimentaria, se recomienda un consumo de entre 25 y 30 g de fibra (Betancur-Ancona et al., 2003).

1.2.6. Alimentos funcionales

Hasta el momento, no hay una definición mundialmente acordada de alimento funcional. Sin embargo, de acuerdo con lo establecido en el documento de consenso europeo, denominado *«Funtional Food Science in Europe»* (FUFOSE) en 1999: «un alimento puede considerarse funcional cuando se demuestra adecuadamente que, además de sus efectos nutritivos, interviene beneficiosamente en una o más funciones del organismo de forma que mejora su estado de salud o bienestar, o reduce el riesgo de enfermedad» (Olagnero *et al.*, 2007; Bravo-Rivera, 2012).

Un rasgo característico de los productos alimenticios modernos es la complejidad en su composición de la formulación, es decir, la presencia en el producto de un gran número de ingredientes alimenticios de diferente naturaleza química, con las propiedades que se incluyen en el proceso de fabricación, requeridas para producir el alimento del deseado valor biológico y nutricional. Durante los últimos 30 años la cantidad y variedad de alimentos concentrados han aumentado significativamente. Una parte importante de estos productos se presenta en forma de polvos y mezclas multicomponentes (polvos vegetales, concentrados secos de jugos y bebidas, comida para bebés, mezclas de harina y otras composiciones de alimentos, etc.) (Tikhonova, Popov, Tikhonov & Tikhonov, 2014).

La forma de elaboración es la principal diferencia entre los alimentos tradicionales y los funcionales. Los procedimientos para obtener alimentos funcionales son muy diversos. Se pueden confeccionar a partir de alimentos tradicionales pero sufriendo ciertas modificaciones, tales como la eliminación de algún componente que tenga efectos fisiológicos negativos, aumento o adición de algún componente que tenga un efecto fisiológico positivo o incluso sustitución parcial de un componente con efecto negativo por otro con efecto positivo. Los componentes más destacables que hacen a un alimento funcional son: la fibra dietética, azúcares alcoholes, o azúcares de baja energía, aminoácidos, ácidos grasos insaturados, como los omega-3 y el ácido linoleico conjugado (CLA), fitoesteroles, vitaminas y minerales, antioxidantes, bacterias acido-lácticas y otras sustancias excitantes o tranquilizantes (Cadaval, Artiach-Escauriaza, Garín-Barrutia, Pérez & Aranceta, 2005).

1.2.6.1. Aplicación de fibra en la elaboración de alimentos funcionales

La fibra es utilizada como un componente funcional en la industria alimentaria para retribuir la fibra que se pudo haber perdido en etapas previas del procesamiento de un producto, y como aditivo al favorecer retención de líquidos, sustituyendo grasas o sirviendo como emulsificante (Betancur-Ancona et al., 2003).

Debido a la versatilidad de su uso, los tecnólogos en alimentos han buscado desarrollar fórmulas para añadir este aditivo o ingrediente en la mayor cantidad de alimentos. A continuación, se presentan en la Tabla 6 algunos productos alimenticios que han sido enriquecidos con fibra y las características que aporta este enriquecimiento.

Alimento	**Característica que confiere la fibra**
Cereales para el desayuno	Los cereales integrales son considerados como la mejor fuente de fibra debido a su contenido de salvado. La adición de salvado de avena a los cereales para desayuno ha enriquecido el contenido de fibra a casi el doble con respecto a las hojuelas de avena tradicionales.
Productos de panadería	La fibra ayuda en su fortificación, a la reducción de calorías y el enlazamiento de agua que resulta de gran interés por impartir frescura en el pan y un mayor rendimiento.
Confitería	Con la incorporación de fibra derivada de frutas, pueden obtenerse mejoras de color y sabor en pasteles y en galletas.
Pastas	Con fibras neutras, mejora su calidad nutricional.
Productos Lácteos	Empleando fibra ayuda a evitar la separación de fases o sinéresis.
Bebidas	Aumenta su textura, ya que las hace más viscosas.
Productos cárnicos	Mejora la textura, ayuda a conseguir productos bajos en grasas.

Tabla 6. Productos alimenticios que han sido enriquecidos con fibra y las características (Rasgado-Vázquez, 2015)

Agradecimientos

Al Proyecto Desarrollo tecnológico para el aprovechamiento integral de frutas y hortalizas (PAPIIT IT201216) de la Dirección General de Asuntos del Personal Académico de la UNAM.

Referencias

Aldwairji, M.A., Chu, J., Burley, V.J., & Orfila, C. (2014). Analysis of dietary fibre of boiled and canned legumes commonly consumed in the United Kingdom. *Journal of Food Composition and Analysis,* 36, 111-116. https://doi.org/10.1016/j.jfca.2014.06.010

Angulo, R.E., Noguera, R.R., & Berdugo, J.A. (2005). El bufálo de agua (Bubalus bubalis) un eficiente utilizador de nutrientes: aspectos sobre fermentación y digestión ruminal. *Livestock Research for Rural Development,* 17(6). Disponible en http://www.lrrd.org/lrrd17/6/angu17067.htm#Livestock%20Research%20for%20Rural%20Development%2017%20(6)%202005

Aquino-González, L.V.; Rodríguez,R.J.; Méndez, R.A.M. & Hernández, A.S.E. (2007). Extracción y caracterización de fibra de nopal *(Opuntia ficus indica). Naturaleza y Desarrollo,* 10(1), 46-63.

Badui-Dergal, S. (2006). *Química en alimentos.* México: Alhambra Mexicana.

Baena, L.M., & García, C.N.A. (2012). *Obtención y caracterización de fibra dietaría a partir de cascarilla de las semillas tostadas de Theobroma cacao L. de una industria chocolatera colombiana.* Tesis para obtener el grado de licenciatura. Universidad Tecnológica de Pereira, Facultad de Tecnologías.

Baquero, C., & Bermúdez, A. (1998). *Los residuos vegetales de la industria de jugo de maracuyá como fuente de fibra dietética.* CYTED. Instituto Politécnico Nacional, México. 207-214.

Bello, G.J. (2000). *Ciencia bromatológica. Principios generales de los alimentos.* España: Diaz de Santos.

Betancur-Ancona, D., Pérez-Flores, V., & Chel-Guerrero, L.A. (2003). Fibra dietética y sus beneficios en la alimentación. *Revista de la Universidad Autónoma de Yucatán,* 227(4), 3-13.

Bravo-Rivera, G. (2012). *Caracterización de una tostada elaborada con maíz y alga Ulva clathrata.* Tesis de maestría. Instituto Politécnico Nacional, México.

Brunt, K., & Sanders, P. (2013). Improvement of the AOAC 2009.01 total dietary fibre method for bread and other high starch containing matrices. *Food Chemistry,* 140(3), 574-580. https://doi.org/10.1016/j.foodchem.2012.10.109

Cadaval, A., Artiach-Escauriaza, B., Garín-Barrutia, U., Pérez-Rodrigo, C., & Aranceta, J. (2005). *Alimentos funcionales, Para una alimentación más saludable.* SENC. España.

Cañas, Z.A. (2010). *Aplicación de concentrado de cáscara de arveja (pisum sativum) como fuente de fibra dietaria en derivado cárnico (hamburguesa).* Tesis Maestría en Ciencia y Tecnología de Alimentos, Universidad Nacional de Colombia, Medellín, Colombia.

Castells, X.E. (2000). *Reciclaje de residuos industriales.* España: Díaz Santos.

Chahdoura, H., Morales, P., Barreira, J.C.M., Barros, L., Fernández-Ruiz, V., Ferreira, I.C.F.R., & Achour, L. (2015). Dietary fiber, mineral elements profile and macronutrients composition in different edible parts of Opuntia microdasys (Lehm.) Pfeiff and Opuntia macrorhiza (Engelm.). *LWT – Food Science and Technology,* 64, 446-451. https://doi.org/10.1016/j.lwt.2015.05.011

Chang, C., & Morris, C.W. (1990). The effect of heat treatments on dietary fiber as assessed by scanning electron microscopy. *Journal of Food Processing,* 14(5), 335-343. https://doi.org/10.1111/j.1745-4549.1990.tb00138.x

Escudero-Álvarez, E., & González-Sánchez, P. (2006). La fibra dietética. *Nutrición Hospitalaria,* 21(2), 61-72.

Fernández-Miranda, C. (2010). La fibra dietética en la prevención del riesgo cardiovascular. *Nutrición clínica y dietética hospitalaria,* 30(2), 4-12.

Fernández, P.M., & Rodríguez, S.J. (2001). Tecnología para la obtención de fibra dietética a partir de materias primas regionales. La experiencia en Cuba. En *Fibra dietética en Iberoamerica: tecnología y salud, caracterización, efecto fisiológico y aplicación en alimentos*. Brasil: Varela. 212-213.

Figuerola, F., Hurtado, M., & Estevez, A. (2005). Fibre concentrates from Apple pomace and citrus peel as potential fibre sources for food enrichment. *Food Chemistry,* 91(1), 395-401. https://doi.org/10.1016/j.foodchem.2004.04.036

Fishman, M.L., Chau, H.K., Hoagland, P., & Ayyad, K. (2000). Characterization of pectin, ash extracted from orange albedo by microwave heating, under pressure. *Carbohydrate Research,* 12(323), 126-138.

Fishman, M.L., Chau, H.K., Hoagland, P.D., & Hotchkiss, A.T. (2006). Microwave-assisted extraction of lime pectin. *Food Hydrocolloids,* 20(8), 1170-1177. https://doi.org/10.1016/j.foodhyd.2006.01.002

Ferreira, D.S., Poppi, R.J., & Pallone, J.A.L. (2015). Evaluation of dietary fiber of Brazilian soybean (Glycine max) using near-infrared spectroscopy and chemometrics. *Journal of Cereal Science,* 64, 43-47. https://doi.org/10.1016/j.jcs.2015.04.004

García, O.E., Infante, B.R., & Rivera, J.C. (2009). Las leguminosas, una fuente importante de fibra alimentaria: una visión en Venezuela. *Revista del Instituto Nacional de Higiene Rafael Rangel,* 40(1), 57-63.

García, O.E., Infante, B.R., & Rivera, J.C. (2008). Hacia una definición de fibra alimentaria. *Anales Venezolanos de Nutrición,* 21(1), 25-30.

García-Peris, P. (2004). *La fibra en la alimentación. Ámbito Hospitalario.* Edikamed, 2.

García-Peris, P., & Velasco-Gimeno C. (2007). Evolución en el concepto de la fibra. *Nutr Hosp,* 22(2), 20-25.

García-Peris, P., Bretón, L.I., De la Cuerda, C.C., & Camblor, A.M. (2002). Metabolismo colónico de la fibra. *Nutr. Hosp,* 18(2), 11-16.

Gil, A. (2010). *Tratado de Nutrición, Bases fisiológicas y Bioquímicas de la Nutrición. Nutrición Humana en el Estado de salud. Tratado de nutrición clínica* (2da ed.). Madrid, España: Médica Panamericana.

Gottelan, M., & Peña, F. (2011). *La fibra dietética y sus beneficios para la salud. Indualimentos.* INTA, Universidad de Chile. 32-33.

Grijelmo, M.N., & Martín, B.O. (1999). Characterization of dietary fiber from orange juice extraction. *Food Researcha International,* 31(5), 335-336.

Guerrero-Colín, J.I., Trejo-Márquez, M., Moreno-Lara, J., Lira-Vargas, A.A., & Pascual-Bustamante, S. (2016). Extracción de fibra de los desechos agroindustriales de cacahuate, para su aplicación en el desarrollo de alimentos. *Investigación y Desarrollo en Ciencia y Tecnología de Alimentos,* 1(2), 806-812.

Gutiérrez I., Zuluaga, R., Cruz, J., & Gañan, P. (2005). Influencia del tratamiento con vapor sobre la estructura y comportamiento físico-mecánico de fibras de plátano. *Información Tecnológica,* 16(2),15-21. https://doi.org/10.4067/S0718-07642005000200003

Hamelinck, C.N., Hooijdonk, G.V., & Faaij, A.P. (2005). Ethanol from lignocelluloselosic bio mass: Techno-economic performance in short, middle and long term. *Biomass and Bioenergy,* 28(1), 384-410. https://doi.org/10.1016/j.biombioe.2004.09.002

Hollmann, J., Themeier, H., Neese, U., & Lindhauer, M.G. (2013). Dietary fibre fractions in cereal foods measured by a new integrated AOAC method. *Food Chemistry,* 140(3), 586-589. https://doi.org/10.1016/j.foodchem.2012.12.005

Jiménez-Aguilar, D.M., López-Martínez, J.M., Hernández-Brenes, C., Gutiérrez-Uribe, J.A., & Welti-Chanes, J. (2015). Dietary fiber, phytochemical composition and antioxidant activity of Mexican commercial varieties of cactus pear. *Journal of Food Composition and Analysis,* 41, 66-73. https://doi.org/10.1016/j.jfca.2015.01.017

Lopes, G.R., Ferreira, A.S., Pinto, M., Passos, C.P., Coelho, E., Rodrigues, C., Figueira, C., Rocha, S.M.., Nunes, F.M., & Coimbra, M.A. (2016). Carbohydrate content, dietary fibre and melanoidins: Composition of espresso from single-dose coffee capsules. *Food Research International,* 89(2), 989-996. https://doi.org/10.1016/j.foodres.2016.01.018

López, V., & Marcos, A. (1999). La fibra de cada día. *Cuadernos de Nutrición,* 22(3), 109-114.

Ma, M., Mu, T., Sun, H., Zhang, M., Chen, J., & Yan, Z. (2015). Optimization of extraction efficiency by shear emulsifying assisted enzymatic hydrolysis and functional properties of dietary fiber from deoiled cumin *(Cuminum cyminum* L.). *Food Chemistry,* 179, 270-277. https://doi.org/10.1016/j.foodchem.2015.01.136

Macagnan, F.T., Picolli da Silva, L., & Hecktheuer, L.H. (2016). Dietary fibre: The scientific search for an ideal definition and methodology of analysis, and its physiological importance as a carrier of bioactive compounds. *Food Research International,* 85, 144-154. https://doi.org/10.1016/j.foodres.2016.04.032

Macagnan, F.T., Rodrigues dos Santos, L., Roberto, B.S., Aline de Moura, F., Bizzani, M., & Picolli da Silva, L. (2015). Biological properties of apple pomace, orange bagasse and passion fruit peel as alternatives sources of dietary fibre. *Bioactive Carbohydrates and Dietary Fibre,* 6, 1-6. https://doi.org/10.1016/j.bcdf.2015.04.001

Martínez-Bustos, F., Larrea, M.A., & Chang, Y.K. (2005). Effect of some operational extrusion parameters on the constituents of orange pulp. *Food Chemistry,* 89(2), 301-308. https://doi.org/10.1016/j.foodchem.2004.02.037

Martínez-Silva, I.J. (2015). *Caracterización de una fibra dietética a partir de residuos obtenidos de la piña.* Tesis de Ingeniería en Alimentos. Facultad de Estudios Superiores Cuautitlán. UNAM.

Mateu de Antonio, X. (2004). La fibra en la alimentación. *Farmacia Hospitalaria,* 3, 1-16.

Matos-Chamorro, A., & Chambilla-Mamani, E. (2010). Importancia de la Fibra Dietética, sus Propiedades Funcionales en la Alimentación Humana y en la Industria Alimentaria. *Revista investigación ciencia tecnología de alimentos,* 1(1), 4-17.

Meng-Mei, M.T. (2015). Effects of extraction methods and particle size distribution on the structural, physicochemical, and functional properties of dietary fiber from deolied cumin. *Food Chemistry,* 1(194), 237-246.

Moreno, R.R. (2000). *Nutrición y Dietética para los tecnólogos de alimentos.* Madrid: Ediciones Díaz Santos.

Moyano, G., Sáyago-Ayerdi, S.G., Largo, C., Caz, V., Santamaria, M., & Tabernero, M. (2016). Potential use of dietary fibre from Hibiscus sabdariffa and Agave tequilana in obesity management. *Journal of Functional Foods,* 21, 1–9. https://doi.org/10.1016/j.jff.2015.11.011

Negro, M.J.P., Manzanares, J.M., Oliva, I., & Ballesteros, M. (2003). Changes in various physical/chemical parameters of pinus pinaster wood after steam explosion pretreatment. *Biomass & Bioenergy,* 25(3), 301-308. https://doi.org/10.1016/S0961-9534(03)00017-5

NOM-043-SSA2-2005. Norma Oficial Mexicana. Servicios basicos de salud. Promoción y educacion para la salud en materia alimentaria. Criterios para brindar orientacion.

Olagnero, G., Abad, A., Bendersky, S., Genevois, C., Granzella, L., & Montonati, M. (2007). Alimentos funcionales: fibra, prebióticos, probióticos y simbióticos. *Diaeta* (B. Aires), 25(121), 20-33.

Peraza, G.M. (2000). *Caracterización de los residuos fibrosos de* Canavalia ensiformis *L. y su incorporación a un producto alimenticio.* Tesis de Maestría. Facultad de Ingeniería Química, Universidad Autónoma de Yucatán, México.

Pérez, N.C. (2003). *Elaboración y caracterización de complemento alimenticios con un alto contenido de fibra dietética de maracuyá* (Pasiflora edulis). Tesis de Maestría en Ciencia y Tecnología de Alimentos. Facultad de Química. Universidad Autónoma de Yucatán, México.

Pino, A., Cediel, G., & Hirsch, S. (2009). Intake of Animal versus Vegetable Food and Cardiovascular Risk. *Rev Chil Nutr,* 36(3), 201.216.

Priego-Mendoza, N. (2007). *Obtención de fibra dietética a partir de sáculos de naranja aplicando un tratamiento con vapor.* Tesis de Ingeniería en Alimentos. Universidad Tecnológica de la Mioxteca. Huajapan de León, Oaxaca, México.

Rainakari, A.-I., Rita, H., Putkonen, T., & Pastell, H. (2016). New dietary fibre content results for cereals in the Nordic countries using AOAC 2011.25 method. *Journal of Food Composition and Analysis,* 51, 1-8. https://doi.org/10.1016/j.jfca.2016.06.001

Rasgado-Vázquez, S.M. (2015). *Extracción de fibra de residuos agroindustriales para su aplicación en alimentos funcionales.* Tesis de Ingeniería en Alimentos. Facultad de Estudios Superiores Cuautitlán, UNAM.

Rasgado-Vázquez, S.M., Trejo-Márquez, M.A., & Pascual-Bustamante, S. (2016). Extracción de fibra de residuos agroindustriales para su aplicación en alimentos funcionales. *Investigación y Desarrollo en Ciencia y Tecnología de Alimentos,* 1(1), 448-456.

Rondinone, S., & Giovanniello, O. (2003). *Pruebas bioquímicas para la identificación de bacterias de importancia clínica* (3ª Ed.). Buenos Aires: Medicina Panamericana.

Sánchez, B. (2005). *Caracterización Fisicoquímica y funcional de la fibra Dietética del Fruto del Níspero y de Cáscara de Mango.* Tesis para obtener el grado de Ingeniero en Alimentos. Universidad Tecnológica de la Mixteca. Huajuapan de León, Oaxaca, México.

Saura, F.D., Goñi, I., & Ferrer, R. (2003). Fibra dietaria en cerveza: contenido, composición y evaluación nutricional. *Cerveza y Salud,* 158(2), 51-60.

Serna, SS. (1996). *Química, almacenamiento e industrialización de los cereales.* México, DF: A.G.T. Editor.

Thebaudin, J., Lefebvre, A.C., Harrington, M.B., & Burgeois, C.M. (1997). Dietary fibres: nutritional and technological interest. *Food Science and Technology,* 8(1), 41-47. https://doi.org/10.1016/S0924-2244(97)01007-8

Tamayo Y., & Bermúdez, A.S. (1998). Los residuos vegetales de la industria de jugo de naranja como fuente de fibra dietética. En M. Lajolo & E. Wenzel (Ed.). *Temas de Tecnología de alimentos. Fibra Dietética* (181-189; vol. 2). México: Instituto Politécnico Nacional.

Tikhonova, I.N., Popov, A.M., Tikhonov, N.V., & Tikhonov, V.V. (2014). Harnessing the capabilities of spray granulation in the food industry for the production of functional foods. *Procedia Chemistry,* 10, 419-423. https://doi.org/10.1016/j.proche.2014.10.070

Westenbrink, S., Brunt, K., & Van der Kamp, J.W. (2013). Dietary fibre: Challenges in production and use of food composition data. *Food Chemistry,* 140(3), 562-567. https://doi.org/10.1016/j.foodchem.2012.09.029

Yaich, H., Garna, H., Bchir, B., Besbes, S., Paquot, M., Richel, A., Blecker, C., & Attia, H. (2015). Chemical composition and functional properties of dietary fibre extracted by Englyst and Prosky methods from the alga Ulva lactuca collected in Tunisia. *Algal Research,* 9, 65-73. https://doi.org/10.1016/j.algal.2015.02.017

Yang, J., Xiao, A., & Wang, C. (2014). Novel development and characterization of dietary fibre from yellow soybean hulls. *Food Chemistry,* 161, 367-375. https://doi.org/10.1016/j.foodchem.2014.04.030

Zarzuelo, A., & Gálvez, J. (2010). Fibra dietética. En A. Gil (Ed.). *Tratado de Nutrición* (2ª Ed.). Madrid-España: Médica Panamericana.

Capítulo 2

FRUTAS DE CACTÁCEAS: COMPUESTOS BIOACTIVOS Y SUS PROPIEDADES NUTRACÉUTICAS

Luis Jorge Corzo-Rios*, María Esther Bautista-Ramírez, Yolanda de la Mercedes Gómez y Gómez, Luis Gilberto Torres-Bustillos

Instituto Politécnico Nacional, Unidad Profesional Interdisciplinaria de Biotecnología (UPIBI del IPN), México.
lcorzo@ipn.mx*, maestherbr@gmail.com, ygomezipn@hotmail.com, ltorresbustillos@gmail.com

https://doi.org/10.3926/oms.360

Corzo-Rios, L.J., Bautista-Ramírez, M.E., Gómez y Gómez, Y.M., & Torres-Bustillos, L.G. (2016). Frutas de cactáceas: Compuestos bioactivos y sus propiedades nutracéuticas. En M.E. Ramírez Ortiz (Ed.). *Alimentos Funcionales de Hoy*. Barcelona, España: OmniaScience. 35-66.

Resumen

Las frutas de diversas cactáceas, originarias de México, América Central y Sudamérica han ganado popularidad en su consumo no sólo en estas regiones sino también en países de Asia y Europa. Dentro de estas frutas se encuentran la tuna (*Opuntia ficus-indica*), la pitaya de mayo (*Stenocereus spp*) y la pitaya (*Hylocereus spp*). El propósito principal de este capítulo es revisar la información sobre los compuestos fitoquímicos bioactivos en la cáscara, pulpa y semillas de algunos frutos de cactáceas. En *Opuntia ficus-indica*, tanto el cladodio, el fruto y las semillas son fuentes ricas en fenoles y flavonoides, ácidos grasos poliinsaturados, vitaminas, minerales, esteroles, aminoácidos y pigmentos. Este tipo de compuestos le confieren a *Opuntia* diversas actividades tales como antimicrobiana, antioxidante, citoprotectiva, anti-ulcerosa, antiinflamatoria, anticáncer, antiviral, antidiabética y hepatoprotectora, entre otras. En las frutas de *Stenocereus* e *Hylocereus*, los pigmentos más importantes son las betacianinas y betaxantinas. Dado que las betacianinas se encontraron en mayor proporción que los fenoles solubles totales, se consideran que estos compuestos son los que más contribuyen a la actividad antioxidante observada en los frutos de *S. griseus*, los cuales representan una alternativa como fuente de betalainas y de sustancias antioxidantes con propiedades inhibitorias en la proliferación de ciertas células cancerígenas. En *Hylocereus* la betanina y la filocactina son las betacianias que se presentan en mayor proporción, reportando valores de capacidad antioxidante que ubica a las frutas de *Hylocereus* entre los 10 vegetales con más antioxidantes. Por otra parte, se determinó que presentan un efecto inhibitorio en la proliferación de células de melanoma. Adicionalmente se han estudiado los oligosacáridos presentes en la pulpa, los cuales son una potencial fuente de prebióticos.

Palabras clave

Propiedades nutracéuticas, *Opuntia ficus-indica*, *Stenocereus spp*, *Hylocereus spp*. cactáceas.

2.1. Introducción

Las cactáceas son una familia constituida por alrededor de 1600 especies que crecen en zonas tropicales y subtropicales, incluso en zonas semiáridas. Dentro de éstas existen especies que se cultivan para la obtención de frutos, vegetales o forraje. Tradicionalmente la parte comestible se considera el fruto, sin embargo, se ha reportado el consumo de flores, los brotes frescos y las semillas.

En México, el uso de las cactáceas como alimento está fuertemente arraigado en las costumbres de su población, ya sea aprovechando el tallo, el fruto y/o sus semillas. En las grandes ciudades se ha incrementado la demanda de frutos que contienen compuestos fitoquímicos que proporciona beneficios a la salud humana, ya que juega un papel importante en la prevención de enfermedades crónicas. En este capítulo se hace una revisión de la información publicada sobre los compuestos fitoquímicos bioactivos, con las propiedades biofuncionales que éstos poseen.

Opuntia ficus-indica tiene una amplia distribución en México y puede ser empleada como fuente de alimentos funcionales (nopalitos y tunas) y no solo relegarla a su uso como cerca de separación entre parcelas. Los frutos de la especie *S. griseus* son importantes para la economía de comunidades rurales de algunas zonas semiáridas de México, mientras que los frutos de *Hylocereus* su cultivo va desde huertos familiares hasta plantaciones comerciales con elevada productividad de frutos.

La pitaya o pitahaya ha sido referido al fruto pulposo, jugoso y comestible de una cactácea, se utiliza de manera indistinta en América central y Sudamérica, mientras que en algunas regiones de México la pitaya se refiere a la fruta de la cactácea tipo columnar y pitahaya a la fruta de la cactácea tipo trepadora (Ortiz-Hernández & Carrillo-Salazar, 2012). En las regiones del sur México la pitaya se refiere a la fruta de la cactácea tipo trepadora. Es posible que en los distintos países a los que nos referimos, la pronunciación de pitahaya derivó en pitaya y de ahí su uso indistinto en ciertas regiones.

Tanto a la pitaya de mayo (*Stenocereus griseus* H.) y la pitaya (*Hylocereus spp)* se les ha determinado su contenido de betalainas, las cuales además de dar coloración a los frutos que las contienen, son reconocidas por las importantes actividades biológicas que poseen; actividad antioxidante, antiinflamatoria, hepatoprotectora y anti-cancerígena, entre otras.

2.2. *Opuntia ficus-indica*

Opuntia ficus-indica es el nombre del nopal que en inglés se le conoce como *pricklypear*. Es una planta perteneciente a las dicotiledóneas, específicamente una angiosperma (ver taxonomía en la Tabla 7). Está notablemente adaptada a climas áridos y semiáridos en regiones tropicales y semitropicales del mundo. En los últimos tiempos, se ha reportado evidencia de los beneficios nutricionales y de salud de esta cactácea (El-Mostafa et al., 2014).

Esta planta es notablemente rica en polifenoles, vitaminas, ácidos grasos polinsaturados y aminoácidos. Los compuestos identificados y sus derivados han mostrado poseer actividades muy relevantes incluyendo la antiinflamatoria, antioxidante, hipoglucémica, antimicrobial y neuroprotectora, entre otras (El-Mostafa et al., 2014).

El género *Opuntia* conocido incluye especies que producen frutas nutritivas comestibles, cladodios (vástagos o juntas) los cuales son consumidos como vegetales. México es considerado uno de los lugares con mayor diversidad genética de *Opuntia* y *Opuntia ficus-indica* y es la cactácea de mayor importancia agroeconómica que se cultiva en lugares áridos y semiáridos. La tuna tiene

Reino:	*Plantae*
División:	*Magnoliophyta*
Clase:	*Magnoliopsida*
Orden:	*Caryophyllales*
Familia:	*Cactaceae*
Subfamilia:	*Opuntioideae*
Tribu:	*Opuntieae*
Género:	*Opuntia*
Subgénero:	*Opuntia*
Especie:	*O. ficus-indica* (L.) Mill., 1768

Tabla 7. Taxonomía de Opuntia ficus-indica.

Figura 6. (a) La tuna. (b) Pulpa de la tuna roja y verde.

tres componentes que pueden ser utilizados comercialmente: las semillas, la cáscara y la pulpa. La fruta contiene aproximadamente 85% de agua, 15% de azúcares, 0.3% de cenizas y menos del 1% de proteína. La pulpa es una fuente de minerales y varios aminoácidos (alanina, arginina y asparagina) vitaminas como las vitaminas C (ácido ascórbico), E, K y β-carotenos, también incluye flavonoides y betalainas que son los responsables de la actividad antioxidante (Cota-Sánchez, 2016).

A continuación, se describen los contenidos de algunos compuestos de interés, tanto en la tuna de *Opuntia* como en algunos otros componentes de la planta (Ver Figuras 6a y 6b).

2.2.1. Compuestos encontrados en Opuntia ficus

Las tunas pueden distinguirse por su color verde, amarillo, naranja y rojo o por su forma y presencia de espinas, contiene un gran número de semillas del 30 al 40% del peso húmedo de la fruta, sin embargo, generalmente no son aprovechadas, siendo que representan una importante fuente de ácidos grasos poliinsaturados, vitaminas, polifenoles, flavonoides y taninos. La semilla contiene 25% fibra cruda, la cual ha sido estudiada en cuanto a sus propiedades tecnofuncionales, principalmente capacidad de absorción de agua y aceite 1.6 y 7.1 g/g de harina, respectivamente, lo que posiciona a la harina de semilla de tuna dentro de las mejores harinas usadas en alimentos para retención de agua y aceite. Adicionalmente se le determinó un 65% de fibra dietética total; siendo una alternativa viable en comparación con fuentes tradicionales (Mendoza-Rivera, Barbosa-Martín, Betancur-Ancona, Chel-Guerrero & Corzo-Rios, 2016)

El contenido de aceite en la semilla ha sido reportado en valores superiores al 10% (Mendoza-Rivera et al., 2016). El aceite de las semillas es rico en ácidos grasos insaturados cerca del 83% entre los cuales se incluyen ácidos grasos monoinsaturados (oleico y vaccínico) y ácidos grasos polinsaturados (linoleico), también contienen ácidos grasos saturados (palmítico y esteárico) predominando el ácido linoleico en todas las variedades de tunas (Chougui et al., 2013).

El aprovechamiento de la tuna genera una gran cantidad de residuos ya que la cáscara no se consume como alimento pero podría servir como una posible fuente de grasas y proteína para consumo animal debido a que contiene un 3.8% (en base húmeda) de lípidos, entre ellos se encuentran los lípidos totales (LT), los lípidos neutros en gran cantidad (63.3% de los LT), seguidos por los glucolípidos (GL) (26% de LT) y fosfolípidos (8.75% de LT). Las subclases de lípidos neutros (LN) contenidos en la cáscara son los triacilgliceroles (60% del total de LN), esteroles esterificados (10.8% del total LN) y esteroles (5.85% del total de LN), esteroles libres, diacilgliceroles, monoacilgliceroles y ácidos grasos libres en pequeñas cantidades. En las subclases de glucolípidos se encuentran sulfoquinovosil-diacilglicerol, cerebrosidos, esterilglicósidos, monogalactosil-diglicéridos y esterilglicósidos esterificados. Las subclases de fosfolípidos que se encuentran son fosfatidilcolina, fosfatidilserina, fosfatidiletanolamina, fosfatidilinositol y lisofosfolípidos en pequeñas cantidades. Entre los diferentes esteroles se han reportado sitosterol y sitostenol que tienen efectos benéficos en la salud del hombre debido a sus propiedades antioxidantes. También contienen componentes nutricionalmente importantes como los carotenos y tocoferoles (vitamina E). Los niveles de vitamina E en alta concentración, los α-tocoferoles constituyen aproximadamente, 80.5%, β-tocoferoles 10.2%, γ-tocoferoles 8% y δ-tocoferoles 1.20%. También se han reportado vitamina K_1 (1.09g/Kg) (Ramadan & Mörsel, 2003).

2.2.1.1. *Compuestos fenólicos*

Todas las partes del cactus son ricas en polifenoles, flavonoides y ácidos fenólicos. Tanto las flores, como la pulpa, la semilla, la cáscara, el fruto y la penca o cladodio, contienen variados polifenoles en cantidades de bajas (cladodio) a considerables (principalmente cáscara de la fruta). La Tabla 8 presenta un resumen de lo polifenoles encontrados en distintas partes de *Opuntia.*

Tejido	Compuesto identificado	
Flor	Ácido gálico	6 Isorhamnetin 3-Robinobiosido
	Queracitina 3-O Rutinosido	7 Isorhamnetin 3-O galactosido
	4 Kaempferol 3-O Rutinosido	8 Isorhamnetin 3-O glucosido
	5 Queracitin-glucosido	9 Kaempferol 3-O Arabinosido
Pulpa	Ácidos fenólicos totales	Kaempferol
	Queracetina	Luteolina
	Isorhamnetina	Isorhamnetinglucosidos
Semilla	Ácidos fenólicos totales	Sinapoildiglucosido
	Ferulolilsucrosa isómero 1	Flavonoides totales
	Ferulolilsucrosa isómero 2	Taninas totales
Cáscara del fruto	Ácidos fenólicos totales	Keracetina
	Flavonoides totales	Isorhamnetina
	Kaemprenol	
Cladodio	Ácido gálico	Isoquercitina
	Cumarina	Isorhamnetin 3-O glucosidos
	Acido 3,4 dihidroxibenzoico	Nicotiflorina
	Acido 4-hidroxibenzoico	Rutina
	Ácido ferúlico	Narcisina
	Ácido salicílico	

Tabla 8. Presencia de fenoles y flavonoides en varias partes de Opuntia ficus-indica (El-Mostafa et al., 2014).

En la semilla, los compuestos fenólicos incluyen ácidos fenólicos que contienen 48 mg en la tuna roja y 89 mg GAE/100g en la tuna anaranjada, los flavonoides se encuentran entre 1.55 y 264 mg QE/100g y los taninos entre 4.1 y

6.6 mg CE/100g, estas moléculas se encuentran en mayor concentración que en la pulpa. También contienen isómeros 1, 2 y 3 feruloil-sacarosa, sinapoildiglucósidos y feruloil derivados. El isómero 3 se encuentra en mayor proporción (105-717 mmoles/100g), los derivados del feruloil (34-233 mmoles/100g), los sinapoil-diglucósido (12.6-23.4 mmoles/100g), los isómeros feruloil-sacarosa 1(6.7-34.3 mmoles/100g) y 2(5.6-33.1 mmoles/100g) (Chougui et al., 2013)

2.2.1.2. Ácidos grasos

Análisis cromatográficos reportados demuestran que los lípidos presentes en los cladodios de *Opuntia* son básicamente ácido palmítico, oleico y linoleico. La Tabla 9 presenta la distribución específica de los ácidos grasos en algunas fracciones de *Opuntia.*

2.2.1.3. Vitaminas

El fruto de *Opuntia*, particularmente la cáscara de este, es rico en vitamina E. algunas otras vitaminas están presentes en el aceite de semilla y la cáscara. La Tabla 10 muestra la distribución de vitaminas en algunas fracciones de *Opuntia.*

Ácido graso	**C12:0**	**C14:0**	**C16:0**	**C18:0**	**C18:1**	**C18:2**	**C18:3**	**C22:0**	**C24:0**
Cladodio	1.33	2.96	13.87	0.24	3.33	11.16	34.87	33.23	–
Aceite de semilla	–	–	20.1	1.80	2.72	18.3	53.5	2.58	–
Cáscara del fruto	0.71	1.95	23.1	2.48	2.67	24.1	32.3	9.27	0.41
Aceite de pulpa de fruto	–	1.13	34.4	1.62	2.37	10.8	37	12.68	–

Tabla 9. Comparación de los ácidos grasos presentes en distintas fracciones de Opuntia (g/100 g ácidos grasos) (El-Mostafa et al., 2014).

Pulpa	Semillas	Cáscara	Cladodio
Vitamina K1	Vitamina K1	Vitamina K1	–
Vitamina C	–	–	Vitamina C
–	–	–	Vitamina B1
–	–	–	Vitamina B2
–	–	–	Vitamina B3
α-tocoferol	α-tocoferol	α-tocoferol	–
β-tocoferol	β-tocoferol	β-tocoferol	–
γ-tocoferol	γ-tocoferol	γ-tocoferol	–
σ-tocoferol	σ-tocoferol	σ-tocoferol	–

Tabla 10. Distribución de vitaminas en Opuntia, g/100 g (El-Mostafa et al., 2014).

2.2.1.4. Esteroles

Se ha documentado la presencia de esteroles, tanto en fruto como en cáscara del mismo, pulpa y semillas. El campesterol es uno de los esteroles más abundantes, aunque hay que destacar la presencia de sitosterol y stigmasterol. En la Tabla 11 se muestra la distribución e algunos esteroles en fracciones de Opuntia.

Esteroles	Pulpa	Semilla	Cáscara
Campesterol	x	x	x
Estigmasterol	x	x	x
Lanosterol	x	x	x
β-Sitosterol	x	x	x
Δ^5-Avenasterol, Δ^7 Avenasterol	x	x	x
Δ^7 Avenasterol	–	x	–
Ergosterol	–	–	x

Tabla 11. Distribución de esteroles en fracciones de Opuntia, mg/100 g (El-Mostafa et al., 2014).

Minerales	Pulpa	Semillas	Cadodio
Ca	x	x	x
Ca oxalato	–	–	x
Mg	x	x	x
Na	x	x	x
K	x	x	x
Fe	x	x	x
P	–	x	x
Zn	–	x	x
Cu	–	x	–
Mn	–	x	x

Tabla 12. Distribución de minerales en distintas fracciones de Opuntia, mg/100 g (El-Mostafa et al., 2014).

2.2.1.5. Compuestos minerales

Las semillas del cactus son ricas en minerales como Mg, K y Ca, pero otras partes de *Opuntia* también contienen cantidades importantes de minerales. La Tabla 12 muestra algunos de estos contenidos.

2.2.1.6. Aminoácidos

Muchos son los aminoácidos presentes en el cladodio, fruta y semillas de *Opuntia*, Se habla de Glutamina, Valina, Ac aspártico, Arginina y lisina entre otros. En la Tabla 13 se muestra la distribución específica de aminoácidos en fracciones de *Opuntia.*

2.2.2. Actividad biológica y aplicaciones en salud

Una serie de actividades biológicas han sido reportadas para *Opuntia*, entre ellas, algunas con potencial en aplicaciones en la salud, otras más en aplicaciones en

Aminoácido	Cladodio	Fruta	Semilla
Alanina	1.25	3.17	4.75
Arginina	5.01	1.11	6.63
Asparagina	3.13	1.51	Trazas
Ác. Aspártico	4.38	Trazas	10.42
Ác. Glutámico	5.43	2.40	21.68
Glutamina	36.12	12.59	Trazas
Cistina	1.04	0.41	0.37
Histidina	4.18	1.64	3.11
Isoleucina	3.97	1.13	6.20
Leucina	2.71	0.75	9.94
Lisina	5.22	0.63	6.79
Metionina	2.92	2.01	0.70
Fenilalanina	3.55	0.85	5.25
Serina	6.68	6.34	8.46
Treonina	4.18	0.48	1.53
Tirosina	1.46	0.45	3.09
Triptófano	1.04	0.46	Trazas
Valina	7.72	1.43	6.02
Prolina	Trazas	46.00	Trazas
Taurina	Trazas	15.79	Trazas
Glicina	Trazas	Trazas	5.06

Tabla 13. Principales aminoácidos presentes en cladodio, fruta y semilla de Opuntia, mg/100 g (El-Mostafa et al., 2014).

nutrición. En los próximos párrafos se describen las actividades más importantes reportadas para *Opuntia*.

Medicinalmente la tuna y sus extractos se han usado en el tratamiento de diabetes, colesterol y enfermedades del sistema inmunes. Los polisacáridos extraídos de *O. ficus-indica* han sido usados para proteger el hígado del daño producido por los pesticidas organofosforados, en la medicina tradicional China se ha usado para el tratamiento del dolor y la inflamación y como agente contra las picaduras de serpientes (Cota-Sánchez, 2016).

Las betalainas presentes en la tuna tienen un gran número de actividades entre las que se encuentran la actividad antioxidante, siendo esta actividad aun mayor que la de las antocianinas y la vitamina C, participan en la captación de radicales libres por lo que previenen el cáncer de ovario y cáncer cervical y enfermedades cardiovasculares debido a que regulan las lipidemias, ya que inhiben la mieloperoxidasa induciendo nitrato oxidación de lipoproteínas de baja densidad (LDL) por captación de radicales lipoperoxilo (Gengatharan, Dykes & Choo, 2015).

Disminuyen el colesterol, los triglicéridos y LDL incrementando las lipoproteínas de alta densidad (HDL). Disminuyen los niveles de glucosa y el índice aterogénico. También tienen actividad antimalaria debido a que actúan como agentes quelantes de los iones (Ca^{2+}, Fe^{2+} y Mg^{2+}) ya que bloquean el transportador intracelular de colina de los parásitos. La actividad antimicrobiana se ha reportado contra *Escrerichia coli* O157:H7, *Salmonella typhymurium, Staphylococcusaureus*y *Bacillus cereus* y otros microorganismos *Pseudomonas aeruginosa, Citrobacter freundii, Citrobacter youngae, E. cloacae* (Gengatharan et al., 2015).

Los aceites de la semilla de la tuna previenen la diabetes inducida por aloxan en el ratón por administración oral debido a la inhibición de formación de radicales libres o por la captación de los radicales producidos, por sus efectos sinérgicos de los compuestos antioxidantes y la capacidad de los ácidos grasos poliinsaturados para mejorar las células pancreáticas (Berraaouan et al., 2015)

El extracto DWJ504 de las semillas de la tuna reduce la esteatosis hepática y la inflamación mediante la regulación de la lipogénesis hepática de novo y polarización de macrófagos contra la esteatohepatitis no alcohólica experimental inducida en ratones con una dieta alta en grasas. Disminuye el incremento en el elemento regulatorio-de unión a la proteína 1 y la expresión al elemento carbohidrato-respuesta de unión a la proteína, disminuye la carnitin-palmitoil-transferasa 1A, aumenta la expresión al receptor a peroxisoma proliferador-receptor activado y disminuye la expresión al receptor g peroxisoma proliferador receptor activado. Promueve la polarización de macrófagos M2 por atenuación de los marcadores de genes M1 y M2, disminuye el factor nuclear kB, interleucina 6 y factor de necrosis tumoral (Kang et al., 2016).

Quizás las actividades de *Opuntia* con aplicaciones a la salud humana más importantes son la actividad antiulcéricas, antiinflamatoria, neuroprotectora, anticáncer, antiviral, antidiabética, hepatoprotectiva, contra el daño renal y antioxidante (Kaur, Kaur & Sharma, 2012).

2.2.2.1. *Actividad antiulcérica*

Se han empleado fracciones de *Opuntia* en el tratamiento de ulceras gástricas, y úlceras inducidas por consumo de alcohol. Es posible que el mucílago de *Opuntia* prevé la introducción del agente necrotizante en la mucosa gástrica.

2.2.2.2. *Actividad antiinflamatoria*

Opuntia ha sido reportada por su actividad analgésica y antiinflamatoria empleando el extracto de fruta, o el mucílago liofilizado. Se cree que el β-sitosferol contenido en *Opuntia*, es el responsable de esta actividad biológica.

2.2.2.3. *Actividad neuroprotectora*

Debido a la presencia de los flavonoides quercetina, dihidroquercetina y quercetina-3 metil-eter, *Opuntia* es capaz de esta actividad neuroprotectora.

2.2.2.4. *Actividad anti-cáncer*

Estudios recientes sugieren que el extracto de la fruta inhibe la proliferación de líneas cancerosas celulares cervicales, de ovarioso de mezclas en modelos *in vivo.*

2.2.2.5. *Actividad antiviral*

Se ha reportado que un extracto de cladodio de *Opuntia*, inhibió la replicación intracelular de un número de NA- y RNA-virus, tales como el herpes simple, el virus de la influenza, el virus de herpes equino, el virus de enfermedad respiratoria y aun el V1H1.

2.2.2.6. *Actividad antidiabética*

Algunos estudios con jugo de cactus en ratas, demostraron que la administración de este jugo disminuyo los niveles de superóxido dismutasa, glutatión reducido, colesterol HDL, proteína, hemoglobina y glicógeno hepático disminuyeron sensiblemente en ratas diabéticas. El tratamiento aquí escrito sanó a las ratas llevándolas hasta niveles normales de tales parámetros.

2.2.2.7. *Actividad hepato-protectora*

Los extractos de *Opuntia* tuvieron un efecto protector contra daño de hígado inducido en ratas. Este daño fue inducido con un pesticida (clorpyirifos). El daño fue medido por la medida el peso y la cuantificación de algunos parámetros tales como alanina-amino transferasa, aspartato amino-transferasa, fosfatasa alcalina, lactato deshidrogenasa, colesterol y albumina en suero de las ratas.

2.2.2.8. *Actividad anti-daño renal*

Osuna-Martínez, Reyes-Esparza & Rodríguez-Fragoso (2014) reportaron que el extracto de flores de *Opuntia* fue moderadamente efectivo en el incremento de diuresis y natriuresis. También el extracto de la fruta tuvo estos efectos y aun en mayor grado que el extracto de flores.

2.2.2.9. *Actividad antioxidante*

Pereira Souza et al., 2014 caracterizaron los extractos atomizados de *Opuntia ficus-indica* y su potencial farmacéutico. Ellos demostraron que estos extractos tuvieron actividad antioxidante, inhibitoria de la tirosinasa, antimicrobial y fotoprotectiva.

2.2.2.10. *Actividad protectiva*

Galati et al. (2007) reportaron que *Opuntia ficus-indica* mostró acción citoprotectiva contra úlcera inducida por alcohol en ratas. Se reporta que esta actividad puede estar relacionada con la presencia del mucílago y la pectina.

2.3. *Stenocereus griseus*

Los pitayos, son cactus columnares de las regiones subtropicales de México que producen frutos comestibles (Bravo-Hollis & Sánchez-Mejorada, 1991; Pimienta-Barrios, Pimienta-Barrios & Nobel, 2004). Los pitayos pertenecen a las cactáceas, producen como frutos a las pitayas, en sentido restringido la mayor parte de los frutos de las especies incluidas en los géneros agrupados dentro de la subtribu *Stenocereinae*, principalmente a las especies del género *Stenocereus* (Rebollar, Romero, Cruz & Zepeda, 2002).

Existe varios sinónimos para *Stenocereus griseus*, algunos de ellos son:

- *Cereus griseus*
- *Lemaireocereus griseus*
- *Ritterocereus griseus*
- *Rathbunia grisea*
- *Cereus eburneus*
- *Cereus deficiens*
- *Lemaireocereus deficiens*
- *Ritterocereus deficiens*
- *Stenocereus deficiens*

El género *Stenocereus* se encuentra ubicado dentro de la siguiente clasificación taxonómica (Tabla 14) (Mercado & Granados, 2002).

Orden:	*Cactales Britton Cactaceae*
Familia:	*Cactaceae*
Subfamilia:	*Cactoideae Schum*
Tribu:	*Pachycereae Buxanh*
Subtribu	*Stenocereinae*
Género:	*Stenocereus*
Especie:	*Stenocereus griseus*
Nombre vulgar	«Pitayo de mayo»

Tabla 14. Taxonomía de Stenocereus.

2.3.1. Características generales y composición química de las especies Stenocereus griseus (S. griseus)

Los frutos de las especies *S. griseus* son importantes para la economía de comunidades rurales de algunas zonas semiáridas de México (López-Gómez, Díaz-Pérez & Flores-Martínez, 2000). La pitaya de mayo *(Stenocereus griseus H.)* es una cactácea columnar originaria de México. Sus frutos son bayas poliespermáticas de forma globosa u ovoide, con espinas caducas; la pulpa puede ser de color anaranjado, rojo y morada (Figura 7). El color característico de sus frutos se debe a las betalainas, pigmentos naturales.

El estudio nutricional de las pitayas de *S. griseus* ha sido reportado por los ensayos bromatológicos. En la Tabla 15, se resume el análisis bromatológico, los datos se expresan en porcentajes, contiene 23.1 de fibra cruda, 9.07de proteínas, 3.29 de carbohidratos en base seca (Mercado & Granados, 2002).

La composición química de la pulpa de las variedades de pitaya ha sido reportada por diferentes autores (Mercado & Granados, 2002; Campos-Rojas, Pinedo-Espinoza, Campos-Montiel & Hernández-Fuentes, 2011), en la Tabla 16 se muestra un resumen del estudio la pulpa de las variedades de *Stenocereus griseus H*; blanca, roja, amarilla, anaranjada y morada.

La acidez y el pH están relacionados, el intervalo de acidez va de 0.39 a 0.53 en *S. griseus* y el pH fue de 3.7 a 4.5 este es muy similar a la pera (3.5 a 4.6 pH) y el de la

Figura 7. Fruta de Stenocereus griseus H, rojo; pulpa y semilla.

Composición fisicoquímica de *Stenocereus griseus* (%)		
Contenido	**Base húmeda**	**Base seca**
Proteína	1.29	9.07
Fibra cruda	3.23	23.15
Cenizas	0.46	3.29
Grasas	0.12	0.85
Humedad	85.8	–
Extracto libre de nitrógeno	9.05	63.71

Tabla 15. Análisis Bromatológico de Stenocereus griseus (Mercado & Granados, 2002).

Variedad de pitaya	pH	Acidez (% de ácido cítrico)	Azúcares totales (%)	Azúcares reductores (%)	Proteína en pulpa ($g\ kg^{-1}$)	Proteína en semilla ($g\ kg^{-1}$)	Humedad (%)
Roja	4.2	0.53	9.2	10.1	1.35	91.0	83.8
Blanca	4.4	0.39	10.0	11.2			
Amarrilla	4.46	0.50	9.1	10.2	1.07	90.0	84
Morada	3.7	0.47	9.0	9.6	1.06	80.0	86.6
Anaranjada					1.25	82.2	83.2

Tabla 16. Propiedades químicas de la pulpa de las variedades de Stenocereus griseus (Mercado & Granados, 2002; Campos-Rojas et al., 2011).

manzana es (3.3 a 3.9 pH) (Chuck-Hernández, Parra-Saldívar & Sandate-Flores, 2015).

Otras de las características químicas importantes es la concentración de azúcares, que es similar a otras frutas, la cantidad de fructosa y glucosa es de 9.3% en promedio. Frutos con una cantidad similares son la pera con 10% y la naranja con 9.2%. La cantidad en promedio de proteína en la pulpa de las variedades fue de

1.18 g/kg y en la semilla 85.8 g/kg (Mercado & Granados, 2002; Campos-Rojas et al., 2011)

Las investigaciones realizadas en pitaya de mayo se han enfocado principalmente en la composición proximal y características físicas de los frutos. El color característico de sus frutos de *Stenocereus griseus H.* se debe a las betalainas, pigmentos naturales hidrosolubles con nitrógeno en su estructura que se sintetizan a partir del aminoácido tirosina. Las betalainas se dividen en dos grupos: betacianinas, que brindan tonalidades rojas y se forman por condensación de una estructura ciclo-DOPA (dihidroxifenilalanina) con el ácido betalámico, y betaxantinas que proporcionan coloraciones amarillas y se sintetizan a partir de diferentes compuestos amino y el ácido betalámico (García-Cruz, Salinas-Moreno & Valle-Guadarrama, 2012).

Los frutos que contienen betalainas también poseen fenoles de diferentes tipos, excepto antocianinas, pues estas dos clases de pigmentos son mutuamente excluyentes (Wu et al., 2006). Las betalainas además de dar coloración a los frutos que las contienen, son reconocidas por las importantes actividades biológicas que poseen; actividad antioxidante, antiinflamatoria, hepatoprotectora y anticancerígena (García-Lucas et al., 2016).

El contenido de fenoles totales de tres variedades de *Stenocereus griseus* fue reportado por Ayala-Camarillo, Gallardo-Velázquez y Beltrán-Orozco (2008). El contenido de fenoles totales de las variedades estudiadas fue de 1482 a 2006 mg eq. ácido gálico/100g de muestra seca, como se observar en la Tabla 17.

Variedad de Pitaya	**mg. eq. de ácido gálico/100g de muestra seca**
Roja	1482.4 ± 14.56
Amarilla	1704.9 ± 3.8
Anaranjada	2006.2 ± 11.3

Tabla 17. Contenido de fenoles totales de Stenocereus griseus (Ayala-Camarillo et al., 2008).

García-Cruz, Salinas-Moreno y Valle-Guadarrama (2012) estudiaron el contenido de betalainas y compuestos fenólicos, así como la actividad antioxidante de la pulpa de dos variedades de pitaya de mayo. Los resultados se muestran en la Tablas 18 y 19.

García-Cruz et al. (2012) reportan que el contenido de betalainas en la pitaya de mayo *(S. griseus)* es diferente entre los dos variedades de fruto analizados, pues las betacianinas son las más abundantes en la pitaya roja y las betaxantinas en la pitaya anaranjada. Dado que las betalainas se encontraron en mayor proporción que los fenoles solubles totales, se consideran estos compuestos como los que más contribuyen a la actividad antioxidante observada en los frutos de *S. griseus*, los cuales representan una alternativa como fuente de betalainas y de antioxidantes.

Variedad	BET	BC	BX
Pitaya roja	$347.30^{a} \pm 20.98$	$199.6^{a} \pm 24.32$	$147.61^{b} \pm 18.21$
Pitaya anaranjada	$215.04^{b} \pm 36.16$	$37.6^{b} \pm 7.54$	$177.37^{a} \pm 30.18$

Medias con letras iguales en una columna, no son estadísticamente diferentes (Tukey, 0.05).

Tabla 18. Contenido de betalainas totales (BET), betacianinas (BC) y betaxantinas (BX) en dos muestras de pitaya de mayo (Stenocereus griseus H.) (mg/100 g de muestra seca) (García-Cruz et al., 2012).

Variedad	FST	AFL	AFG	AFE
Pitaya roja	$166.5^{a} \pm 14.40$	$18.15^{b} \pm 0.04$	$3.6^{b} \pm 0.31$	$2.9^{b} \pm 0.23$
Pitaya anaranjada	$52.8^{b} \pm 3.8$	$28.35^{a} \pm 5.67$	$4.3^{a} \pm 0.22$	$5.6^{a} \pm 0.66$

Medias con letras iguales en una columna, no son estadísticamente diferentes (Tukey, 0.05).

Tabla 19. Contenido de fenoles solubles totales (FST), ácidos fenólicos libres (AFL), glucosilados (AFG) y esterificados, en frutos de pitaya roja y anaranjada (mg equivalentes de ácido gálico/100 g de pulpa seca) (García-Cruz et al., 2012).

2.3.2. Capacidad antioxidante

En la pitaya roja una concentración de 135.07 µM reduce 76% del radical DPPH, en tanto que en la pitaya anaranjada se requiere una concentración de 307.01 µM para lograr una reducción de 67%. Estos resultados indican que los metabolitos presentes en los dos extractos de pitaya son diferentes, y pueden relacionarse con el tipo de betalainas. Se ha informado que las betacianinas son antioxidantes más potentes que las betaxantinas (Azeredo, 2009), y estas últimas son las predominantes en la pitaya anaranjada. Los valores obtenidos de porcentaje de DPPH reducido se encuentran por arriba de lo reportado en frutos de frambuesa (*Rubus idaeus*) los cuales oscilaron de 50 a 70% (Peña-Varela, Salinas-Moreno & Ríos-Sánchez, 2006), aunque en esta especie los metabolitos responsables de la actividad antioxidante son las antocianinas. El IC_{50} de la pitaya anaranjada fue de 161.7 ± 4.8 µM, que es más del doble que el de la roja (59.8 ± 0.32 µM), lo que significa que el poder antioxidante de la pitaya roja es mayor que el de la naranja. Sin embargo, el poder antioxidante de *S. griseus* H. también puede atribuirse a los compuestos fenólicos presentes en sus frutos, y aunque están en menor proporción que las betalainas se consideran potentes antioxidantes (García-Cruz et al., 2012).

La composición de las sales minerales es muy variable entre especies, ya que depende de la composición química del suelo como la salinidad, acidez, conductividad, grado de disociación, humedad y textura de los suelos. Las pectinas son muy comunes en los frutos de las cactáceas principalmente en las tunas y pitayas, debido a que tiene un valor en la manufactura de jaleas y dulces. También presentan diversas concentraciones de azúcares que pueden formar ácidos, siendo el principal el ácido urónico, estos ácidos cuando están en solución, forman ésteres denominados lactonas como la histrixlactona, la cual se encontró en *S. griseus* (Bravo-Hollis & Sánchez-Mejorada, 1991).

Los glicósidos, son compuestos formados por la combinación de un azúcar con una o más sustancias, algunas de sus propiedades son tónicas para el sistema cardiovascular. Las ceras juegan un papel importante en las cactáceas como mecanismo para conservar la humedad. Las saponinas triterpénicas o esteroideas con el agua producen una sustancia jabonosa. Se ha reportado en *S. griseus* los terpenoides como la betulina y el ácido oleanólico, algunos carotenoides y fenoles (Treviño, 2000).

2.4. *Hylocereus* spp.

La pitaya o pitahaya es originaria de las regiones tropicales de América, compartiendo el origen por un lado Mesoamérica, región que conforman los países de El Salvador, Costa Rica, Honduras, Guatemala, Nicaragua, México y Panamá; y por otro lado Sudamérica, especialmente Bolivia, Brasil, Colombia, Ecuador, Perú, Uruguay y Venezuela (Centurión Yah, Solís Pereira, Saucedo Veloz, Báez Sañudo & Sauri Duch, 2008; Grimaldo-Juárez, Terrazas, García-Velásquez, Cruz-Villagas & Ponce-Medina, 2007; Ortiz-Hernández & Carrillo-Salazar, 2012; Wybraniec & Mizrahi, 2002). Pertenece a la familia *Cactaceae* y está conformada por distintas variedades de los géneros *Hylocereus* (pitaya roja) y *Selenicereus* (pitaya amarilla), que se les ha determinado que poseen un ancestro en común por lo que comparten muchas características y se les ha clasificado como taxa hermanas, (Grimaldo-Juárez et al., 2007), incluso han sido reportadas algunas variedades en ambos géneros, por la cercanía en las características morfológicas, taxonómicas y genéticas; lo que puede deberse a la hibridación derivada del procesos de domesticación y del cultivo mixto de ambas especies (Baquero, Castro & Narvàez, 2005; Grimaldo-Juárez et al., 2007).

La complejidad para clasificar taxonómicamente a la pitaya, ha generado controversia al determinar el número de variedades que posee el género *Hylocereus* (Figura 8). Algunos investigadores reportan entre 16 y 19 variedades, entre las que se encuentran *H. undatus, H. purpusii, H. ocamponis, H. costaricencis, H. polyrhizus*, que pueden ser distinguidas entre ellas caracterizando los frutos por la forma,

Figura 8. Fruta de Hylocereus spp de diferentes colores de cáscara y pulpa (Ortiz-Hernández & Carrillo-Salazar, 2012).

tamaño, el color de la cáscara (exocarpio) y/o el color de la pulpa (mesocarpio o endocarpio), además del número y longitud de las espinas por areola y características de los segmentos externos del perianto (Ariffin et al., 2009; Grimaldo-Juárez et al., 2007; Wybraniec & Mizrahi, 2002). Tradicionalmente la parte comestible se considera el fruto, sin embargo se ha reportado el consumo de flores, los brotes frescos y las semillas (Castillo-Martínez, Livera-Muñoz & Márquez-Guzmán, 2005; Suárez Román, Caetano & Ramírez, 2014).

Actualmente la pitaya (*Hylocereus spp.*) se cultiva alrededor del mundo, además de América su cultivo se ha extendido a países como Australia, Camboya, China, Filipinas, India, Indonesia, Malasia, Taiwán y Vietnam donde es frecuentemente llamada «Fruta dragón» (Ariffin et al., 2009; Ortiz-Hernández & Carrillo-Salazar, 2012). Su cultivo va desde plantas ornamentales en jardines, huertos familiares hasta plantaciones comerciales con técnicas modernas de cultivo, en donde se han llevado a cabo diversos estudios agronómicos, fisiológicos y genéticos para incrementar la producción y calidad de los frutos (Centurión Yah et al., 2008; Ortiz-Hernández & Carrillo-Salazar, 2012).

2.4.1. Composición química

La fruta de la pitaya (*Hylocereus spp.*) es de forma elipsoidal de 10 a 12 cm de diámetro, que pesan entre 200 y 570 g (Ochoa-Velasco et al., 2012; Vaillant, Pérez, Dávila, Dornier & Reynes, 2005) contiene una pulpa que va de blanca, rosa a roja con pequeñas semillas de color negro. La cáscara varía de amarillo, rosa a rojo y rojo púrpura, la cual está cubierta por brácteas salientes de forma triangular (Centurión Yah et al., 2008; Ortiz-Hernández & Carrillo-Salazar, 2012).

La parte comestible (pulpa y semillas) de la pitaya ha sido reportada que es desde un 60 hasta un 80% de la fruta, con un contenido de agua de 80-88% (Centurión Yah et al., 2008; Vaillant et al., 2005), las semillas son pequeñas y representan entre 1 y 2% de la fruta (B.S.) en *H. andatus y H. polyrhizus* (Ariffin et al., 2009). La pulpa es dulce y un poco ácida con un aroma suave, contiene aproximadamente 7 y 13% de azúcares reductores y sólidos solubles totales, respectivamente, (Centurión Yah et al., 2008), aunque para *H. andatus y H. polyrhizus* se ha reportado un contenido de sólidos solubles totales de 12 y 15%, siendo glucosa (353-451g/100 g), fructosa (238-158 g/100 g) y oligosacáridos (86-90 g/100 g) de distintos pesos moleculares los principales azúcares (Wichienchot, Jatupornpipat & Rastall, 2010).

Por otra parte, el sabor que presenta la pulpa en variedades de *Hylocereus*, está relacionada con el valor de pH que ha sido reportado que va de 4.3 a 4.7 y con la acidez titulable que va de 2.4 a 3.0 en variedades agridulces y 0.2 a 0.5 (% de ácido málico) en variedades dulces, más importante en esta percepción de sabor es la relación azúcares/acidez que va desde 3.5 a 33 para las variedades más ácidas y más dulces respectivamente (Centurión Yah et al., 2008; Obenland et al., 2016; Vaillant et al., 2005). Dentro de los ácidos orgánicos reportados, el ácido málico es el que se presenta en mayor proporción seguido del ac. cítrico y ac. oxálico con intervalos de 8.21-10.06, 0.06-0.21 y 0.07-0.16 g/kg respectivamente (Obenland et al., 2016).

2.4.2. Otros componentes y su actividad nutracéutica

La pulpa contiene además de los azúcares y ácidos, fibra, vitamina C, pectina y distintos pigmentos. En *H. andatus* se ha reportado un contenido de Ac. Ascórbico que varía de 10 a 24 mg/100 g de pulpa (Centurión Yah et al., 2008; Ortiz-Hernández & Carrillo-Salazar, 2012), mientras que otros investigadores han reportado valores de vitamina C que varía de 7 a 9 mg/100 g de pulpa (Enciso et al., 2011). Como se observa en la Tabla 20, el contenido de vitamina C disminuye con el proceso de maduración de la fruta, pues esta vitamina disminuye de aproximadamente 15 a 10 mg/100, teniendo un comportamiento inverso la concentración de azúcares reductores que se incrementó de 2.4 a 6.6%(Centurión Yah et al., 2008). También se ha reportado que contiene cantidades menores de beta caroteno, licopeno y vitamina E (Wichienchot et al., 2010).

	Días después de floración				
Variable	**20**	**25**	**27**	**29**	**31**
Sólidos Solubles totales (°Brix)	4.6^{d}	9.5^{c}	12.8^{a}	11.8^{b}	12.6^{a}
Vitamina C (mg/100 g de pulpa)	14.7^{a}	12.2^{b}	12.1^{b}	10.9^{c}	9.6^{c}
Azúcares reductores (%)	2.4^{c}	4.5^{c}	5.9^{b}	5.8^{b}	6.6^{a}

Letras iguales en la misma fila indican que no hay diferencia significativa ($P<0.05$).

Tabla 20. Evolución de las características físicas y químicas de los frutos de pitaya durante su maduración (Centurión Yah et al., 2008).

2.4.2.1. Polifenoles: Betacianinas y flavonoides

Los polifenoles, carotenoides, tocoferoles y glucosinolatos, comúnmente son encontrados en frutas y vegetales, a estos compuestos se les ha atribuido un efecto quimioprotectivo para combatir el estrés oxidativo del cuerpo, además de su función como agentes antiinflamatorios, con lo cual ayudan a mejorar la salud humana. El contenido total de compuestos fenólicos en frutas de *H. polyrhizus* 42.4 mg de EAG/100 g de pulpa. A estos compuestos se les determinó la actividad antioxidante mediante DPPH y ABTS encontrándose una CE_{50} de 22.4 mmol equivalente de vitamina C/g extracto seco y 28.3 mmol CAET/g extracto seco (Wu et al., 2006).

Como parte de los compuestos fenólicos, los pigmentos responsables de la coloración de las frutas de *Hylocereus* se encuentran las betacianinas y las betaxantinas las cuales son una clase de pigmentos solubles en agua. Las betacianinas que dan color a una amplia variedad de flores y frutas, entre ellas a las de cactáceas, en tonalidades rojo-violeta, por su parte las betaxantinas son las responsables del color amarillo (Wu et al., 2006; Wybraniec & Mizrahi, 2002). En la pulpa del fruto de *H. polyrhizus* se ha detectado al menos 8 betacianinas y la ausencia de betaxantinas (Stintzing, Schieber & Carle, 2002).

Diferentes investigadores han publicado que las betalainas y betaninas presentan actividades antirradical y antioxidante y que hay indicios de que actúan como protector contra ciertos desórdenes en la salud provocados por el estrés oxidativo como lo reporta Wu et al. (2006). En distintas variedades de *Hylocereus* se ha reportado que el contenido total de betacianinas varía entre 10 y 39 mg por 100 g de pulpa, en donde se identificaron a los siguientes pigmentos: bougainvillein-R-I, betanina, isobetanina, filocactina, isofilocactina, hylocerenina e isohylocerenina, entre otros; siendo las betanina y filocactina las que se presentan en mayor proporción (Stintzing et al., 2002; Wu et al., 2006; Wybraniec & Mizrahi, 2002).

Vaillant et al. (2005) estudiaron las propiedades antioxidantes del jugo de 3 variedades de *Hylocereus*, encontrando valores de capacidad de absorber radical oxígeno, que fue atribuida esencialmente a las betacianinas, que van de 8.8 a 11.3 mmol Trolox/g, 2 veces más alto que jugo comercial de manzana y de uva blanca, y de igual magnitud que el betabel y la fresa, lo cual lo ubica entre los 10 vegetales más antioxidantes.

El consumo de frutas y vegetales ha sido asociado con la reducción del riesgo de enfermedades coronarias del corazón, síntomas de enfermedades crónicas obstructivas del pulmón y diferentes tipos de cáncer, entre los que destacan cáncer de colon. Los flavonoides ha sido correlacionados con estas la reducción de estos riesgos, el contenido de flavonoides en la pulpa de la fruta de *H. polyrhizus* es de 7.2 mg equivalente de catequina/100 g de pulpa (Wu et al., 2006)

Por otra parte, a extractos de compuestos fenólicos de la cáscara y de la pulpa de *H. polyrhizus*, se les determinó el efecto inhibitorio en la proliferación de células de melanoma B16F10, Wu et al. (2006) reportaron que los compuestos fenólicos en concentraciones de aproximadamente 2.5 a 22.5 mg EAG inhibieron el crecimiento de células de melanoma conforme se incrementaba la concentración de estos compuestos fenólicos, permitiendo el crecimiento de solo 75 a 35% de las células en el caso del extracto de la cáscara y 62 a 55% de las células con el extracto de la pulpa, en el intervalo de concentraciones estudiado.

2.4.2.2. *Oligosacáridos y sus propiedades prebióticas*

La presencia de vitaminas, polifenoles y de oligosacáridos de distinto peso molecular en la pulpa de las frutas de *Hylocereus* ha generado un interés por evaluar a esta fruta como fuente potencial de ingredientes funcionales, que puedan prevenir enfermedades relacionadas con la nutrición. Los oligosacáridos no digeribles son considerados prebióticos, los cuales tienen un efecto benéfico de estimular el crecimiento y/o actividad de ciertas bacterias (probióticos) en el colon, lo que conlleva a mejorar la salud del consumidor. En este sentido, se estudiaron los oligosacáridos presentes en *H. andatus* (pulpa blanca) y *H. polyrhizus* (pulpa roja), encontrando similares concentraciones (86 y 89 g/kg) y cuatro tipos de oligosacáridos con pesos moleculares de 474, 490, 700 y 716 Da. Los oligosacáridos son una potencial fuente de prebióticos, pues demostraron ser resistente a la hidrólisis ácida de manera similar a la presentada por otros oligosacárido prebióticos y mayor resistencia a la hidrólisis por α-amilasa que la inulina, un prebiótico de referencia; además presentaron capacidad de estimular el crecimiento de lactobacilus y bifidobaterias (Wichienchot et al., 2010).

2.4.2.3. *Ácidos grasos del aceite de las semillas*

Por otra parte, las semillas de las frutas de *Hylocereus* han sido estudiadas en cuanto al contenido y características del aceite. Como se mencionó anteriormente, las

Ácidos grasos	Pulpa roja (*Hylocereus polyrhizus*)	Pulpa blanca (*Hylocereus undatus*)
Ácido Mirístico (C14:0)	0.20 ± 0.02	0.30 ± 0.01
Ácido Palmítico (C16:0)	17.9 ± 1.10	17.1 ± 0.78
Ácido Esteárico (C18:0)	5.49 ± 0.29	4.37 ± 0.24
Ácido Palmitoleico (C16:1)	0.91 ± 0.05	0.61 ± 0.01
Ácido Oleico (C18:1)	21.6 ± 0.53	23.8 ± 0.14
Ácido Cis-vaccínico (C18:1a)	3.14 ± 0.30	2.81 ± 0.10
Ácido Linoleico (C18:2)	49.6 ± 0.33	50.1 ± 0.35
Ácido Linolénico (C18:3)	1.21 ± 0.20	0.98 ± 0.10

Tabla 21. Composición de ácidos grasos (% del total de ácidos grasos) del aceite de semillas de Hylocereus polyrhizus y Hylocereus undatus (Ariffin et al., 2009).

semillas representan entre 1 y 2% (B.S.) de la fruta, contienen aproximadamente 30% de aceite. Para *H. andatus* y *H. polyrhizus* se encontraron en mayor proporción los ácidos grasos palmítico, esteárico, oleico, linoleico y linolénico, como se observa en la Tabla 21, siendo en ambas variedades el oleico y linoleico los predominantes con 21.6 a 23.8 y 49.6 y 50.1% del total de ácidos grasos, respectivamente. El aceite de estas semillas son más ricas en linoleico al compararlas con el aceite de semillas de linaza, canola, sésamo y uva (Ariffin et al., 2009).

Referencias

Ariffin, A.A., Bakar, J., Tan, C.P., Rahman, R.A., Karim, R., & Loi, C.C. (2009). Essential fatty acids of pitaya (dragon fruit) seed oil. *Food Chemistry,* 114(2), 561-564. https://doi.org/10.1016/j.foodchem.2008.09.108

Ayala-Camarillo, K.C., Gallardo-Velázquez, T., & Beltrán-Orozco, M.C. (2008). Determinación del contenido de fenoles totales y de la capacidad antioxidante de tres especies del fruto de la pitaya *(Stenocereus griseus* H.). *V Congreso Internacional de Ingeniería Bioquímica.* Tuxtla Gutierrez, Chiapas.

Azeredo, H.M.C. (2009). Betalains: Properties, sources, applications, and stability – A review. *International Journal of Food Science and Technology,* 44(12), 2365-2376. https://doi.org/10.1111/j.1365-2621.2007.01668.x

Baquero, L., Castro, J., & Narvàez, C. (2005). Catalasa, Peroxidasa Y Polifenoloxidasa en pitaya amarilla *(Acanthocereus pitajaya):* maduraciòn y senescencia. *Acta Biológica Colombiana,* 10(2), 49-59.

Berraaouan, A., Abderrahim, Z., Hassane, M., Abdelkhaleq, L., Mohammed, A., & Mohamed, B. (2015). Evaluation of protective effect of cactus pear seed oil *(Opuntia ficus-indica* L. MILL.) against alloxan-induced diabetes in mice. *Asian Pacific Journal of Tropical Medicine,* 8(7), 532-537. https://doi.org/10.1016/j.apjtm.2015.06.013

Bravo-Hollis, H., & Sánchez-Mejorada H. (1991). *Las cactáceas de México* (2a. ed., Vol. 2 y 3). Universidad Nacional Autónoma de México, México D.F.

Campos-Rojas, E., Pinedo-Espinoza, J.M., Campos-Montiel, R.G., & Hernández-Fuentes, A.D. (2011). Evaluación de plantas de pitaya (Stenocereus spp) de poblaciones naturales de Monte Escobedo, Zacatecas. *Revista Chapingo Serie Horticultura,* 17(3), 173-181. https://doi.org/10.5154/r.rchsh.2011.17.028

Castillo-Martínez, R., Livera-Muñoz, M., & Márquez-Guzmán, G.J. (2005). Morphological Characterization and Sexual Compatibility. *Agrociencia,* 39, 183-194.

Centurión Yah, A.R., Solís Pereira, S., Saucedo Veloz, C., Báez Sañudo, R., & Sauri Duch, E. (2008). Cambios físicos, químicos y sensoriales en frutos de pitahaya (Hylocereus undatus) durante su desarrollo. *Revista Fitotecnia Mexicana,* 31(1), 1-5.

Chougui, N., Tamendjari, A., Hamidj, W., Hallal, S., Barras, A., Richard, T., & Larbat, R. (2013). Oil composition and characterisation of phenolic compounds of Opuntia ficus-indica seeds. *Food Chemistry,* 139(1-4), 796–803. https://doi.org/10.1016/j.foodchem.2013.01.054

Chuck-Hernández, C., Parra-Saldívar, R., & Sandate-Flores, L. (2015). Pitaya *(Stenocereus spp.).* En B. *Caballero, P.M. Finglas, & F. Toldrá (Eds.).* Encyclopedia of Food and Health (385-391). Academic Press.

Cota-Sánchez, J.H. (2016). *Chapter 28 – Nutritional Composition of the Prickly Pear* (Opuntia ficus-indica) *Fruit. Nutritional Composition of Fruit Cultivars.* Elsevier Inc.

El-Mostafa, K., Kharrassi, Y., Badreddine, A., Andreoletti, P., Vamecq, J., Kebbaj, M., et al. (2014). Nopal Cactus *(Opuntia ficus-indica)* as a Source of Bioactive Compounds for Nutrition, Health and Disease. *Molecules,* 19(9), 14879-14901. https://doi.org/10.3390/molecules190914879

Enciso, T.O., Zazueta, M.E.I., Rangel, M.D.M., Torres, J.B.V., Romero, M.V., & Verdugo, S.H. (2011). Calidad postcosecha de frutos de pitahaya *(Hylocereus undatus Haw.)* cosechados en tres estados de madurez. *Revista Fitotecnia Mexicana,* 34(1), 63-72.

Galati, E.M., Monforte, M.T., Miceli, N., Mondello, M.R., Taviano, M.F., Galluzzo, M., & Tripodo, M.M. (2007). Opuntia ficus indica (L.) Mill. mucilages show cytoprotective effect on gastric mucosa in rat. *Phytotherapy Research,* 21(4), 344-346. https://doi.org/10.1002/ptr.2075

García-Cruz, L., Salinas-Moreno, Y., & Valle-Guadarrama, S. (2012). Betalaínas, compuestos fenólicos y actividad antioxidante en pitaya de mayo *(Stenocereus griseus H.). Rev Fitotec Mex,* 35(5), 1-5.

García-Lucas, K.A., Méndez-Lagunas, L.L., Rodríguez-Ramírez, J., Campanella, O.H., Patel, B.K., & Barriada-Bernal, L.G. (2016). Physical properties of spray dryed Stenocereus griseus pitaya juice powder. *Journal of Food Process Engineering,* April, 1-9. https://doi.org/10.1111/jfpe.12470

Gengatharan, A., Dykes, G.A., & Choo, W.S. (2015). Betalains: Natural Plant Pigments with Potential Application in Functional Foods. *LWT – Food Science and Technology,* 64(2), 645–649. https://doi.org/10.1016/j.lwt.2015.06.052

Grimaldo-Juárez, O., Terrazas, T., García-Velásquez, A., Cruz-Villagas, M., & Ponce-Medina, J.F. (2007). Morphometric Analysis of 21 Pitahaya *(Hylocereus undatus)* Genotypes. *Journal of the Professional Association for Cactus Development,* 9, 99-117. Retrieved from http://jpacd.org/downloads/Vol9/V9P99-117.pdf

Kang, J.-W., Shin, J.-K., Koh, E.-J., Ryu, H., Kim, H.J., & Lee, S.-M. (2016). Opuntia ficus-indica seed attenuates hepatic steatosis and promotes M2 macrophage polarization in high-fat diet–fed mice. *Nutrition Research,* 36(4), 369-379. https://doi.org/10.1016/j.nutres.2015.12.007

Kaur, M., Kaur, A., & Sharma, R. (2012). Pharmacological actions of Opuntia ficus indica: A review. Journal of Applied Pharmaceutical Science, 2(7), 15–18. https://doi.org/10.7324/japs.2012.2703

López-Gómez, R., Díaz-Pérez, J.C., & Flores-Martínez, G. (2000). Vegetative propagation of three species of cacti: Pitaya *(Stenocereus griseus),* Tunillo *(Stenocereus stellatus)* and Jiotilla *(Escontria chiotilla). Agrociencia,* 34(3), 363-367.

Mendoza-Rivera, R.D., Barbosa-Martín, E., Betancur-Ancona, D., Chel-Guerrero, L., & Corzo-Rios, L.J. (2016). Evaluación del potencial aprovechamiento de la semilla de tuna *(Opuntia ficus-indica)* como fuente de ingrediente alimentario. *IX Congreso Internacional de Ingeniería Bioquímica.* Boca del Rios, Veracruz.

Mercado, J., & Granados, D. (2002). *La pitaya. Biología, Ecología, Fisiología sistemática, Etnobotánica.* México: Universidad Autónoma de Chapingo. 2° reimpresión.

Obenland, D., Cantwell, M., Lobo, R., Collin, S., Sievert, J., & Arpaia, M.L. (2016). Impact of storage conditions and variety on quality attributes and aroma volatiles of pitahaya *(Hylocereus spp.). Scientia Horticulturae,* 199, 15-22. https://doi.org/10.1016/j.scienta.2015.12.021

Ochoa-Velasco, C.E., García-Vidal, V., Luna-Guevara, J.J., Luna-Guevara, M.L., Hernández-Carranza, P., & Guerrero-Beltrán, J.J. (2012). Características antioxidantes, fisicoquímicas y microbiológicas de jugo fermentado y sin fermentar de tres variedades de pitahaya *(Hylocereus spp). Scientia Agropecuaria,* 3, 279-289. https://doi.org/10.17268/sci.agropecu.2012.04.02

Ortiz-Hernández, Y.D., & Carrillo-Salazar, J.A. (2012). Pitahaya *(Hylocereus spp.):* A short review. *Comunicata Scientiae,* 3(4), 220-237.

Osuna-Martínez, U., Reyes-Esparza, J., & Rodríguez-Fragoso, L. (2014). Cactus *(Opuntia ficus-indica):* A Review on its Antioxidants Properties and Potential Pharmacological Use in Chronic Diseases. *Natural Products Chemistry & Research,* 2(6), 2-9. https://doi.org/10.4172/2329-6836.1000153

Peña-Varela, G., Salinas-Moreno, Y., & Ríos-Sánchez, R. (2006). Contenido de antocianinas totales y actividad antioxidante en frutos de frambuesa *(Rubus idaeus* L.) con diferente grado de maduración. *Revista Chapingo Serie Horticultura,* 12(2), 159-163.

Pereira Souza, C.M., Silva Almeida, F., Veiga Junior, V.F., de Lima Damasceno, B.P.G., Dantas Medeiros, A.C., Pereira Santana, D., & Silva, J.A. (2014). Characterization of atomized extract of *Opuntia ficus indica* (L.) Mill. and assessment of its pharmaceutical potential. *Revista de Ciências Farmacêuticas Básica E Aplicada,* 35(2), 195-203.

Pimienta-Barrios, E., Pimienta-Barrios, E., & Nobel, P.S. (2004). Ecophysiology of the pitayo de Queretaro (Stenocereus queretaroensis). *Journal of Arid Environments,* 59(1), 1-17. https://doi.org/10.1016/j.jaridenv.2004.01.005

Ramadan, M.F., & Mörsel, J.T. (2003). Recovered lipids from prickly pear [*Opuntia ficus-indica* (L.) Mill] peel: A good source of polyunsaturated fatty acids, natural antioxidant vitamins and sterols. *Food Chemistry,* 83(3), 447-456. https://doi.org/10.1016/S0308-8146(03)00128-6

Rebollar, A., Romero, J., Cruz, P., & Zepeda, H. (2002). *El cultivo de la pitaya* (Stenocereus spp.), *una alternativa para el trópico seco del estado de Michoacán.* México: Universidad Autónoma de Chapingo. 2° edición.

Stintzing, F.C., Schieber, A., & Carle, R. (2002). Betacyanins in fruits from red-purple pitaya, *Hylocereus polyrhizus* (Weber) Britton & Rose. *Food Chemistry,* 77(1), 101-106. https://doi.org/10.1016/S0308-8146(01)00374-0

Suárez-Román, R.S., Caetano, C.M., & Ramírez, H. (2014). Multiplicación de *Selenicereus megalanthus* (pitahaya amarilla) e *Hylocereus polyrhizus* (pitahaya roja). *Acta Agronómica,* 63(3), 1-14. https://doi.org/10.15446/acag.v63n3.40980

Treviño, J.F. (2000). *Estudio comparativo de los componentes químicos de callo y plátula de* Steocereus griseus *(Haworth) Buxabaum.* Universidad Autónoma de Nuevo León.

Vaillant, F., Pérez, A., Dávila, I., Dornier, M., & Reynes, M. (2005). Colorant and antioxidant properties of red-purple pitahaya *(Hylocereus sp.). Fruits,* 60(1), 3-12. https://doi.org/10.1051/fruits:2005007

Wichienchot, S., Jatupornpipat, M., & Rastall, R.A. (2010). Oligosaccharides of pitaya (dragon fruit) flesh and their prebiotic properties. *Food Chemistry*, 120(3), 850-857. https://doi.org/10.1016/j.foodchem.2009.11.026

Wu, L.C., Hsu, H.W., Chen, Y.C., Chiu, C.C., Lin, Y.I., & Ho, J.A.A. (2006). Antioxidant and antiproliferative activities of red pitaya. *Food Chemistry*, 95(2), 319-327. https://doi.org/10.1016/j.foodchem.2005.01.002

Wybraniec, S., & Mizrahi, Y. (2002). Fruit flesh betacyanin pigments in *Hylocereus cacti*. *Journal of Agricultural and Food Chemistry*, 50(21), 6086-6089. https://doi.org/10.1021/jf020145k

Capítulo 3

GLUCOMANANO DE KONJAC, UN POLISACÁRIDO BIFUNCIONAL DE ORIGEN ASIÁTICO

Laura Patricia Martínez-Padilla, Norma B. Casas-Alencáster

Universidad Nacional Autónoma de México, Facultad de Estudios Superiores Cuautitlán, Laboratorio de Propiedades Reológicas y Funcionales en Alimentos, México
lpmp@unam.mx, normac1952@prodigy.net.mx

https://doi.org/10.3926/oms.356

Martínez-Padilla, L.P., & Casas-Alencáster, N.B. (2016). Glucomanano de konjac, un polisacárido bifuncional de origen asiático. En M.E. Ramírez Ortiz (Ed.). *Alimentos Funcionales de Hoy*. Barcelona, España: OmniaScience. 67-96.

Resumen

En este capítulo se revisa la doble funcionalidad de un polisacárido novedoso de origen asiático, el glucomanano de konjac, por un lado, se resumen las aplicaciones tecnológicas y por el otro, las relacionadas con la mejora de salud y reducción del riesgo de contraer enfermedades. Las propiedades funcionales desde el punto de vista tecnológico están ligadas con su alta solubilidad y retención de agua (espesante) o como polisacárido estructurado (gelificante), propiedades que modifican fuertemente su reología en medio acuoso. Desde el punto de vista nutricional o medicinal, el konjac funciona como una fibra dietética viscosa, uno de sus principales usos nutracéuticos es disminuir el colesterol, evita también la absorción de algunas grasas y provoca saciedad, siendo un potencial coadyuvante para el control de la obesidad, hiperglucemia (disminuye los niveles de glucosa e insulina), hiperlipidemia e hipercolesterolemia (interfiere en el transporte de colesterol y ácidos biliares). Ha sido utilizado contra el estreñimiento, sin embargo, su consumo puede presentar algunos inconvenientes como la producción de flatulencias o molestias abdominales.

Palabras clave

Glucomanano, konjac, propiedades funcionales, viscosidad, reología, obesidad.

3.1. Introducción

El glucomanano de konjac (GMK) es un polisacárido natural presente en el tubérculo de la planta *Amorphophallus konjac*. Es muy popular en China, Japón y el sudeste de Asia, debido a su consumo en forma de alimento procesado (pastas, queso de soya, tofu, aperitivos, mermelada o gelatina, mezclado con carne, entre otros), así como por su empleo en la medicina tradicional oriental (Nishinari, Williams & Phillips, 1992).

Como polisacárido de alto peso molecular y su gran afinidad por el agua, puede contribuir con múltiples y diversas funciones en la textura de sistemas alimenticios, cosméticos y productos farmacéuticos (espesante, gelificante, estabilizante, formador de películas, entre otros). Sin embargo, el GMK no sólo es atractivo por las propiedades espesantes o formador de gel, ya que se puede utilizar para reemplazar grasa (embutidos), sustituto de proteínas (gluten), auxiliar de carbohidratos digestibles como agente de volumen, entre otros (Lamkey, 2009; Lin & Huang, 2003).

El GMK se ha introducido en escala relativamente pequeña en los Estados Unidos, fue clasificado como ingrediente seguro (GRAS), está permitida su aplicación en productos cárnicos y avícolas (máximo 3.5%, incluyendo almidón). En 2006 fue aprobado en Europa en el grupo de los emulsificantes, espesantes, estabilizantes y gelificantes (E425) (Lamkey, 2009).

Se encuentra disponible en forma de polvo, en cápsulas y en bebidas como suplemento dietético o medicamento, así como en productos alimenticios, incluyendo harinas y pastas. Ya no se utiliza en forma de tabletas (comprimidos), debido a que en contacto con agua puede causar que se hinchen antes de que alcancen el estómago, lo que puede provocar obstrucción del esófago. Es importante mencionar que no se ha reportado obstrucción del esófago asociado con la ingestión de cápsulas de GMK, posiblemente porque la envoltura exterior de la cápsula no permite la absorción de agua antes de que llegue al estómago; sin embargo, ha sido prohibida la importación de golosinas pequeñas a base de GMK (tipo gelatina) a Australia y Estados Unidos (Keithley & Swanson, 2005; Chua, Baldwin, Hocking & Chan, 2010).

El GMK se ha utilizado también como absorbente de gran capacidad, en pañales desechables o toallas sanitarias. La planta ha sido también empleada como ornamento, repelente contra insectos, forraje y para la producción de vino (Chua et al., 2010). Debido a su alta viscosidad, se emplea en menor dosis que la recomendada para otros suplementos de fibra, como la goma guar o pectina. Para bajar de peso se recomienda un gramo tres veces al día, 1 hora antes de las comidas. Las dosis más altas, entre 3, 6 y 13 g por día , se han recomendado para el manejo de la diabetes tipo 2 , el síndrome de resistencia a la insulina, y dislipidemia (Keithley & Swanson, 2005).

Debido a su capacidad para reducir el colesterol, el consumo de glucomanano se ha enfocado hacia la prevención de las enfermedades cardiovasculares, evitando o retrasando la formación de lesiones ateroescleróticas, en la aorta y en las arterias coronarias. Asimismo, se ha indicado que esta fibra no limita la absorción de minerales como el calcio, el hierro, el cobre o el zinc (González-Canga et al., 2004; Keithley & Swanson, 2005).

Además de las acciones benéficas que ejerce el glucomanano sobre el organismo, también se han señalado inconvenientes. Algunos de ellos no son demasiado impactantes, como la generación de flatulencias o molestias abdominales, que se resuelven suprimiendo su administración e introduciéndolo gradualmente en la dieta. Para evitar la reducción de la biodisponibilidad y absorción de medicamentos, se recomienda que se tomen 1 hora antes o 4 horas después de la ingestión de cápsulas de GMK (González-Canga et al., 2004; Keithley & Swanson, 2005).

Considerando que muchos consumidores prefieren aditivos de origen natural y que presenta pocos inconvenientes, la funcionalidad tecnológica del GMK puede ser aplicada ampliamente en la industria de alimentos o farmacéutica, obteniendo además los beneficios de la funcionalidad nutricional o médica.

3.2. Antecedentes

3.2.1. Obtención

China es el principal productor de konjac (cultivo agronómicamente importante) y tiene aproximadamente 400 fábricas dedicadas a la producción de harina de konjac. Fuera de Asia, en Francia y en Nueva Zelanda el GMK está siendo investigado como un cultivo potencial (Nishinari et al., 1992; Chua et al., 2010).

El GMK proviene de una planta perenne de la familia *Amorphophallus*, que es nativa del sudeste de Asia, principalmente de Japón, China y sur de Indonesia. Se encuentran alrededor de 170 especies distribuidas en zonas tropicales desde África occidental hasta la Polinesia. La composición de los tubérculos maduros varía según la especie, el origen y las condiciones de crecimiento. De las especies de *Amorphophallus* cultivadas en China, *A. konjac* y *A. albus* el GMK es el carbohidrato de reserva principal. El cultivo de la planta de *Amorphophallus konjac* para la producción de GMK requiere un tiempo prolongado, ya que los tubérculos únicamente adquieren un tamaño y una contenido de glucomanano suficiente después de ser replantados durante 3 ó 4 años (Chua et al., 2010, 2012).

Se han manejado nueve especies de *Amorphophallus,* el más utilizado es el *A. konjac*, con una antigüedad de miles de años. A la planta se le conoce también con otros nombres como «lengua del diablo» «batata (camote) de elefante» o «planta de serpiente», alcanzando hasta un metro y medio de altura, esta planta posee numerosas flores rojas reunidas en una inflorescencia espadiciforme y envueltas por una bráctea rojo-púrpura denominada espata. Posee un tallo subterráneo alargado que nace desde la raíz y un tubérculo que tiene la función de almacenar nutrientes, que llega a medir hasta 25 cm de diámetro. Su única hoja de color purpura es de hasta 1.3 m de ancho (González-Canga et al., 2004; Chua et al., 2010).

El tubérculo de konjac contiene entre 49 y 60% de glucomanano, 10 y 30% de almidón, 2.6 y 7% de elementos inorgánicos (aluminio, calcio, cromo, cobalto, hierro, magnesio, manganeso, fósforo, potasio, selenio, silicio, sodio, estaño y zinc), 5 y 14% de proteína cruda, 3 y 5% de azúcares solubles, 3.4 y 5.3% cenizas y una pequeña cantidad de alcaloides (trigonelina) y saponina en la base del tallo. Se han identificado también compuestos orgánicos tales como caroteno, colina, niacina, riboflavina y tiamina, así como la serotonina y sus derivados en tubérculos fresco (Nishinari et al., 1992; Chua et al., 2010).

Los procedimientos de extracción y purificación son decisivos para las aplicaciones comerciales, ya que pueden afectar a la calidad del GMK en términos de las propiedades fisicoquímicas que a su vez están relacionadas a la funcionalidad que aporta. La harina de konjac se obtiene comercialmente lavando las superficies externas del tubérculo de la planta para eliminar la suciedad, cortando del tubérculo, seguido de un secado con aire caliente (se puede utilizar dióxido de azufre como agente de blanqueo), terminando con una molienda. La harina tiene un olor parecido a pescado (Chua et al., 2010; Tatirat & Charoenrein, 2011).

Considerando que el contenido de GMK en la harina varía desde 50 a 70%, es necesario proceder a un proceso de purificación, para que sea un aditivo de calidad alimentaria. Éste se obtiene mediante la eliminación de las impurezas tales como almidón, proteínas, celulosa y azúcares de bajo peso molecular a partir de la harina, ya sea por tamizado o por lavado-precipitación con alcohol, seguido por extracción acuosa a temperatura ambiente. Se han desarrollado métodos complementarios de tipo físico como la centrifugación (1500 x g), tratamientos a temperaturas elevadas, o en los que incluyen mezclas de alcohol con otros solventes orgánicos (benceno) (Tatirat & Charoenrein, 2011; Chua et al., 2012; Xu et al., 2014).

3.2.2. Estructura y composición química

El GMK es un polisacárido neutro de la familia «manano», cuya cadena principal está compuesta por D-glucosa y D-manosa unidas mediante enlaces gluco-

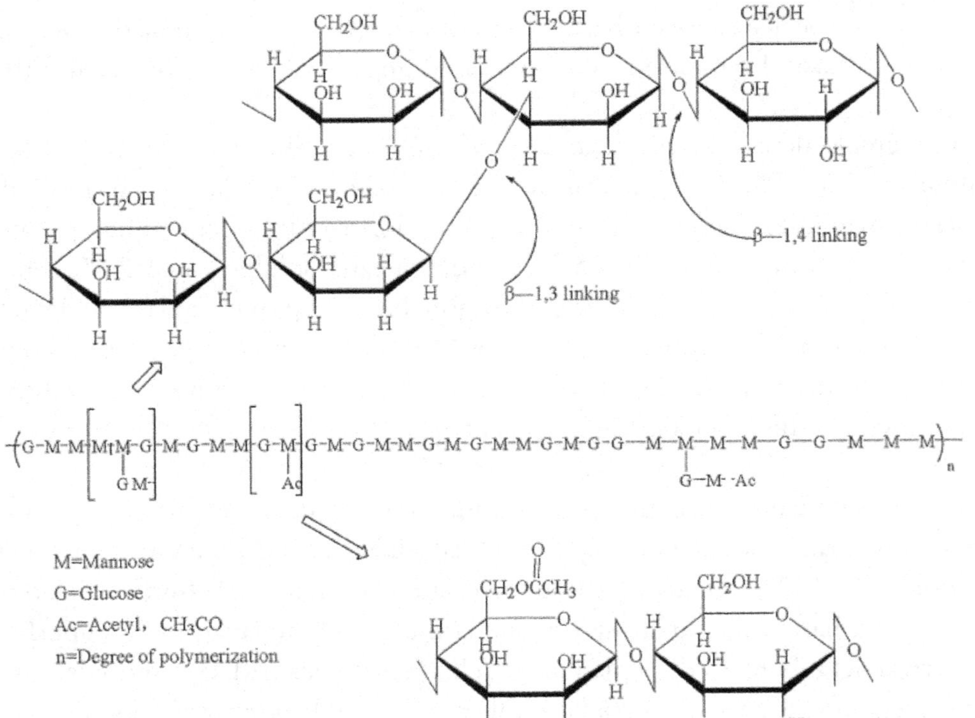

Figura 9. Estructura química del glucomano de konjac (Zhang et al., 2014).

sídicos β, 1-4. Contiene pequeñas ramificaciones (11-16 unidades) unidas por enlaces glucosídicos β, 1-3 (cada 50-60 unidades de azúcar). La relación molar aproximada entre unidades de manosa y glucosa es de 1.6:1. Además, contiene grupos acetilo aleatoriamente distribuidos en la posición C-6 de las unidades monosacarídicas, con una frecuencia variable de aproximadamente uno cada 19 residuos. El peso molecular de GMK oscila de 200 a 2000 kDa dependiendo del origen, método de procesamiento y el tiempo de almacenamiento (Nishinari et al., 1992, 1996; Davé & McCarthy, 1997; Williams et al., 2000; González-Canga et al., 2004; Zhang, Chen & Yang, 2014).

3.3. Propiedades funcionales tecnológicas

3.3.1. Solubilidad

El GMK se dispersa fácilmente en agua (20-25 °C, 20 a 30 minutos), pero se aumenta la solubilidad con agitación mecánica e incremento de temperatura. Presenta alta capacidad de absorción de agua, reportándose desde 50 hasta 200 gramos por gramo de muestra, formando disoluciones altamente viscosas en un intervalo de pH entre 4.0 y 7.0, ambas propiedades debido a su buena interacción con el agua y su elevado peso molecular (moléculas muy polares debido a la abundancia de grupos hidroxilo) (Nishinari et al., 1992; González-Canga et al., 2004; Keithley & Swanson, 2005; Chua et al., 2010).

La existencia de grupos acetilo (5-10%, dependiendo de la fuente) a lo largo de la cadena principal de GMK, contribuye a la solubilidad, ya que los grupos acetilo dificultan la asociación de la cadena de polisacárido intermolecular (inhibiendo la formación de puentes), mejorando la solvatación. El mecanismo a través del cual los grupos acetilo promueven la solubilidad es desconocido; sin embargo, se ha demostrado que la velocidad de disolución del GMK en medio acuoso es mayor cuando se incrementa el grado de acetilación (Nishinari et al., 1992, Nishinari, Miyoshi, Takaya & Williams, 1996).

3.3.2. Espesante

El GMK puede ser utilizado por su capacidad espesante en las industrias de alimentos, bebidas, cosméticos y farmacéuticas, principalmente. Este polisacárido, como se mencionó previamente, forma disoluciones altamente viscosas, con comportamiento no newtoniano como la mayoría de polisacáridos de alto peso molecular. En pH ácido o neutro (pH 4-7), las disoluciones acuosas de GMK no pueden formar geles debido a que el grupo acetilo evita que las cadenas largas del polisacárido se acerquen entre sí.

El GMK es neutro y ocupa un gran volumen hidrodinámico. La ausencia de carga en la superficie del polisacárido permite mejores asociaciones intermoleculares para formar estructuras que capturan agua. A diferencia de la goma xantana que forma hélices dobles, el GMK no forma agregados, pues la presencia de grupos acetilo permiten que las interacciones se lleven a cabo con el medio dispersante, más que entre los componentes del polisacárido, por lo tanto existe un mayor espesamiento (Nishinari et al., 1992, 1996; Williams et al., 2000).

Los valores de viscosidad desarrollada, dependen del grado de pureza y concentración de la disolución. Con la purificación se eliminan las enzimas presentes en el tubérculo, responsables de la disminución del peso molecular y por consecuencia de la viscosidad (González-Canga et al., 2004).

Se ha reportado que presenta viscosidades superiores a la de la goma guar y algarrobo a la misma concentración (Nishinari et al., 1992). De igual manera se ha reportado que, en pruebas bajo cizalla oscilatoria empleando un reómetro de tubo a 2 Hz y 4°C y comparada a 50 1/s, presenta mayor viscosidad que la carboximetilcelulosa, λ y κ-carragenina, xantana, algarrobo, ι-carragenina, pectina, celulosa microcristalina, metil celulosa y goma arábiga (en orden de mayor a menor viscosidad) (Yaseen, Herald, Aramouni & Alavi, 2004). Considerando que en algunas aplicaciones el uso se limita debido al gran desarrollo de viscosidad del GMK, se ha propuesto someterlo a degradación por medio de tratamiento térmico alcalino (Jin et al., 2014a).

3.3.2.1. Propiedades de flujo de disoluciones de GMK (Reología)

Las disoluciones a concentraciones menores al 0.1% muestran comportamiento newtoniano (He, Luo, Lin & Zhan, 2012). En concentraciones mayores, los sistemas acuosos de GMK presentan un comportamiento no newtoniano fluidificante a la cizalla como la mayoría de polisacáridos de alto peso molecular. Sin embargo, a diferencia de otros polisacáridos fluidificantes, muestra una viscosidad constante en un amplio intervalo de bajas velocidades de cizalla (0.001-1 1/s, dependiendo de la concentración), denominada η_0, la cual es superior a la de otros polisacáridos a la misma concentración. Una vez que se alcanza una velocidad de cizalla suficiente para modificar la estructura por cizallamiento, el GMK es altamente fluidificante, es decir, su viscosidad disminuye fuertemente al incrementar la velocidad de cizalla. La mayoría de determinaciones de propiedades de flujo, se han registrado en la zona fluidificante, modelándose con una función potencia, en donde el índice de consistencia (K) se incrementa (0.006-58 $Pa.s^n$; 0.04-93 $Pa.s^n$) al aumentar la concentración (0.1-1.0%; 0.15-1.5%) y el índice de comportamiento (*n*), disminuye (0.98-0.24; 0.82-0.29), alejándose del comportamiento newtoniano (Wang et al., 2012; He et al., 2012).

El modelo de Ellis o de Cross (Ecuación 1), han sido empleados para ajustar el comportamiento reológico del GMK, en este último, se involucra una constante de tiempo (λ) y un exponente relacionado con el índice de comportamiento al flujo ($m = 1 - n$). Por lo general, se considera despreciable el valor de η_∞ (viscosidad constante que se alcanza a muy altas velocidades de cizalla), cuando el valor de ajuste es inferior a la viscosidad del solvente. Se reportó una *n* de 0.25, en una concentración relativamente baja (0.5% GMK), empleando este modelo (Tatirat, Charoenrein & Kerr, 2012).

$$\eta = \eta_\infty + \frac{\eta_0 = \eta_\infty}{1 + \lambda \dot{\gamma}^m} \qquad (1)$$

Considerando que la η_0 define mejor el carácter espesante del GMK, y ésta depende de la pureza, grado de acetilación, peso molecular, proceso de extracción del GMK, en la Tabla 22, se resumen algunos valores reportados recientemente, en diversas investigaciones (Alvarez-Manceñido, Landin, Lacik & Martínez-Pacheco, 2008; Tatirat et al., 2012; Chua et al., 2012; Xu et al., 2014; Zhao et al., 2015).

En un estudio de GMK con diferentes grados de deacetilación (22 a 100%), en una solución de urea al 10%, se reporta que η_0 disminuye al incrementar el grado de deacetilación (84.3-22.1 Pa.s), λ también disminuye (0.80-0.23 s), manteniéndose casi constante *m* (0.80-0.86). Se observó la misma tendencia en función del grado de irradiación (rayos γ, 2.4-6 kGy), en una investigación de GMK pretratado con etanol, donde η_0 disminuyó de 139.8 a 2.34 Pa.s, η_∞ incrementó de 2.38×10^{-6} a 0.24 Pa.s, λ disminuyó de 1.48-0.057 s y *m* casi no varío (0.89-0.87), todos ellos

Concentración	Pureza	Viscosidad y parámetros reológicos	Referencia
0.5%	–	GMK Europeo η_0 = 0.046 Pa.s λ = 0.003 s m = 0.95 GMK Japonés η_0 = 5.65 Pa.s λ = 0.286 s m = 0.78 (T 37°C)	Alvarez-Manceñido et al., 2008
0.5%	92.6%	η_0 = 3.66 Pa.s λ = 0.17 s n = 0.25	Tatirat et al., 2012
2%	90-97%	η_0 = 703-887 Pa.s	Chua et al., 2012
1%	~ 90%	~ 400 Pa.s	Xu et al., 2014
1%	92%	pH neutro η_0 = 84.34 Pa.s λ = 0.83 s m = 0.86 pH 2 η_0 = 94.63 Pa.s λ = 1.0 s m = 0.84	Zhao et al., 2015

Tabla 22. Viscosidad y parámetros reológicos de disoluciones acuosas de GMK.

como consecuencia de la disminución del peso molecular de 1.4×10^6 a 2×10^5 (Jin et al., 2014b). Finalmente se encontró reportado un valor bajo de η_∞ (0.031 Pa.s) (pero no despreciable) en GMK completamente deacetilado (100%) (Wang et al., 2014).

En cuanto al efecto de la concentración en η_0, en un gráfico log-log, se observa una dependencia lineal (Chua et al., 2012). Sin embargo, η_0 no ha sido relacionada con la viscosidad intrínseca (~14-20 dl/g) (Nishinari et al., 1992; Davé &

McCarthy, 1997; Mao et al., 2012, Luo, He & Lin, 2013) como en la mayoría de polisacáridos de alto peso molecular. En GMK acetilado la viscosidad intrínseca es ligeramente menor que la del GMK nativo (Huang, Takahashi, Kobayashi, Kawase & Nishinari, 2012), y ligeramente menor que la de la goma xantana (0.10 M NaCl) (Mao et al., 2012).

Como resultado de su alta viscosidad, el GMK puede añadirse a otras disoluciones de polisacáridos para aumentar la viscosidad de los sistemas en mezcla y mejorar las propiedades de los mismos. Algunos ejemplos de polisacáridos estudiados en mezcla con el GMK son: goma xantana, goma guar, carragenina, alginato de sodio y carboximetilcelulosa (Davé & McCarthy, 1997; Liang et al., 2011). Solamente se ha demostrado una interacción sinergista en mezcla con goma xantana, en estudios cuya concentración máxima fue de 1% (Liang et al., 2011).

3.3.2.2. Propiedades viscoelásticas de disoluciones de GMK (Reología)

En pruebas bajo cizalla oscilatoria en zona de viscoelasticidad lineal, el GMK presenta un espectro característico de un material fluido, donde en velocidades angulares bajas, el módulo viscoso (G") predomina sobre el módulo elástico (G'), presentando un punto de cruce donde se invierte este comportamiento en las velocidades angulares altas. El cruce de los módulos se desplaza a frecuencias más bajas con el aumento de la concentración de GMK. Al igual que la η_0, la magnitud de los módulos y el punto de cruce, dependen de la pureza, grado de acetilación, peso molecular y proceso de extracción (Wang et al., 2014; Xu et al., 2014; Ye et al., 2014; Zhao et al., 2015) (Tabla 23).

En un estudio de GMK en mezcla con quitosán, se observó un comportamiento diferente dependiendo del pH, en un medio neutro, al aumentar la concentración de quitosán, el punto de cruce se mueve de 0.4 Hz a 2; sin embargo, a pH 2, disminuye ligeramente de 0.4 a 0.3 Hz (Zhao et al., 2015). En GMK carboximetilado, disminuyeron los módulos al incrementar el grado de sustitución, y el punto de cruce se mueve hacia valores de mayor velocidad angular, sin afectar significativamente la adición de sal (NaCl, $CaCl_2$, KCl) (Kobayashi, Tsujihata, Hibi & Tsukamoto, 2002). En el caso de GMK-acetilado, la viscosidad como era de esperarse, se incrementa al aumentar el grado de acetilación, sin embargo, no se observa punto de cruce entre 0.1 a 100 Hz, en un grado de sustitución de 2.8, que además presenta la mayor termoestabilidad (Lin et al., 2010). Finalmente,

Concentración	Pureza	Velocidad angular en el punto de cruce	Referencia
0.5%	–	10-50 rad/s (22% de deacetilación)	Wang et al., 2014
1%	~ 90%	1-6 rad/s dependiendo de la temperatura de extracción	Xu et al., 2014
1%	73%	26-42 rad/s dependiendo de la temperatura de reflujo (75% dimetilsulfóxido)	Ye et al., 2014
1%	92%	~ 0.4 Hz (2.5 rad/s)	Zhao et al., 2015

Tabla 23. Velocidad angular en la que existe un cruce de los módulos dinámicos en disoluciones acuosas de GMK.

en una investigación de GMK pretratado con etanol e irradiado (rayos γ), se observó que el punto de cruce también se incrementaba en función del grado de irradiación (Jin et al., 2014b).

3.3.3. Gelificante

La adición de álcalis juega un papel importante en la solubilización durante la gelificación del GMK adicionalmente a la deacetilación provocada, permitiendo agregación y formación de enlaces fuertes entre las moléculas de polisacárido, lo que proporciona geles termoestables (Williams et al., 2000). Para ello se recomienda aplicar tratamiento térmico fuerte (90 °C durante 1 h) y mantener el pH entre 9-10, empleando un mínimo de 1.5 a 2% de harina de konjac (Davé & McCarthy, 1997; Zhang et al., 2001; Alonso-Sande, Teijeiro-Osorio, Remuñan-López & Alonso, 2009).

En el proceso de deacetilación, los segmentos deacetilados del GMK se unen y se agregan debido a la carga negativa que ahora tiene la cadena molecular, esto debido a la interacción de los restos ácidos que presenta el grupo acetilo (COO^-) en la molécula de GMK con compuestos alcalinos lo que provoca que exista una competencia entre el efecto inductivo del álcali y la hidratación de la molécula, promoviendo la formación de una red tridimensional (Nishinari et al., 1992,

1996; Williams et al., 2000; Luo et al., 2013). Los enlaces hidrógeno presentes pueden ser de dos tipos, intramoleculares (ayudan a estabilizar las conformaciones) e intermoleculares (crean redes que atrapan e inmovilizan el agua resultando en espesamiento o gelificación).

El proceso de gelificación del GMK está influenciado por el grado de acetilación y la concentración de compuestos alcalinos utilizados (CaO, NaOH, KOH, $Al(OH)_3$, Na_2CO_3), al igual que otras variables como peso molecular, concentración y temperatura, tal y como ocurre en la mayoría de polisacáridos gelificantes. A menor grado de acetilación, el número de enlaces hidrógeno aumenta debido a que la acetilación impide la agregación del GMK; el número de zonas de unión y la longitud de las cadenas de conexión son directamente proporcionales con el peso molecular. El aumento de la concentración de GMK, se deriva en un incremento en el número de moléculas y la proximidad entre ellas, mientras que el aumento de la temperatura genera una mayor formación de enlaces hidrógeno en las zonas de unión en donde se requiere energía (Huang et al., 2002; Alonso-Sande et al., 2009).

Una desventaja de la formación del gel por la adición de álcalis (pH alcalino), es que a ese pH no es compatible con los alimentos a los que se agregará (pH neutro-ácido), por lo que su aplicación en forma de gel es limitada. Una posibilidad es formar el gel antes de mezclarlo con las proteínas cárnicas, por ejemplo, lo que ha funcionado como sustituto de grasa en embutidos (0.25% GMK). Sin embargo, el GMK disminuye la firmeza de productos cárnicos en donde se ha aplicado, lo cual puede ser contrarrestado cuando se combina con otros polisacáridos como almidón o carragenina (Lamkey, 2009; Amini-Sarteshnizi, Hosseini, Mousavi-Khaneghah & Karimi, 2015).

3.3.3.1. Reología de geles de GMK

Las propiedades viscoelásticas de los geles de GMK han sido evaluadas comúnmente a través de pruebas bajo cizalla oscilatoria. Se encuentran pocos reportes del espectro mecánico en la literatura científica; sin embargo, el seguimiento del desarrollo del módulo elástico (G') ha sido una práctica común para determinar el punto de gelificación (Zhang et al., 2001; Huang et al., 2002, Agoub, Smith, Giannouli, Richardson & Morris, 2007).

En general, un incremento de la concentración de GMK, peso molecular o temperatura, disminuyen el tiempo de gelificación (Yoshimura & Nishinari, 1999; Zhang et al., 2001; Huang et al., 2002). En un estudio en sistemas acuosos de GMK (0.2-2%) en función del tiempo, a diferentes grados de acetilación, temperatura (40-75°C) y en presencia de Na_2CO_3, aparte de confirmar lo anterior, se encontró que el grado de acetilación retrasa el tiempo de gelificación, además de que G' tiende a un valor constante cuando la relación de grupos acetilo y la concentración de álcali se mantiene constante (Huang et al., 2002).

Se ha reportado que la adición de Na_2SO_4 produce la gelificación del GMK por un proceso diferente al de deacetilación, donde G' (~2-1000 Pa) se incrementa en función del tiempo de gelificación, al aumentar la concentración de sal (0.58-1 M), mientras que G'' (~2-30 Pa) varía poco y es mucho menor que G' (Yin, Zhang, Huang & Nishinari, 2008).

3.3.3.2. Reología de geles de GMK otros polisacáridos

Al igual que en viscosidad, el GMK puede añadirse a otras disoluciones de polisacáridos para aumentar la fuerza del gel y mejorar las propiedades de los mismos. Algunos ejemplos de polisacáridos estudiados en mezcla con el GMK son: kappa carragenina, carboximetilcelulosa de sodio, goma xantana, goma gelana, alginato de sodio, celulosa y quitosán (Zhang et al., 2005, 2014; Alonso-Sande et al., 2009).

La interacción sinergista de GMK en mezcla con goma xantana ha sido la más estudiada (Nishinari et al., 1992; Fitzsimons, Tobin & Morris, 2008; Fitzpatrick, Meadows, Ratcliffe & Williams, 2013), en sistemas conteniendo ambos biopolímeros en la misma proporción, con y sin tratamiento térmico (95°C), en este último se observó tras el enfriamiento, un comportamiento elástico predominante, con un espectro característico de un gel verdadero (red formada entre ambos polímeros), comportamiento atribuido a una asociación intermolecular entre el GMK y la goma xantana. Además, se demuestra que la goma xantana no debe estar en su forma desordenada para que se establezca la interacción entre ambas macromoléculas (Fitzsimons et al., 2008). En otra investigación se reportó que al aumentar el peso molecular del GMK en la mezcla, la temperatura de gelificación se desplaza hacia una temperatura mayor y G' se incrementa (Shen, Wan & Gao,

2010). Recientemente, en mezclas conteniendo goma xantana nativa, deacetilada o libre de piruvatos, empleando calorimetría diferencial y reometría, se identificó un segundo pico de energía y un incremento de G', confirmando la asociación de GMK- goma xantana (Fitzpatrick et al., 2013).

También se han reportado espectros mecánicos característicos de geles-verdaderos, en mezclas GMK-goma xantana sometidas a un fuerte tratamiento térmico (1 h, 85°C), empleando diferentes fuentes de GMK (japonés y europeo), presentando valores de módulos G' y G" independientes de la frecuencia, y al menos una década de diferencia entre ellos (Alvarez-Manceñido et al., 2008). Algunas aplicaciones de estas mezclas (pH 4.0 – 3.5), puede ser como sustituto de gelatina o en mermeladas de frutas ácidas, ya que se puede obtener la sensación de que funde en la boca (Agoub et al., 2007), o como excipiente en productos farmacéuticos (Alvarez-Manceñido et al., 2008).

En geles de gelana-GMK, la dureza del gel disminuye cuando se incrementa la proporción de GMK, la interacción se promueve con el aumento de concentración de cationes, tales como sodio, potasio o calcio, adicionados en forma de sales. Sin embargo, un contenido excesivo de sal, conduce a separación de fases, causada por la formación de agregados de goma gelana. Las aplicaciones de esta mezcla han sido principalmente en películas activas para fines de envasado de alimentos y como sustituto de grasa en salchicha (Nishinari et al., 1996; Lin & Huang, 2003; Xu, Li, Kennedy, Xie & Huang, 2007; Mei et al., 2011).

Se ha observado también un efecto sinérgico en mezclas de GMK con kappa-carragenina por una asociación intermolecular entre ambos polisacáridos, donde al incrementarse el peso molecular del GMK se aumentan los valores de los módulos G' y G"; sin embargo, no se detectó una influencia clara en la temperatura de transición sol-gel (Kohyama, Lida & Nishinari, 1993; Kohyama, Sano & Nishinari, 1996).

El alginato y el GMK también presentan interacciones entre moléculas mediada por puentes de hidrógeno y fuerzas electrostáticas. Esto ha sido la base para la formación de esferas de alginato- GMK, mezcladas con quitosán o xantana, destinados a la administración controlada de proteínas y fármacos (Wang & He, 2002; Alonso-Sande et al., 2009; Harding, Smith, Lawson, Gahler & Wood, 2011).

3.3.4. Emulsificante y estabilizante

El GMK nativo no presenta propiedades de emulsificante, sin embargo, se ha propuesto modificarlo químicamente para proporcionarle propiedades tensoactivas, a través de una hidrólisis, oxidación y esterificación (con ácido esteárico), neutralizándolo con NaOH (Zhang et al., 2005), o añadiendo anhídrido octenil succínico (AOS) en un proceso asistido por microondas, dando como resultado GMK octenil succinato, el cual combina características hidrófobas del GMK y las propiedades estéricas del AOS (Meng et al., 2014). Se propuso también el empleo de un conjugado de aislado de proteína de soya-GMK como emulsificante, probado a diferente pH (agua, fosfato, acetato), con posibilidad de aplicación en emulsiones aceite en agua (Zhang et al., 2005). Como estabilizante de emulsiones puede ser adicionado debido a la alta viscosidad desarrollada, sustituyendo a polisacáridos tradicionalmente empleados, como la goma xantana o la carboximetilcelulosa. Se ha propuesto también, su aplicación como gel micronizado para la obtención de un análogo de grasa en mayonesa (Li, Wang, Jin, Zhou & Li, 2014).

3.3.5. Formador de películas y recubrimiento

El GMK tiene la peculiaridad de formar películas transparentes, por lo que se ha mezclado con otros polímeros (poliacrilamida, gelatina, carboximetilcelulosa de sodio, polivinilpirrolidona, quitosán, alginato de sodio y celulosa), para mejorar la estabilidad térmica y las propiedades mecánicas de las mismas (resistencia a la tensión y ruptura) (Zhang et al., 2005, 2014).

Se han preparado laminados biodegradables y/o resistentes al agua, con mezclas de goma xantana y GMK, aislado de suero de leche y GMK, con desechos de soya y GMK, proteína de soya con GMK carboximetilado. Se reporta que son las interacciones intra e intermolecular a través de enlaces de hidrógeno, tanto de los componentes puros, como del GMK, las responsables del comportamiento y las propiedades de las películas obtenidas (Zhang et al., 2005; Leuangsukrerk, Phupoksakul, Tananuwong, Borompichaichartkul, Janjarasskul, Wang et al., 2014).

Como recubrimiento existen diferentes y algunas novedosas patentes, una de ellas para la conservación y control de la maduración de productos frescos (melones, manzanas y similares), restringiendo el intercambio de gases dentro y fuera del producto (oxígeno, etileno, dióxido de carbono y vapor agua) (Zhang et al., 2005). De igual manera se ha propuesto utilizar GMK en mezclas con alginato de sodio en litchi y duraznos, con aceptable función preservadora (Xiao, Gao & Zhang, 2000). En granos de arroz se ha utilizado como recubrimiento, que además de ser una fuente de fibra dietética adicional, puede ser cocinado inclusive a presión y evita su desintegración (Zhang et al., 2005).

3.3.6. Aplicaciones tecnológicas

Algunos ejemplos de aplicación tecnológica están relacionados con la producción de harina de GMK y la preparación de tallarines o fideos libres de gluten, con mayor elasticidad y resistencia mecánica, así como como sustituto de grasa en embutidos más saludables (emulsiones cárnicas) (Chua et al., 2010; Jiménez-Colmenero, Cofrades, Herrero, Solas & Ruiz-Capillas, 2013; Amini-Sarteshnizi et al., 2015). También se puede usar como sustituto de otros hidrocoloides para retardar el envejecimiento y modificar la textura en pan, pasteles y galletas; estabilizante en helados evitando la formación de cristales, estabilizante de espumas (cerveza); estabilizante de suspensiones; clarificante (bebidas alcohólicas y jugos de frutas), entre otros (Chua et al., 2010).

Además de las aplicaciones tecnológicas del GMK relacionadas a la industria de alimentos descritas previamente, se han reportado estudios aplicados en cosmetología, como humectante y acondicionador para el cabello, cosméticos en forma de emulsiones aceite en agua, agentes de limpieza (piel, dientes), geles para desinfección (etanol, polímero gelificante y GMK como espesante), gel removedor y maquillaje (pigmentos recubiertos con GMK) (Zhang et al., 2005).

Finalmente algunas aplicaciones en el área de la biotecnología, están relacionadas con el empleo del GMK como material para la inmovilización de células (*Escherichia coli*, levaduras, *Bacillus Bifidus*) en geles de carragenina; formación de microesferas con GMK entrecruzado, para eliminar sal de disoluciones de proteína; como agente de soporte de fijación para biopsias, y como material de encapsulación de líquidos que pueden contener sabores, enzimas, células, agentes biológicos, medicamentos, agentes inmunológicos, o mezclas de ellos, usando el GMK como membrana protectora (Zhang et al., 2005; Yang, Xiao & Ding, 2009.).

3.4. Propiedades funcionales nutricionales o medicinales

Durante más de 2000 años el GMK ha sido empleado por los indígenas de China para el tratamiento del asma, tos, hernia, dolor de pecho, quemaduras, así como trastornos hematológicos y de la piel. En la medicina tradicional china, el GMK ha sido utilizado para desintoxicar, suprimir tumores, alivio de estasis sanguínea y licuefacción de flemas (Chua et al., 2010).

Por otro lado, los estudios clínicos actuales han demostrado que suplementar la dieta con GMK reduce significativamente el colesterol en el plasma, mejora el metabolismo de los carbohidratos y el movimiento intestinal. Se ha estudiado también su uso como prebiótico, ya que una ingesta diaria ha demostrado que aumenta la población de bacterias lácticas en el colon y promueve la frecuencia de defecación (González-Canga et al., 2004; Chua et al., 2010). A continuación se describen brevemente los usos medicinales documentados recientemente (en revisiones).

3.4.1. Tratamiento para la obesidad

Se han realizado diferentes estudios clínicos usando GMK para el tratamiento de la obesidad, y se ha concluido que puede poseer propiedades que promueven la pérdida de peso cuando se usa en conjunto con una dieta normal o hipocalórica (3 semanas a 4 meses). Se recomienda un consumo de entre 2 y 4 gramos diarios, debido a su buena tolerancia y porcentaje bajo de efectos adversos (González-Canga et al., 2004; Keithley & Swanson, 2005).

Su efectividad está relacionada con la elevada capacidad de absorción de agua que posee el GMK, lo que hace que en el estómago se hinche proporcionando sensación de saciedad a través de la inducción de la señales cefálicas y de la fase gástrica; además, debido a su capacidad de aumentar la viscosidad del contenido gastrointestinal retrasa el vaciado gástrico, hace más lento el tránsito intestinal, prolongando así el efecto de plenitud (González-Canga et al., 2004; Keithley & Swanson, 2005).

Además reduce la velocidad de absorción de los alimentos en el intestino delgado, considerando que las fibras solubles reducen la absorción de grasa y proteína, posiblemente limitando su contacto físico con el vello intestinal, lo que conduce además a la atenuación de glucosa postprandial y la presencia de una hormona producida en el intestino delgado, colecistocinina, que actúa como un supresor del apetito (Keithley & Swanson, 2005; Chua et al., 2010).

En otros estudios se probó el efecto de la adición de GMK en un programa integral (dieta y ejercicio) sobre la pérdida de peso, composición corporal y lípidos en sangre, en hombres y mujeres con sobrepeso. El GMK promovió la reducción en la masa corporal, la masa grasa, el colesterol y las lipoproteínas, estos índices fueron mejorados por la inclusión de actividad física además de la dieta. Asimismo, se observó el incremento en el contenido de leptina, una hormona derivada de tejido adiposo producida por los adipocitos, que regula la masa corporal a través del gasto energético y la ingesta (Chua et al., 2010).

3.4.2. Actividad anti-hiperglucémica

El GMK también se ha empleado en el manejo dietético de la diabetes. Existen muchas evidencias de que la fibra soluble inhibe la absorción de carbohidratos y mejora los parámetros glucémicos. En el siglo pasado, a finales de la década de los 80 se reportó una reducción de la glucemia y la insulinemia posprandiales en individuos sanos y en pacientes diabéticos, hecho que se ha demostrado en numerosos estudios realizados con posterioridad, tanto en el hombre como en los animales (González-Canga et al., 2004; Chua et al., 2010).

La alta viscosidad de la fibra dietética se propone como un factor importante en la reducción de la actividad hiperglucémica, tanto en individuos normales como diabéticos. El mecanismo por el que se produce este efecto se ha atribuido al incremento de la viscosidad del GMK en el tracto gastrointestinal, lo que, a nivel del estómago, retrasa el vaciado gástrico y, a nivel del intestino, reduce la velocidad de absorción de nutrientes, al constituir una barrera que los protege de la acción de las enzimas y que dificulta su acceso a la mucosa intestinal (González-Canga et al., 2004). En otros estudios, se demuestra que el GMK presenta el mayor efecto en la respuesta de la glucosa postprandial, al compararlo con la goma xantana y el *Psyllium*. También se probaron las mezclas de GMK- polisacárido en galletas, y se demostró que la mezcla GMK-polisacárido tiene un bajo índice glucémico (Chua et al., 2010).

3.4.3. *Actividad anti-hipercolesterolemiante*

El glucomanano también ha sido aplicado como complemento de dietas con el objeto de reducir el exceso de colesterol en la sangre. Recopilando resultados de varios estudios, se llegó a la conclusión de que el uso de GMK reduce significativamente el colesterol total (Chua et al., 2010).

Algunos investigadores atribuyen la acción hipocolesterolemiante de esta fibra a su elevada capacidad para formar disoluciones viscosas, a veces ha sido atribuido erróneamente a la formación de gel, pero en el medio ácido de los jugos gástricos es difícil la formación de un gel verdadero. Los ácidos biliares, encargados de transportar el colesterol hasta la superficie de la mucosa, quedan atrapados en el interior de la disolución viscosa de GMK, excretándose con las heces, por lo que se disminuye la absorción intestinal de colesterol; sin embargo, las sales biliares pueden reducir la absorción de las vitaminas liposolubles. Es importante mencionar que para compensar la pérdida de ácidos biliares, las células hepáticas sintetizan los ácidos biliares a partir del colesterol, descendiendo así los niveles del mismo (González-Canga et al., 2004; Chua et al., 2010).

Los estudios en individuos con y sin diabetes tipo 2, demuestran que la fructosamina y el colesterol en suero fueron significativamente reducidos durante los tratamientos con GMK, cuando fue usado en conjunto de un tratamiento de cardiopatía coronaria convencional. Además, la presión arterial sistólica se redujo significativamente en los tratamientos que contenían GMK (Chua et al., 2010).

En otro estudio se evaluaron los efectos de un suplemento de GMK sobre los niveles de lípidos y de glucosa en sangre en diabéticos (tipo 2). En comparación con el placebo, el colesterol en plasma, lipoproteínas de alta densidad, índice colesterol total/lipoproteínas de alta densidad, la apolipoproteína B y glucosa en sangre (ayunas) se redujeron significativamente. Además, se observó un aumento de esteroles fecales y ácidos biliares (Chua et al., 2010).

También se han realizado estudios usando GMK y con otros agentes reductores del colesterol, se observó un efecto sinergista hipocolesterolémico en comparación con la administración de suplementos con GMK solo. De igual manera se probó un suplemento que contiene cantidades iguales de GMK y quitosán, se sugiere que este suplemento es un agente reductor del colesterol potente, pero no fue posible atribuirlo únicamente al GMK (Chua et al., 2010).

En otro estudio, se investigó el efecto del GMK en un suplemento combinado con esteroles vegetales sobre el perfil lipídico, así como la biosíntesis de colesterol en individuos hipercolesterolémicos y diabéticos (tipo 2). En general, las concentraciones de lipoproteínas de alta densidad en plasma se redujo significativamente después de suministrar GMK solo o combinado en comparación con el control (Chua et al., 2010).

También se ha estudiado la eficacia terapéutica de ácido hidroxicítrico, un bloqueador competitivo de ATP-citrasa-liasa extraído de *Garcinia cambogia* más GMK en el tratamiento de la obesidad. Se observó una reducción significativa en el colesterol total y lipoproteínas de alta densidad. Además, el efecto hipolipemiante de la administración conjunta fue cuantitativamente similar a la reportada para las estatinas, un inhibidor competitivo de la HMG-CoA reductasa específicamente destinado a reducir la síntesis de lipoproteínas de baja densidad en el hígado. A pesar de que las estatinas son actualmente consideradas en el tratamiento de referencia para la hiperlipidemia, no es una panacea para el tratamiento en pacientes con riesgo de enfermedad hepática y con un elevado consumo de alcohol (Chua et al., 2010).

3.4.4. Anti-estreñimiento

Otro efecto terapéutico que se consigue con la ingestión de GMK es la mejoría de los cuadros clínicos de estreñimiento crónico. Se ha reportado que el consumo de esta fibra (3-4 gramos diarios de fibra, 10 días-3 meses), contribuye a normalizar el ritmo de evacuación intestinal y favorece la producción de heces blandas y voluminosas. Esto ha sido justificado por el aumento de la masa bacteriana que se produce en el colon, y aunque el GMK no se hidroliza por las enzimas del tracto gastrointestinal humano, sí es desdoblado en el colon por las enzimas bacterianas. Éstas degradan el glucomanano mediante fermentación anaerobia, dando lugar a la formación de gases y ácidos grasos de cadena corta: acético, propiónico y butírico (González-Canga et al., 2004). Los mecanismos responsables de los efectos laxantes de las fibras dietéticas incluyen el aumento del contenido en el colon que lleva a propulsión que promueve la defecación; la estimulación de la motilidad del colon por fibras y productos finales de la fermentación de la fibra (prebiótico), así como un aumento en el movimiento intestinal. En un estudio donde se aplicó 1.5 g de GMK/comida, aumentó significativamente la media de la defecación (Chua et al., 2010).

3.4.5. Efecto prebiótico

Se examinó el efecto del GMK y sus respectivos oligosacáridos (OGMK) producidos por hidrólisis ácida, en la microflora fecal de ratones, donde se observó un aumento significativo de bifidobacterias, en comparación con un control de celulosa. Por el contrario, disminuyó significativamente la presencia de *Clostridium perfringens*. Estos datos sugieren que la suplementación de la dieta con 5% de GMK o OGMKO durante 4 semanas es suficiente para mejorar la población de bifidobacteria, asociada con una disminución de *C. perfringens* y *Escherichia coli*. En investigaciones con OGMK obtenidos vía enzimática, también se observó un crecimiento de todas las cepas y en el tamaño de las colonia, ya que fueron significativamente más grandes que las cultivadas con oligosacáridos de pectina, xilano o inclusive de inulina (Chua et al., 2010).

El efecto prebiótico del GMK también se ha demostrado en seres humanos sanos y en adultos estreñidos, lo anterior ha sido atribuido al incremento de la fermentación ácida (principalmente acetato y lactosa) y la secreción de sustancias antimicrobianas, incluidas las de los OGMK, además del aumento de la concentración de ácidos grasos de cadena corta y la disminución del pH fecal (Chua et al., 2010; Connolly, Lovegrove & Tuohy, 2010).

3.4.6. Antiinflamatorio

Además de los efectos terapéuticos documentados del GMK como se ha mencionado anteriormente, la investigación se ha centrado también en el tratamiento de enfermedades tales como la dermatitis atópica, el asma y la rinitis alérgica. En el caso de la inflamación de piel usando 5% de GMK (pulverizado), durante 8 semanas, se disminuyó la producción de hiperinmunoglobulina, a través de una citocina reguladora. También se observó efecto en hiperqueratosis, mastocitosis cutánea y eosinofilia (Chua et al., 2010).

3.4.7. Excipiente de fármacos

Finalmente otra de las aplicaciones medicinales está enfocada en modificaciones del GMK para ser usado como excipiente natural de fármacos, principalmente para tratar enfermedades del colon o para fármacos que se absorben en el colon, considerando su biocompatibilidad, baja toxicidad y alta estabilidad (Alvarez-Manceñido et al., 2008). Algunos ejemplos fueron descritos recientemente, entre los que se encuentran la formación de un polímero superabsorbente de ácido acrílico-caolín-GMK, diferentes hidrogeles, mezclas con goma xantana o alginato de sodio, quitosan con GMK oxidado y nano partículas de GMK-hidroxipropilmetilcelulosa (Zhang et al., 2014).

3.5. Conclusión

El GMK es un aditivo de origen natural, que por su alta viscosidad o facilidad para formar geles, presenta potenciales aplicaciones en la industria de alimentos como farmacéutica, con amplios beneficios a la salud.

Agradecimientos

A la DGAPA, UNAM, por el apoyo recibido en el Programa de apoyo a proyectos de investigación e innovación tecnológica, PAPIIT IN118214 «Propiedades reológicas y fisicoquímicas de biomoléculas funcionales de interés en la formación de sistemas coloidales alimenticios».

Referencias

Agoub, A.A., Smith, A.M., Giannouli, P., Richardson, R.K., & Morris, E.R. (2007). «Melt-in-the-mouth» gels from mixtures of xanthan glucomannan under acidic conditions: A rheological and calorimetric study of the mechanism of synergist gelation. *Carbohydrate Polymers*, 69, 713-724. https://doi.org/10.1016/j.carbpol.2007.02.014

Alonso-Sande, M., Teijeiro-Osorio, D., Remuñan-López, C., & Alonso, J. (2009). Glucomannan, a promising polysaccharide for biopharmaceutical purposes. *European Journal Pharmaceutics and Biopharmaceutics*, 72, 453-462. https://doi.org/10.1016/j.ejpb.2008.02.005

Alvarez-Manceñido, F.J., Landin M., Lacik I., & Martínez-Pacheco, R. (2008). Konjac glucomannan and konjac glucomannan/xanthan gum mixtures as excipients for controlled drug delivery systems. *Diffusion of small drugs. International Journal of Pharmaceutics,* 349, 11-18. https://doi.org/10.1016/j.ijpharm.2007.07.015

Amini-Sarteshnizi, R., Hosseini, H., Mousavi-Khaneghah, A., & Karimi, N. (2015). A review on application of hydrocolloids in meat and poultry products. *International Food Research Journal,* 22: 872-887.

Chua, M., Baldwin, T.C., Hocking, T.J., & Chan K. (2010). Traditional uses and potential health benefits of Amorphophallus konjac K. Koch ex N.E.Br. *Journal of Ethnopharmacology,* 128, 268-278. https://doi.org/10.1016/j.jep.2010.01.021

Chua, M., Chan, K., Hocking T.J., Williams, P.A., Perry, C.J., & Baldwin, T.C. (2012). Methodologies for the extraction and analysis of konjac glucomannan from corms of Amorphophallus konjac K. Koch. *Carbohydrate Polymers,* 87, 2202-2210. https://doi.org/10.1016/j.carbpol.2011.10.053

Connolly, M.L., Lovegrove, J.A., & Tuohy, K.M. (2010). Konjac glucomannan hydrolysate beneficially modulates bacterial composition and activity within the faecal microbiota. *Journal of Functional Foods,* 2, 219-224. https://doi.org/10.1016/j.jff.2010.05.001

Davé, V., & McCarthy, S.P. (1997). Review of konjac glucomannan. *Journal of Environmental Polymer degradation,* 5, 237-240.

Fitzpatrick, P., Meadows, J., Ratcliffe, I., & Williams, P.A. (2013). Control of the properties of xanthan/glucomannan mixed gels by varying xanthan fine structure. *Carbohydrate Polymers,* 92, 1018-1025. https://doi.org/10.1016/j.carbpol.2012.10.049

Fitzsimons, M.S., Tobin, T.J., & Morris, R.E. (2008). Synergistic binding of konjac glucomannan to xanthan on mixing at room temperature. *Food Hydrocolloids,* 22, 36-46. https://doi.org/10.1016/j.foodhyd.2007.01.023

González-Canga, A., Fernández-Martínez, N., Sahagún, A.M., García-Vieitez, J.J., Díez-Liébana, M.J., Calle-Pardo, A.P., Castro-Robles, L.J., & Sierra-Vega, M. (2004). Glucomanano de konjac: propiedades y aplicaciones terapéuticas. *Nutrición Hospitalaria,* 19, 45-50.

Huang, L., Takahashi, R., Kobayashi, S., Kawase, T., & Nishinari, K. (2002). Gelation behavior of native and acetylated konjac glucomannan. *Biomacromolecules,* 3, 1296-1303. https://doi.org/10.1021/bm0255995

Harding, S.E., Smith, I.H., Lawson, C.J., Gahler, R.J., & Wood, S. (2011). Studies on macromolecular interactions in ternary mixtures of konjac glucomannan, xanthan gum and sodium alginate. *Carbohydrate Polymers,* 83, 329-338. https://doi.org/10.1016/j.carbpol.2010.06.035

Jiménez-Colmenero, F., Cofrades, S., Herrero, A., Solas, M., & Ruiz-Capillas, C. (2013). Konjac gel for use as potential fat analogue for healthier meat product development: Effect of chilled and frozen storage. *Food Hydrocolloids,* 30, 351-357. https://doi.org/10.1016/j.foodhyd.2012.06.015

Jin, W., Mei, T., Wang, Y., Xu, W., Li, J., Zhou, B., & Li, B. (2014a). Synergist degradation of konjac glucomannan by alkaline and thermal method. *Carbohydrate Polymers,* 99, 270-277. https://doi.org/10.1016/j.carbpol.2013.08.029

Jin, W., Xu, W., Li, Z., Li, J., Zhou, B., Zhang, C., & Li, B. (2014b). Degraded konjac glucomannan by γ-ray irradiation assisted with ethanol: Preparation and characterization. *Food Hydrocolloids,* 36, 85-92. https://doi.org/10.1016/j.foodhyd.2013.09.005

Keithley, J., & Swanson B. (2005). Glucomannan and obesity: a critical review. *Alternative Therapies,* 11, 30-34.

Kobayashi, S., Tsujihata, S., Hibi, N., & Tsukamoto Y. (2002). Preparation and rheological of carboxymethyl konjac glucomanannan. *Food Hydrocolloids,* 16, 289-294. https://doi.org/10.1016/S0268-005X(01)00101-1

Kohyama, K., Lida, H., & Nishinari, K. (1993). A mixed system composed of different molecular weights konjac glucomannan and kappa carrageenan: large deformation and dynamic viscoelastic study. *Food Hydrocolloids,* 7, 213-226. https://doi.org/10.1016/S0268-005X(09)80173-2

Kohyama, K., Sano, Y., & Nishinari, K. (1996). A mixed system composed of different molecular weights konjac glucomannan and K-carrageenan. II. Molecular weight dependence of viscoelasticity and thermal properties. *Food Hydrocolloids,* 10, 229-238. https://doi.org/10.1016/S0268-005X(96)80039-7

Lamkey, J.W. (2009). Nonstarch hydrocolloids. En R. Tarté (Ed.). *Ingredients in Meat Products: Properties, Functionality and Applications* (57-81). Berlin, Germany: Springer-Verlag. https://doi.org/10.1007/978-0-387-71327-4_3

Leuangsukrerk, M., Phupoksakul, T., Tananuwong, K., Borompichaichartkul, C., & Janjarasskul, T., (2014). Properties of konjac glucomannan-whey protein isolate blend films. *LWT – Food Science and Technology,* 59, 94-100. https://doi.org/10.1016/j.lwt.2014.05.029

Li, J., Wang Y., Jin, W., Zhou, B., & Li, B. (2014). Application of micronized konjac gel for fat analogue in mayonnaise. *Food Hydrocolloids,* 35, 375-382. https://doi.org/10.1016/j.foodhyd.2013.06.010

Liang, S., Li, B., Ding, Y., Xu, B.L., Chen, J., Zhu, B., Ma, M.H., Kennedy, J.F., & Knill, C.J. (2011). Comparative investigation of the molecular interactions in konjac gum/hydrocolloid blends: concentration addition method (CAM) versus viscosity addition method (VAM). *Carbohydrate Polymers,* 83, 1062-1067. https://doi.org/10.1016/j.carbpol.2010.08.026

Lin K.W., & Huang, H.Y. (2003). Konjac/gellan gum mixed gels improve the quality of reduced-fat frankfurters. *Meat Science,* 65, 749-755. https://doi.org/10.1016/S0309-1740(02)00277-2

Lin, X., Wu, Q., Luo, X., Liu, F., Luo, X., & He, P. (2010). Effect of degree of acetylation on thermoplastic and melt rheological properties of acetylated konjac glucomannan. *Carbohydrate Polymers,* 82, 167-172. https://doi.org/10.1016/j.carbpol.2010.04.053

Luo, X., He, P., & Lin, X. (2013). The mechanism of sodium hydroxide solution promoting the gelation of konjac glucomannan (KGM). *Food Hydrocolloids,* 30, 92-99. https://doi.org/10.1016/j.foodhyd.2012.05.012

Mei, T., Xu, X., Li, B., Li, J., Cui, B., Zhou, B., & Ablaye, W. (2011). Synergistic interaction of konjac glucomannan and gellan gum investigated by rheology and texture analysis. *Journal of Applied Polymer Science,* 125, 1363-1370. https://doi.org/10.1002/app.35247

Nishinari, K., Williams, P.A., & Phillips, G.O. (1992). Review of the physico-chemical characteristics and properties of konjac mannan. *Food Hydrocolloids,* 6, 199-222. https://doi.org/10.1016/S0268-005X(09)80360-3

Nishinari, K., Miyoshi, E., Takaya, T., & Williams, P.A. (1996). Rheological and DSC studies on the interaction between gellan gum and konjac glucomannan. *Carbohydrate Polymers,* 30, 193-207. https://doi.org/10.1016/S0144-8617(96)00092-6

He, P., Luo, X., Lin, X., & Zhang, H. (2012). The Rheological Properties of Konjac Glucomannan (KGM) Solution. *Materials Science Forum,* 724, 57-60. https://doi.org/10.4028/www.scientific.net/MSF.724.57

Shen, D., Wan, C., & Gao, S. (2010). Molecular weight effects on gelation and rheological properties of konjac glucomannan–xanthan mixtures. *Journal of Polymer Science: Part B: Polymer Physics,* 48, 313-321. https://doi.org/10.1002/polb.21890

Tatirat, O., & Charoenrein, S. (2011). Physicochemical properties of konjac glucomannan extracted from konjac flour by a simple centrifugation process. *LWT-Food Science and Technology,* 44, 2059-2063. https://doi.org/10.1016/j.lwt.2011.07.019

Tatirat, O., Charoenrein, S., & Kerr, W.L. (2012). Physicochemical properties of extrusion-modified konjac glucomannan. *Carbohydrate Polymers,* 87, 1545-1551. https://doi.org/10.1016/j.carbpol.2011.09.052

Wang, K., & He, Z. (2002). Alginate-konjac glucomannan-chitosan beads as controlled release matrix. *International Journal of Pharmaceutics,* 244, 117-126. https://doi.org/10.1016/S0378-5173(02)00324-1

Wang, C., Xu, M., Lv, W., Qiu, P., Gong, Y., & Li, D. (2012). Study on rheological behavior of konjac glucomannan. *Physics Procedia,* 33, 25-30. https://doi.org/10.1016/j.phpro.2012.05.026

Wang, S., Zhan, Y., Wu, X., Ye, T., Li, Y., Wang, L., Chen, Y., & Li, B. (2014). Dissolution and rheological behavior of deacetylated konjac glucomannan in urea aqueous solution. *Carbohydrate Polymers,* 101, 499-504. https://doi.org/10.1016/j.carbpol.2013.09.090

Williams, M.A.K., Foster, T.J., Martin, D.R., Norton, I.T., Yoshimura, M., & Nishinari, K. (2000). A molecular description of the gelation mechanism of konjac mannan. *Biomacromolecules,* 1, 440-450. https://doi.org/10.1021/bm005525y

Xiao, C., Gao, S., & Zhang, L. (2000). Blend films from konjac glucomannan and sodium alginate solutions and their preservative effect. *Journal of Applied Polymer Science,* 77, 617-626. https://doi.org/10.1002/(SICI)1097-4628(20000718)77:3<617::AID-APP17>3.0.CO;2-1

Xu, W., Wang, S., Ye, T., Jin, W., Liu, J., Lei, J., Li, B., & Wang, C. (2014). A simple and feasible approach to purify konjac glucomannan from konjac flour-temperature effect. *Food Chemistry,* 158, 171-176. https://doi.org/10.1016/j.foodchem.2014.02.093

Xu, X., Li, B., Kennedy, J.F., Xie, B.J., & Huang, M. (2007). Characterization of konjac glucomannan-gellan gum blend films and their suitability for release of nisin incorporated therein. *Carbohydrate Polymers,* 70, 192-197. https://doi.org/10.1016/j.carbpol.2007.03.017

Yang, J., Xiao, J., & Ding, L. (2009). An investigation into the application of konjac glucomannan as a flavor encapsulant. *European Food Research and Technology,* 229, 467-474. https://doi.org/10.1007/s00217-009-1084-2

Yaseen, E.I., Herald, T.J., Aramouni, F.M., & Alavi, S. (2005). Rheological properties of selected gum solutions. *Food Research International,* 38, 111-119. https://doi.org/10.1016/j.foodres.2004.01.013

Ye, T., Wang, L., Xu, W., Liu J., Wang Y., Zhua, K., Wang, S., Li, B., & Wang C. (2014). An approach for prominent enhancement of the quality of konjac flour: Dimethyl sulfoxide as medium. *Carbohydrate Polymers,* 99, 173-179. https://doi.org/10.1016/j.carbpol.2013.08.038

Yin, W., Zhang, H., Huang, L., & Nishinari, K. (2008). Effects of the lyotropic series salts on the gelation of konjac glucomannan in aqueous solutions. *Carbohydrate Polymers,* 44, 68-78. https://doi.org/10.1016/j.carbpol.2008.01.016

Yoshimura, M., & Nishinari, K. (1999). Dynamic viscoelastic study on the gelation of konjac glucomannan with different molecular weights. *Food Hydrocolloids,* 13, 227-233. https://doi.org/10.1016/S0268-005X(99)00003-X

Zhang, C., Chen, J., & Yang, F. (2014). Konjac glucomannan, a promising polysaccharide for OCDDS. *Carbohydrate Polymers,* 104, 175-181. https://doi.org/10.1016/j.carbpol.2013.12.081

Zhang, H., Yoshimura, M., Nishinari, K., Williams, M.A.K., Foster, T.J., & Norton, I.T. (2001). Gelation behaviour of konjac glucomannan with different molecular weights. *Biopolymers,* 59, 38-50. https://doi.org/10.1002/1097-0282(200107)59:1<38::AID-BIP1004>3.0.CO;2-A

Zhang, Y., Xie, B., & Gan, X. (2005). Advance in the applications of konjac glucomannan and its derivatives. *Carbohydrate Polymers,* 60, 27-31. https://doi.org/10.1016/j.carbpol.2004.11.003

Zhao, X., Jing, Li, J., Jin, W., Geng, X., Xu, W., Ye, T., Lei, J., Li B., & Wang L. (2015). Preparation and characterization of a novel pH-response dietary fiber: Chitosan-coated konjac glucomannan. *Carbohydrate Polymers,* 117, 1-10. https://doi.org/10.1016/j.carbpol.2014.09.038

Capítulo 4

PROPIEDADES FUNCIONALES Y APLICACIONES TECNOLÓGICAS DE FRUCTANOS

María Guadalupe Sosa-Herrera, Virginia Agustina Delgado-Reyes

Universidad Nacional Autónoma de México, Facultad de Estudios Superiores Cuautitlán, México
lsosah@comunidad.unam.mx, vdr1881@gmail.com

https://doi.org/10.3926/oms.357

Sosa-Herrera, M.G., & Delgado-Reyes, V.A. (2016). Propiedades funcionales y aplicaciones tecnológicas de fructanos. En M.E. Ramírez Ortiz (Ed.). *Alimentos Funcionales de Hoy*. Barcelona, España: OmniaScience. 97-116.

Resumen

En este capítulo se realiza una breve revisión acerca de los fructanos, considerando algunas de sus fuentes de extracción más difundidas comercialmente, partiendo de la diferenciación de sus estructuras, y posteriormente resaltando a parte de sus propiedades prebióticas su potencial en diferentes aplicaciones tecnológicas en el área de alimentos, particularmente para los fructanos de agave de los cuales aún existe poca información documentada en torno a su funcionalidad tanto en la salud como en el desarrollo de estructuras base para la creación de productos alimenticios. Adicionalmente se hace una revisión de los procesos generales de obtención de fructanos, a través de la exploración de patentes para las tres principales fuentes: achicoria, alcachofa de Jerusalem y agave.

Palabras clave

Fructanos, inulina, agave, achicoria, alcachofa Jerusalem.

4.1. Introducción

En respuesta a la demanda de los consumidores por productos alimenticios más saludables, la relación de nutrición y salud aporta un nuevo concepto, alimentos funcionales, los cuales promueven el bienestar y la posibilidad de reducir el riesgo de enfermedades. En este sentido, los fructanos como prebióticos son un factor importante en la industria de alimentos funcionales debido a su efecto benéfico sobre la salud.

Los fructanos son un grupo de oligosacáridos y fructooligosacárido presentes en la naturaleza los cuales se encuentran acumulados en cantidades de miligramos en una gran variedad de plantas, incluyendo la achicoria, la alcachofa de Jerusalem, el ajo, la cebolla, los espárragos, las plantas de la especie *agavaceae* (Praznik, Löpert & Huber, 2007) y también son producidos por algunas especies de bacterias (Arvidson, Rinehart & Gadala-María, 2006). A pesar de sus similitudes, los fructanos son distintos el uno del otro en su origen, la estructura y las características de fermentación (Anadón, Martínez-Larrañaga, Caballero & Castellano, 2010; Mueller et al., 2016).

Sólo unas pocas plantas que contienen fructanos se utilizan actualmente en la industria de alimentos funcionales, incluyendo la achicoria *(Cichorium intybus)*, la alcachofa de Jerusalén *(Helianthus tuberosus)* y el agave *(Agave tequilana)*. La achicoria y la alcachofa de Jerusalén contienen fructanos tipo inulina, siendo predominantemente no ramificados. Mientras que, los fructanos de agave poseen una estructura de tipo mixta que les provee la característica de ser ramificados (Roberfroid & Delzenne, 1998). El organismo no es capaz de digerir estos compuestos ni de asimilarlos, sin embargo pueden ser utilizados como sustrato energético por las bacterias del intestino grueso, en particular por las del género *Bifidobacterium*. De esta forma, los fructanos favorecen el crecimiento y renovación de los colonocitos, lo cual se considera de interés.

Las diferencias estructurales entre los distintos tipos de fructanos representan un punto importante a considerar para definir sus aplicaciones tecnológicas. Hasta ahora, el enfoque científico ha estado más centrado en los fructanos no ramificados tipo inulina, aislados de la achicoria y la alcachofa de Jerusalén, y no tanto en el efecto de los de estructura mixta ramificada como los fructanos de agave. Mientras que los fructanos lineales tienden a formar geles (Espinosa-Andrews & Urias-Silvas, 2012), los ramificados, en medio acuoso, desarrollan disoluciones de baja viscosidad, similar a los azúcares simples (Martínez-Padilla, 2016) y adicionalmente se ha demostrado que presentan propiedades de superficie las cuales son de utilidad al desarrollar sistemas dispersos alimenticios (Sosa-Herrera, Martínez-Padilla, Delgado-Reyes & Torres-Robledo, 2016).

4.2. Estructura de los fructanos

Los fructanos son moléculas sintetizadas por plantas y bacterias. Su estructura varía dependiendo de su origen. En diversas variedades de plantas, son carbohidratos de reserva en partes específicas de éstas (Jaime et al., 2000; Ritsema & Smeekens, 2003), en la Tabla 24 se muestran algunos ejemplos. La capacidad de las plantas de sintetizar fructanos, se ha asociado con la supervivencia de éstas a cambios ambientales (climas fríos y secos), lo que parece indicar que juegan un papel en la respuesta a condiciones de estrés (Ritsema & Smeekens, 2003), encontrándose como mezclas heterogéneas, que muestran diferentes grados de polimerización y estructuras (Mancilla-Margalli & López, 2006).

Las bacterias ácido lácticas de los géneros *Streptococcus, Leuconoctoc, y Lactobacillus* y algunas especies no ácido lácticas como *Bacillus subtiis y Bacillus polymyxa* produ-

Fuente	**Parte de la planta**
Achicoria (*Cichorium intybus*)	Raíz
Dalia (*Dahlia variabilis*)	Tubérculos
Tulipán (*Tulipa gesneriana*)	Bulbos
Cebolla (*Allium cepa*)	Bulbos
Alcachofa de Jerusalem (*Heliantus tuberosus*)	Tubérculo
Lirios (*Hemerocallis y Campanula rapunculoides*)	Pétalos

Tabla 24. Parte de la planta donde los fructanos son sintetizados y almacenados (Ritsema & Smeekens, 2003).

cen fructanos (Tabla 25), los cuales han sido descritos como polisacáridos extracelulares. La función de estos polisacáridos es de brindar protección a la bacteria contra la desecación, la fagocitosis, la depredación por protozoos, el ataque de fagos, antibióticos, toxinas y estrés osmótico. Los polisacáridos extracelulares representan un papel importante en el reconocimiento celular, adhesión a superficies y formación de biopelículas facilitando de esta forma la colonización de las bacterias en varios ecosistemas (Ruas-Madiedo, Hugenholtz & Zoon, 2002).

Los fructanos están constituidos por unidades de fructofuranosil unidas por enlaces β identificándose cinco principales tipos (Mancilla-Margalli & López 2006; Ritsema & Smeekens, 2003; Waleckx, Gschaedler, Colonna-Ceccaldi & Monsan, 2008): (i) Inulina con enlaces β(2-1) lineales descrita en Asterales, (ii) levana con enlaces β(2-6) encontrada en pastos *Phleum pratense,* (iii) graminados los cuales

Microorganismo	Tipo de fructano	Referencia
Bacillus polymyxa	Levana	Han (1989)
Bacillus circulans	Levana	Perez Oseguera, Guereca & López-Munguia (1996)
Lactobacillus Sanfranciscensis	Levana	Dal Bello, Walter, Hertel & Hammes (2001)
Streptococcus salivarius *Streptococcus mutans*	Levana Similar a inulina	Ruas-Madiedo et al. (2002)
Leuconostoc citrem	Inulina	Olivares-Illana, Wacher-Rodarte, Le Borgne & López-Munguia (2002)
Lactobacillus reuteri	Levana	van Hijum, Bonting, J.E.C.M., Maarel & Dijkhuizen (2001)
Leuconoctoc mesenteroides	Levana	Morales-Arrieta, Rodríguez, Segovia, López-Munguia & Olvera-Carranza (2006)
Erwinia amylovora	Levana	Caputi, Nepogodiev, Malnoy, Rejzek, Field & Benini (2013)

Tabla 25. Microorganismos productores de fructanos.

son una mezcla de fructanos que contienen enlaces β(2-1) y β(2-6) generalmente ramificados que se encuentran en trigos y espárragos, (iv) neo-inulina, la cual contiene una glucosa entre dos unidades de fructofuranosil con enlaces β(2-1), presentes en cebolla y espárragos y (v) neo-levana formada por enlaces β(2-1) y β(2-6) donde en cada extremo de una molécula de sacarosa central hay un residuo de fructofuranosil (Figura 10).

México ha sido considerado como el centro de origen y diversidad biológica de fructanos del género *Agave*, debido a la diversidad taxonómica dentro de su territorio. De las 310 especies reportadas, más de 272 se pueden localizar en este país. Los miembros de la familia *Agavaceae* se adaptan bien en las regiones áridas y

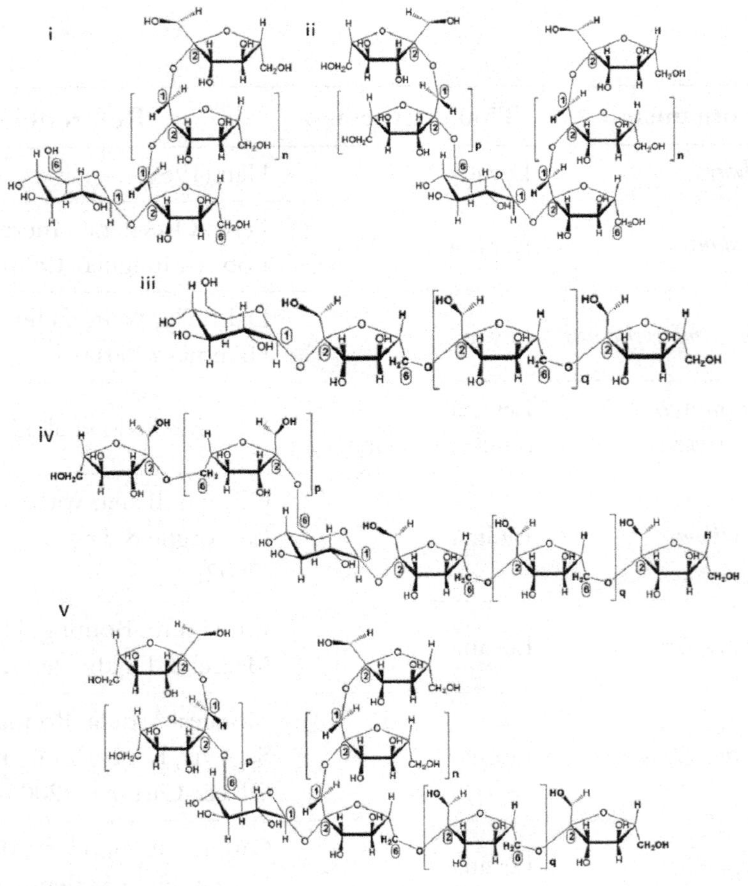

Figura 10. Diferentes tipos de fructanos i) inulina, ii) levana, iii) graminados, iv) neo-inulina, v) neo-levana (Adaptada de Waleckx et al., 2008).

semiáridas (López, Mancilla-Margalli & Mendoza-Díaz, 2003). Mancilla-Margalli y López (2006) propusieron tres grupos de fructanos para las especies de *Agave* y *Dasylirion* reportando dos tipos de moléculas dentro de cada grupo (A para las gramíneas y B para las agavinas), donde n_1-n_4≥0; y n es función de las especies de plantas y condiciones ambientales (Figura 11).

4.3. Procesos de obtención

Después de almidón, los fructanos son los más abundantes polisacáridos no estructurales que se encuentran en la naturaleza. Actualmente, en la industria alimentaria se emplean principalmente tres especies de plantas para la produc-

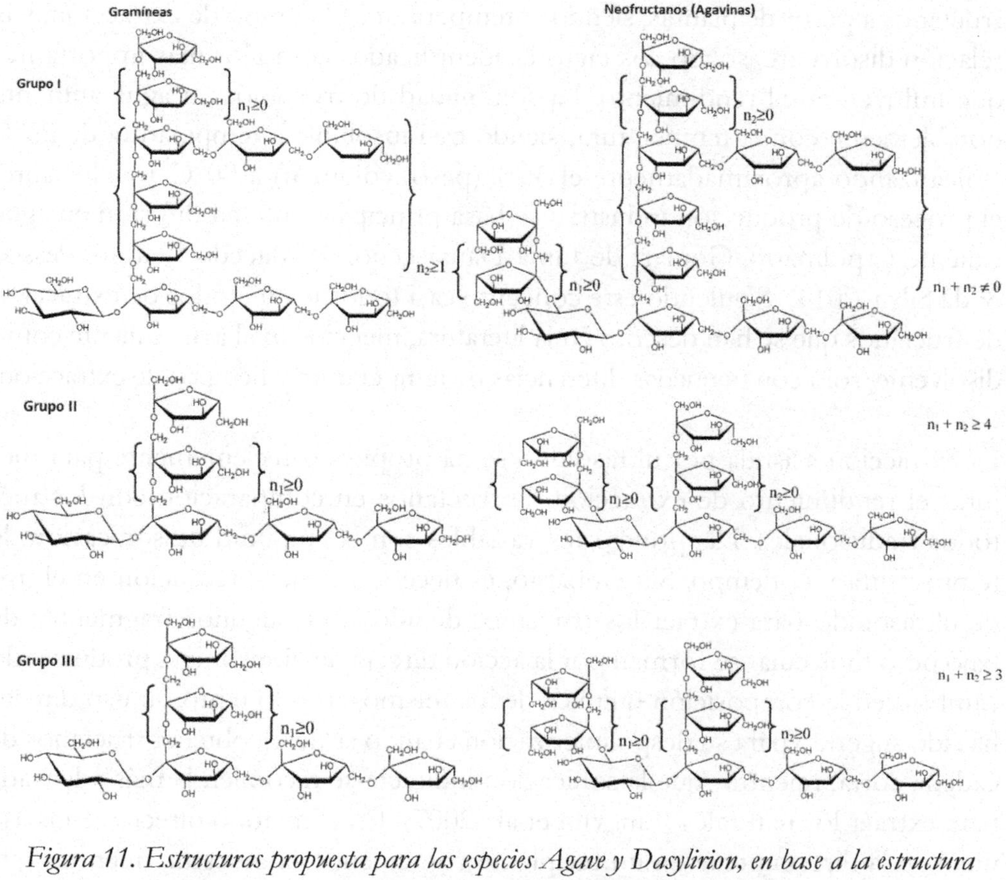

Figura 11. Estructuras propuesta para las especies Agave y Dasylirion, en base a la estructura molecular se presentan tres grupos y dos tipos de fructanos dentro del grupo (A gramíneas y B agavinas) (Mancilla-Margalli & López 2006).

ción a gran escala de fructanos: de agave (*Agave tequilana* Azul), alcachofa de Jerusalem (*Helianthus tuberosus*), y la achicoria (*Cichorium intybus*) (Carabin & Flam, 1999). La achicoria es una planta bienal. El contenido de fructanos en la planta es alto y suele ser constante de año en año para una región dada. Con respecto a los de agave, la principal diferencia es que la acumulación de fructanos en estas plantas puede tomar desde 3 hasta 8 años. No obstante, las plantas de agave acumulan entre 13 y 17% (p/p) en plantas maduras, lo cual es similar a la cantidad encontrada en achicoria (15.2-20.5% (p/p) (Ávila-Férnandez, Galicia-Lagunas, Rodríguez-Alegría, Olvera & López-Munguía, 2011).

Debido a su amplia distribución en la naturaleza y su significativo papel en la industria, la extracción, aislamiento y caracterización de los fructanos ha ganado atención en los últimos años. Se han desarrollado investigaciones para establecer las condiciones óptimas de extracción con el fin de mejorar la extracción de los fructanos a partir de plantas, siendo la temperatura, el tiempo de extracción, y la relación disolvente/sólido, los factores identificados como los más importantes que influyen en el rendimiento. La solubilidad de fructanos en agua aumenta notablemente con la temperatura, siendo casi insoluble a temperatura de 25°C y alcanzando aproximadamente el 35% (peso/volumen) a 90°C, por lo tanto, el proceso de producción industrial se basa principalmente en difusión en agua caliente (Apolinário, Goulart de Lima Damasceno, de Macedo Beltrao, Pessoa & da Silva, 2014). Siguiendo este concepto casi todos los métodos de extracción de fructanos que se han descrito en la literatura, mencionan al agua caliente como disolvente, sólo con pequeñas diferencias de temperatura y tiempos de extracción.

La extracción asistida por ultrasonido se ha propuesto recientemente para mejorar el rendimiento de extracción de fructanos en comparación con los métodos tradicionales. Las principales variables son la amplitud de sonicación, la temperatura y el tiempo. Sin embargo, es necesario tener precaución en el uso de ultrasonido para extraer los fructanos debido a que algunos fragmentos de bajo peso molecular se forman por la acción directa de ultrasonido, produciendo cambios en la composición química de los mismos; por lo tanto, su uso directo ha sido sugerido para su despolimerización cuando se desea obtener fructanos de cadena corta, mientras que la sonicación indirecta se recomienda más adecuada para extraer los naturales (Lingyun et al., 2007). En el método directo se inserta una sonda directamente en un recipiente conteniendo la muestra, mientras que la sonicación indirecta se realiza sumergiendo la muestra en un baño de limpieza por ultrasonidos y agitando periódicamente con el agitador orbital.

Dependiendo de la fuente vegetal utilizada, se realizan operaciones de acondicionamiento como pueden ser pelado, secado, limpieza, desinfección y escaldado, para el caso particular de los fructanos de achicoria, generalmente conocidos como inulina, se extraen de las raíces de achicoria fresca, prestando particular atención en la inhibición de la actividad de inulasa propia de la planta y la hidrólisis ácida. A través de dos métodos diferentes, la industria alimentaria produce dos tipos de productos de la achicoria. La inulina, que contiene una mezcla de fructanos de cadena corta y larga, se produce mediante extracción con agua caliente de la planta de achicoria. Las raíces de achicoria son lavadas, cortadas en cubos, y sometidas a extracción. El jarabe semirefinado a continuación se purifica mediante técnicas de separación física para producir un producto de más del 99% de pureza. Los oligofructanos, que contienen sólo las moléculas con grado de polimerización menor de 10, se producen por un método similar, con la adición de la hidrólisis enzimática parcial de la corriente de procesamiento de inulina después de la extracción inicial (Carabin & Flam, 1999).

De acuerdo con una patente para extractos de achicoria (Grimm & Loehmar, 1999), un producto caramelizado de achicoria soluble en agua tiene una composición que incluye, en peso, un contenido de inulina de entre 40% y 65%, un contenido de azúcares reductores entre 4% y 10% y una combinación de fructosa y glucosa de menos de 5%. El producto se prepara mediante la extracción de la achicoria secada al horno con agua para obtener un extracto o pulsando la raíz de achicoria para obtener un extracto, éste se calienta en un extractor tubular para hidrolizar una parte del contenido de inulina con la finalidad de aumentar el contenido de azúcares reductores, el extracto tratado con calor se seca para obtener un polvo, el cual se hace pasar a través de una extrusora y se somete a una temperatura entre 180°C y 250°C.

Por otro lado, la patente americana US 4871574 (Yamazaki et al., 1989), describe la obtención de harina de tubérculos de alcachofa de Jerusalem o productos similares que contienen inulina y pueden emplearse directamente o ser la materia prima para la obtención de fructosa u oligosacáridos. En un procedimiento, una harina se prepara a partir dichos tubérculos, que comprende las etapas de: la maceración de los tubérculos de un líquido homogeneizado, preferiblemente en un ambiente de vapor de agua; calentar el homogeneizado líquido a una temperatura aproximada de 150°C durante un tiempo que oscila entre 15 segundos a aproximadamente 10 minutos; sometiendo el fluido calentado y homogeneizado, a secado por aspersión en una corriente de gas caliente. La recuperación es una harina que comprende una mezcla de monosacáridos, así como fructooligosacáridos y oligosacáridos. En otro proceso, un acidulante de calidad alimentaria, se añade, preferiblemente ácido acético, ya sea antes, durante o después de la etapa de maceración para proporcionar un homogeneizado líquido acidificado de dichos tubérculos. La harina recuperada es más dulce que la que se recupera en el primer procedimiento descrito, debido a la presencia de más de fructosa en el mismo.

Con relación a los fructanos de agave, La patente WO 2002066517 A1 (Legorreta & Ogura, 2002) detalla un proceso para elaboración de diferentes productos de fructanos, en donde se describe como las cabezas o piñas del agave se someten a una serie de etapas para la obtención de fructanos, entre las que destacan: molido, dilución con agua a una temperatura de entre 80-99°C, tratamiento con carbón activado, tratamiento con intercambiadores iónicos, eliminación de calcio y eliminación de quelatos. El producto final es una solución de fructanos muy purificados y con bajo contenido en calcio. A lo largo del proceso, en las diferentes etapas, se obtienen una serie de productos intermedios valiosos como la harina de agave, o distintas soluciones de fructanos (sin fibra, con calcio, sin calcio, entre otras). Estas soluciones pueden someterse a un proceso de secado para obtenerlas en forma de polvo o escamas.

4.4. Función de los fructanos como prebiótico

El equilibrio de la microbiota intestinal es de importancia en la salud humana ya que incrementa la resistencia a la colonización microbiana, la modulación del sistema inmune, favorece la digestión y la asimilación de los nutrientes. El equilibrio se debe de dar entre las bacterias benéficas tales como los *Lactobacilos* y las *Bifidobacterias* y los microorganismos patógenos. La composición y la actividad de la microbiota puede verse influenciada por varios factores externos, incluyendo el uso de antibióticos y la ingesta de alimentos o ingredientes alimenticios funcionales tales como probióticos y/o prebióticos (Ritsema & Smeekens 2003; Koenen, Cruz, Mueller & Venema, 2016).

Los principales factores responsables de que un polisacárido pueda ejercer un efecto prebiótico son la estructura química, la composición, el grado de polimerización, su estructura (lineal o ramificada), así como la solubilidad en agua (Márquez-Aguirre et al., 2013).

Los beneficios de los fructanos para la salud humana han sido estudiados desde hace más de una década (Ritsema & Smeekens, 2003). Por ser una fibra alimentaria que favorece el crecimiento de bacterias ácido lácticas (Koenen et al., 2016; Bosscher, Van & Franck, 2016), se ha definido como un prebiótico que provoca cambios específicos en la composición y/o la actividad de la microbiota gastrointestinal, por su resistencia al ambiente gástrico y no ser digerible por las enzimas digestivas humanas debido a sus enlaces β presentes en su estructura (Márquez-Aguirre et al., 2013; Bosscher, et al., 2016; Koenen et al., 2016).

Los fructanos pueden ejercer su efecto benéfico a través de mecanismos directos o indirectos. Los mecanismos indirectos implican una estimulación del crecimiento de las bacterias probióticas y pueden ser causadas por sus productos de fermentación tales como los ácidos grasos de cadena corta. Un efecto directo se ha sugerido para los fructanos tipo inulina en un perfil de lípidos o en la inmunomodulación a través de la activación de los receptores tipo Toll, (Mueller et al., 2016). Mientras que el efecto directo de fructooligosacáridos de agave se da sobre los parámetros metabólicos (Márquez-Aguirre et al., 2013) y como inmunomodulador (Moreno-Vilet et al., 2014). El grado de polimerización (DP) de fructanos tiene un impacto importante en la cinética de la fermentación por las bacterias probióticas y por lo tanto sobre el efecto benéfico. Para la mayoría de las cepas probióticas, los fructanos tipo inulina con menor DP permiten un crecimiento más rápido de los *Lactobacilos* y *Bifidobacteria*s en comparación con los de mayor DP. Las inulinas de cadena más larga, sin embargo, muestran un efecto prebiótico más pronunciado afectando no sólo a los probióticos en el colon proximal, sino también en el colon distal. Además, la gama de DP de fructanos tipo inulina tiene un impacto en el perfil de ácidos grasos de cadena corta, de tal manera que el aumento de butirato se puede encontrar solamente en las muestras fecales de ratas alimentadas con inulina de alto DP. Para los fructanos de agave ramificados, de tipo mixto, se reporta una dependencia similar. La cepas probióticas prefieren las fuentes de fructanos con diferente DP y crecen sólo, o más rápido con fructanos de bajo DP (Mueller et al., 2016). El efecto de fructanos de agave y de la achicoria en la ingesta de alimentos y el aumento de peso ha demostrado ser dependiente también del DP, así como de la estructura de los fructanos. De hecho, los fructanos de agave tienen un efecto significativo sobre la reducción de peso y el aumento de la secreción de péptidos implicados en la regulación del apetito, mientras que la inulina de la achicoria no ha mostrado tales efectos (Santiago-García & López, 2014). Recientemente se ha reportado la dependencia del DP y la estructura de fructanos en la formación de ácidos grasos de cadena corta que juegan un papel importante en la salud del intestino. La producción de lactato y butirato es mayor a partir de fructanos con menor DP. Los fructanos ramificados con alto DP conducen a una formación de butirato más alta que los fructanos no ramificados con alto DP (Mueller et al., 2016).

Adicionalmente, estudios realizados por Márquez-Aguirre et al. (2013) demostraron que la ingesta de fructanos de agave con un bajo grado de polimerización < 10, en un modelo de ratones obesos impidió el aumento del peso corporal, acumulación de tejido graso y redujo el colesterol total, pero no encontraron incremento en el número de *Bifidobaterias*. A diferencia de la ingesta de fructanos desmineralizados donde si hubo un aumento en el número de *Bifidobacterias*. Basados en esos resultados estos autores, concluyen que tanto el grado de polimerización y el proceso de desmineralización pueden influir en la actividad biológica de los fructanos de agave.

4.5. Aplicaciones tecnológicas

Es importante tener en cuenta que las aplicaciones tecnológicas de los fructanos dependen directamente de sus características estructurales, las cuales a su vez están asociadas con la fuente de su origen. De esta forma, los fructanos tipo inulina han captado la atención en cuanto a su incursión en diferentes sistemas alimenticios, sus usos tecnológicos se basan en sus propiedades como sustitutos de azúcar (especialmente en combinación con endulzantes de alta intensidad), como sustitutos de grasa y formador de geles.

La molécula de inulina es muy pequeña y su retención de agua es baja comparada con otros hidrocoloides, cuando las concentraciones sobrepasan el 15%, la inulina de cadena larga tiene la habilidad de formar geles. Debajo de esta concentración, se obtienen soluciones acuosas de baja viscosidad. La formación de un gel está basada en la precipitación y cristalización de las moléculas de inulina, la cual depende de la concentración, temperatura y pH. En algunas investigaciones se ha demostrado que sólo las moléculas largas de inulina (DP > 10) participan en la estructura del gel y las pequeñas permanecen disueltas (Meyer, 2009; Kim, Fagih & Wang, 2001).

La formación de geles de inulina es diferente con respecto a la de otros hidrocoloides. La inulina de cadena larga forma geles de partículas, similares a los que son formados por algunos almidones (Meyer, Bayari, Torrega & Costel, 2011), la presencia de otros hidrocoloides y las condiciones de proceso, tales como la temperatura y la velocidad de mezclado afecta la formación de los mismos, a niveles de concentración por encima de 25%, la disolución presenta partículas de gel con características parecidas a las de las grasas, por encima del 50% en concentración éstas mantienen una textura similar a la grasa y se convierten en geles más firmes (Zimeri & Kokini, 2002).

Debido a la alta cantidad de grupos hidroxilo contenidos en la inulina, se favorece la formación de puentes de hidrógeno en sistemas de alimentos, y esto puede influenciar la solubilidad de otros ingredientes que captan el agua como la goma guar, xantana, carragenina, alginatos, pectina, maltodextrina y almidones. Por lo que la inulina forma parte en la competencia del agua como disolvente (Meyer, 2009).

Se ha demostrado que la inulina en combinación con otros hidrocoloides, puede influir el comportamiento reológico de éstos (Meyer, 2009). Aunque la inulina de cadena corta no actúa como un gelificante en combinación con otros hidrocoloides, puede modificar las propiedades reológicas de productos alimenticios. La adición de inulina con otros hidrocoloides espesantes puede modificar la viscosidad (incremento o disminución) y las características de flujo del sistema acuoso (Ronkart, Deroanne, Paquot & Fougnies, 2010),

Por otra parte la cristalización de la inulina y sus efectos en las propiedades reológicas de postres lácteos que cuentan con una red tridimensional en su estructura depende de la distribución de longitud de cadena. Consistencia, elasticidad y mayor presencia de agregados de inulina incrementaron con la proporción de moléculas de cadena larga (DP>20) (Tárreaga, Torres & Costell, 2011).

Se ha observado que la incorporación de oligofructosa en leche fermentada a concentraciones de 2% a 5% disminuye la dependencia con el tiempo de cizallamiento, el comportamiento fluidificante y el índice de consistencia, debido a un posible efecto sobre la oligofructosa, el cual resulta en una menor hidratación y reducción del volumen hidrodinámico de la proteína, causando una disminución en la viscosidad (Meyer et al., 2011). Por otra parte, se ha visto que la inulina de cadena mediana adicionada en helados bajos en grasas a concentraciones de 5%, 7% y 9%, provoca un incremento en el índice de consistencia y la viscosidad aparente; así como en el grado de fusión, que disminuyó con un aumento en la concentración. Esto a consecuencia de que la inulina actúa como un estabilizador, debido a su capacidad de captar agua; las moléculas de agua se inmovilizan y no es posible que se muevan libremente entre las moléculas de la mezcla de hielo (Meyer et al., 2011; Crispín-Isidro, Lobato-Calleros, Espinosa-Andrews, Alvarez-Ramirez & Vernon-Carter, 2014).

En general, la solubilidad en medio acuoso de los fructanos está determinada por las características estructurales de los mismos; los fructanos lineales resultan los menos solubles, mientras que los más ramificados son los de mayor grado de solubilidad (López & Urías-Silvas, 2007; Mancilla-Margalli & López, 2006). El grado de polimerización y por ende el peso molecular, son factores importantes de la solubilidad en agua de los fructanos, a medida que aumenta el grado de polimerización y con ello el peso molecular, la solubilidad va disminuyendo gradualmente. Así mismo, Espinoza-Andrews y Urías-Silvas (2012), reportaron que los fructanos de agave mostraron una mayor capacidad de absorción de agua en comparación con los fructanos de achicoria, ya que las cadenas ramificadas y la presencia de restos de fructosa contienen una mayor cantidad de grupos hidroxilos disponibles para retenerla.

El estudio de las propiedades reológicas de los fructanos de agave es escaso, Sosa-Herrera et al. (2016) reportaron que el efecto de la concentración de fructanos sobre la viscosidad, en sistemas acuosos, fue similar a la de soluciones de fructosa o sacarosa. Sugiriendo que la dependencia del comportamiento reológico de los fructanos en función de la concentración, es más cercano al de los monosacáridos de bajo peso molecular que al de polisacáridos de alto peso molecular. Adicionalmente, se reportan curvas de adsorción en interfase líquido-aire con una tendencia sigmoidea que está asociada con biopolímeros de superficie activa, donde las macromoléculas se difunden lentamente de la fase acuosa a la región debajo de la superficie seguida de la adsorción de segmentos de polímero en la interfase. La actividad superficial de los fructanos se atribuye a su naturaleza polar, que es causada por los grupos hidroxilo en su estructura.

Actualmente la incorporación de fructanos de agave en diferentes tipos de alimentos es limitado, sin embargo, Crispín-Isidro et al. (2014) realizaron un estudio en donde evaluaron el efecto de la adición de fructanos de agave y de achicoria en un yogurt batido bajo en grasa, sobre la reología, la microestructura, y la aceptabilidad sensorial. Los resultados microestructurales y reológicos indicaron que los fructanos de agave participaron como un ingrediente activo en la red de caseína, depositándose sobre la superficie de las micelas de caseína, mientras que la inulina formó partículas gelificadas al exterior de los agregados de proteína. Por lo tanto, la adición de ambos polisacáridos contribuyó a formar arreglos estructurales en el yogurt bajo en grasa que respondieron mecánicamente de una manera similar que el yogur tradicional.

Referencias

Anadón, A., Martínez-Larrañaga, M.R., Caballero, V., & Castellano, V. (2010). Assessment of Prebiotics and Probiotics: An Overview. En R.R. Watson & V.R. Preedy (Eds.). *Bioactive Foods in Promoting Health: Probiotics and Prebiotics* (19-41). San Diego, CA: Academic Press.

Apolinário, A.C., Goulart de Lima-Damasceno, B.P., de Macedo-Beltrao, N.E., Pessoa, A., & da Silva, J.A. (2014). Inulin-type fructans: A review on different aspects of biochemical and pharmaceutical technology. *Carbohydrate Polymers,* 101, 368-378. https://doi.org/10.1016/j.carbpol.2013.09.081

Arvidson, S., Rinehart, T.B., & Gadala-María, F. (2006). Concentration regimes of solutions of levan polysaccharide from *Bacillus* sp. *Carbohydrate Polymers,* 65, 144-149. https://doi.org/10.1016/j.carbpol.2005.12.039

Ávila-Fernández, A., Galicia-Lagunas, N., Rodríguez-Alegría, M.E., Olvera, C., & López-Munguía, A. (2011). Production of functional oligosaccharides through limited acid hydrolysis of agave fructans. *Food Chemistry,* 129, 380-386. https://doi.org/10.1016/j.foodchem.2011.04.088

Bosscher, D., Van Loo, J., & Franck, A. (2016). Inulin and oligofructose as functional ingredients to improve bone mineralization. *International Dairy Journal,* 16, 1092-1097. https://doi.org/10.1016/j.idairyj.2005.10.028

Caputi, L., Nepogodiev, S.A., Malnoy, M., Rejek, M., & Field, R.A. (2013). Biomolecular characterization of the levansucrase of Erwinia amylovara, a promising biocatalyst for the synthesis of fructooligosaccharides. *Journal of Agricultural and Food Chemistry,* 61, 12265-12273. https://doi.org/10.1021/jf4023178

Carabin, I.G., & Gary Flamm, W.G. (1999). Evaluation of safety of inulin and oligofructose as dietary fibre. *Regulatory Toxicology and Pharmacology,* 30, 268-282. https://doi.org/10.1006/rtph.1999.1349

Crispín-Isidro, G., Lobato-Calleros, C., Espinosa-Andrews, H., Alvarez-Ramirez, J., & Vernon-Carter, E.J. (2015). Effect of inulin and agave fructans addition on the rheological, microstructural and sensory properties of reduced-fat stirred yogurt. *LWT – Food Science and Technology,* 62, 438-444.

Dal Bello, F., Walter, J., Hertel, Ch., & Hammes, W.P. (2001). In vitro study of prebiotic properties of Levan-type exopolysaccharides from Lactobacilli and non-digestible carbohydrates using denaturing gradient gel electrophoresis. *Systematic and Applied Microbiology,* 24, 232-237. https://doi.org/10.1078/0723-2020-00033

Espinosa-Andrews, H., & Urias-Silvas, J.E. (2012). Thermal properties of agave fructans (Agave tequilana Weber var. Azul). *Carbohydrate Polymers,* 87, 2671-2676. https://doi.org/10.1016/j.carbpol.2011.11.053

Grimm R., & Loehmar, K. (1999). *Chicory extract powder products and extract production processes and apparatus.* Patente Oficial Europea 95101653.

Han, Y.W. (1989). Levan production by Bacillus polymyxa. *Journal of Industrial Microbiology and Biotechnology,* 4, 447-451. https://doi.org/10.1007/BF01569641

Jaime, L., Martínez, F., Martín-Cabrejas, M.A., Mollá, E., López-Andréu, F.J., Waldron, K.W. & Esteban, R.M. (2000). Study of total fructan and fructooligosaccharide content in different onion tissues. *Journal of the science of Food and Agriculture,* 81, 177-182. https://doi.org/10.1002/1097-0010(20010115)81:2<177::AID-JSFA796>3.0.CO;2-9

Kim, Y., Fagih, M.N., & Wang, S.S. (2001). Factors affecting gel formation of inulin. *Carbohydrate Polymers,* 46, 135-145. https://doi.org/10.1016/S0144-8617(00)00296-4

Koenen, M.E., Cruz, R.J.M., Mueller, M., & Venema, K. (2016). The effect of agave fructan products on the activity and composition of the microbiota determined in a dynamic in vitro model of the human proximal large intestine. *Journal of Functional Food,* 22, 201-210. https://doi.org/10.1016/j.jff.2016.01.018

Legorreta, P.E., & Ogura, F.T. (2002). *Proceso, composición y usos de inulina de agave en polvo y solución.* Patente WO 2002066517 A1.

Lingyun, W., Jianhua, W., Xiaodong, Z., Da, T., Yalin, Y., Chenggang, C., Tianhua, F., & Fan, Z. (2007). Studies on the extracting technical conditions of inulin from Jerusalem artichoke tubers. *Journal of Food Engineering,* 79, 1087-1093. https://doi.org/10.1016/j.jfoodeng.2006.03.028

López, M.G., Mancilla-Margalli, N.A., & Mendoza-Díaz, G. (2003). Molecular structures of fructans from Agave Tequilana Weber var. azul. *Journal of Agricultural and Food Chemistry,* 51, 7835-7840. https://doi.org/10.1021/jf030383v

Mancilla-Margalli, N.A., & López, M.G. (2006). Water-soluble carbohydrates and fructan structure patterns from Agave and Dasylirion species. *Journal of Agricultural and Food Chemistry,* 54, 7832-7839. https://doi.org/10.1021/jf060354v

Márquez-Aguirre, A.L., Camacho-Ruiz, R.M., Arriaga-Alba, M., Padilla-Camberos, E., Kirchmayr, M.R., Blasco, J.L., & González-Avila, M. (2013). Effects of Agave tequilana fructans with different degree of polymerization profiles on the body weight, blood lipids and count of fecal Lactobacilli/Bifidobacteria in obese mice. *Food & Function,* 8, 1237-1244. https://doi.org/10.1039/c3fo60083a

Martínez-Padilla, L.P. (2016). Rheology of recent vegetal-based biopolymers. En M. Masuelli, & D. Renard (Eds.). *Advances in Physicochemical Properties of Biopolymers* (172-193). USA: Bentham Science Publishers.

Meyer, D. (2009). Inulin. En G.O. Phillips, & P.A. Williams (Eds.). *Handbook of Hydrocolloids* (829-845). U.K.: CRC Press. https://doi.org/10.1533/9781845695873.829

Meyer, D., Bayari, S., Torrega, A., & Costel, E. (2011). Inulin as a texture modifier in dairy products. *Food Hydrocolloids,* 25, 1881-1890. https://doi.org/10.1016/j.foodhyd.2011.04.012

Morales-Arrieta, S., Rodríguez, M.E., Segovia, L., López-Munguia, A.G., & Olvera-Carranza, C. (2006). Identification and functional characterization of levS, a gene encoding for a levan sucrase from Leuconostoc mesenteroides NRRL B-512F. *Gene,* 376, 59-67. https://doi.org/10.1016/j.gene.2006.02.007

Mueller, M., Reiner, J., Fleischhacker, L., Viernstein, H., Loeppert, R., & Praznik, W. (2016). Growth of selected probiotic strains with fructans from different sources relating to degree of polymerization and structure. *Journal of functional Foods,* 24, 264-275. https://doi.org/10.1016/j.jff.2016.04.010

Olivares-Illana, V., Wacher-Rodarte, C., Le Borgne, S., & López-Munguia, A. (2002). Characterization of a cell-associated inulosucrase from a novel source: A Leuconoctoc citreum strain isolated from Pozol, a fermented corn beverage of Mayan origin. *Journal of Industrial Microbiology and Biotechnology,* 28, 112-217. https://doi.org/10.1038/sj/jim/7000224

Perez-Oseguera, M.A., Guereca, L., & López-Munguia, A. (1996). Properties of levansucrase from Bacillus circulans. *Applied Microbiology and Biotechnology,* 45, 465-471. https://doi.org/10.1007/s002530050714

Praznik, W., Löppert, R., & Hubber, A. (2007) Analysis and molecular composition of fructans from different plant sources. En N. Shiomi, N. Benkeblia, & S. Onodera (Eds.). *Recent advances in fructooligosaccharide research* (93-117). Kerala, India: Research Signpost.

Ritsema, T., & Smeekens, S. (2003). Fructans: Benefical for plant and humans. *Current Opinion in Plant Biology,* 6, 223-230. https://doi.org/10.1016/S1369-5266(03)00034-7

Roberfroid, M., & Delzenne, N. (1998). Dietary fructans. *Annual Review of Nutrition,* 18, 117-143. https://doi.org/10.1146/annurev.nutr.18.1.117

Ronkart, S.N., Deroanne, C., Paquot, M., & Fougnies, C. (2010). Impact of the crystallisation pathway of inulin on its mono-hydrate to hemi-hydrate thermal transition. *Food Chemistry,* 119, 317-322. https://doi.org/10.1016/j.foodchem.2009.06.035

Ruas-Madiedo, P., Hugenholtz, J., & Zoon, P. (2002). An overview of the funtionality of exopolysaccharides produced by lactic acid bacteria. *International Dairy Journal,* 12, 163-171. https://doi.org/10.1016/S0958-6946(01)00160-1

Sosa-Herrera, M.G., Martínez-Padilla, L.P., Delgado-Reyes V.A., & Torres-Robledo, A. (2016). Effect of agave fructans on bulk and surface properties of sodium caseinate in aqueous media. *Food Hydrocolloids,* 60, 199-205. https://doi.org/10.1016/j.foodhyd.2016.03.033

Tárreaga, A., Torres, J.D., & Costell, E. (2011). Influence of the chain-length distribution of inulin on the rheology and microstructure of prebiotic dairy desserts. *Journal of Food Engineering,* 104, 356-363. https://doi.org/10.1016/j.jfoodeng.2010.12.028

van Hijum, S.A.F.T., Bonting, K., van der, M., & Dijkhuizen, L. (2001). Purification of a novel fructosyltransferase from Lactobacillus reuteri strain 121 and characterization of the levan produced. *FEMS Microbiology Letters,* 205, 323-328. https://doi.org/10.1111/j.1574-6968.2001.tb10967.x

Waleckx, E., Gschaedler, A., Colonna-Ceccaldi, B., & Monsan, P. (2008). Hydrolysis of fructans from Agave tequilana Weber var. azul during the cooking step in a traditional tequila elaboration process. *Food Chemistry,* 108, 40-48. https://doi.org/10.1016/j.foodchem.2007.10.028

Yamazaki, H.N., Modler, H.W., Jones, J.D., & Elliot, J.I. (1989). *Process for preparing flour from Jerusalem artichoke tubers.* US Patent 4871574.

Zimeri, J.E., & Kokini, J.L. (2002). The effect of moisture content on the cristallinity and glass transition temperature of inulin. *Carbohydrate Polymers,* 48, 299-304. https://doi.org/10.1016/S0144-8617(01)00260-0

Capítulo 5

PÉPTIDOS CON ACTIVIDAD ANTIOXIDANTE PROVENIENTES DE FUENTES ANIMALES Y VEGETALES

Noemi Amellalli Sánchez-Mendoza, Gloria Dávila-Ortiz, Cristian Jiménez-Martínez*

Escuela Nacional de Ciencias Biológicas del Instituto Politécnico Nacional. Ciudad de México, México.
amellallism@gmail.com, gdavilao@yahoo.com, crisjm_99@yahoo.com*

https://doi.org/10.3926/oms.352

Sánchez-Mendoza, N.A., Cruz-Castellanos, M., Dávila-Ortiz, G., & Jiménez-Martínez, C. (2016). Péptidos con actividad antioxidante provenientes de fuentes animales y vegetales. En M.E. Ramírez Ortiz (Ed.). *Alimentos Funcionales de Hoy*. Barcelona, España: OmniaScience. 117-142.

Resumen

El daño oxidativo se encuentra relacionado con el desarrollo de diversos padecimientos. Los compuestos antioxidantes naturales han demostrado jugar un papel importante en la prevención de algunos de ellos como el cáncer y enfermedades de tipo cardiovascular. Entre los antioxidantes naturales se encuentran los polifenoles, algunas vitaminas, el β-caroteno y los péptidos.

Los péptidos antioxidantes pueden obtenerse a partir de fuentes proteicas de origen animal o vegetal mediante diversos métodos, destacando el uso enzimas que emulan la digestión, así como de algunas enzimas comerciales.

Un aspecto importante de resaltar, es la posibilidad del uso de subproductos del procesamiento de alimentos que sirven de sustratos para la acción enzimática y microbiana.

De esta forma, los péptidos proporcionan mecanismos para reducir los radicales libres originados por el estrés oxidativo, protegiendo de la oxidación a las células del organismo cuando son ingeridos en la dieta.

Palabras clave

Péptidos bioactivos, capacidad antioxidante, proteínas vegetales, proteínas animales.

5.1. Introducción

Además del aporte de energía metabólica y aminoácidos esenciales, las proteínas pueden tener un efecto fisiológico o funcional al consumirse, por lo que la investigación de las propiedades biofuncionales tanto las proteínas de origen animal como de origen vegetal ha sido un área que ha tomado bastante fuerza actualmente.

Se afirma que una proteína o péptido posee funcionalidad biológica si se ha demostrado con éxito su efecto beneficioso sobre una o más funciones del cuerpo. Los péptidos pueden estar presentes como una secuencia independiente o en estado latente dentro de una proteína. Estas secuencias al ser liberadas por proteólisis, ya sea por la digestión enzimática, fermentación o autolisis, podrán ejercer efectos fisiológicos (García, Puchalska, Esteve & Marina, 2013; Jimsheena & Gowda, 2011; Korhonen & Pihlanto, 2006). Dentro de las actividades que se les han atribuido destacan: antioxidante, antihipertensiva, hipocolesterolémiante, citomoduladora, opioide, antitrombótica, inmunomoduladora, anticarcinogénico e incluso capacidad antiobesidad (Haque & Chand, 2008; Hartmann & Meisel, 2007; Ortiz-Martinez, Winkler & García-Lara, 2014; Rutherfurd-Markwick & Moughan, 2005).

En los últimos años se ha generado de manera extensiva, evidencia científica sobre los efectos biológicos de diversas proteínas y péptidos, bajo un esquema de producción basado en la liberación de las secuencias de péptidos por distintos procesos de hidrólisis y la posterior caracterización de los fragmentos con mayor actividad biológica. De esta forma han sido obtenidos péptidos a partir de variadas fuentes de proteína. Además, han sido probados diversos métodos para su obtención, tales como la emulación de la digestión gastrointestinal, proteólisis *in vitro*, fermentación microbiana y síntesis química, por mencionar algunos (García, et al., 2013; Korhonen & Pihlanto, 2006; Vercruysse, Van Camp, Dewettinck & Smagghe, 2009).

Sin embargo, a pesar del evidente potencial de los péptidos bioactivos, existen todavía limitaciones para su empleo relacionadas con su efectividad *in vivo*, aspectos tecnológicos, económicos y de regulación. En torno al elevado costo de producción, se han propuesto alternativas para las limitaciones económicas y tecnológicas. Una de ellas, es el uso de subproductos del procesamiento de alimentos que sirven de sustratos para la acción enzimática y microbiana, o el empleo de péptidos de producción natural como las bacteriocinas que no requieren manufactura sintética (Moughan, Rutherfurd, Montoya & Dave, 2014; Pihlanto-Leppälä, Koskinen, Piilola, Tupasela & Korhonen, 2000; Torruco-Uco et al., 2008). Por otro lado, existe poca evidencia científica en torno a la acción *in vivo* de los péptidos y la eficacia de los mismos para presentar un efecto fisiológico palpable. Como respuesta a esta limitante se ha propuesto el análisis de la relación estructura-función como un enfoque para el diseño de péptidos con bioactividad, capaces de satisfacer los criterios de actividad biológica y estabilidad *in vivo* conjuntamente (Agyei & Danquah, 2011; Gauthier, Pouliot & Saint-Sauveur, 2006). La información generada provee bases de datos que son la herramienta para la búsqueda y diseño de nuevos péptidos y proteínas con actividad biológica; permitiendo la identificación de estos, mediante la predicción de la relación estructura-función y la simulación de procesos proteolíticos; lográndose así la creación de estructuras optimizadas (Pripp, Sørensen, Stepaniak & Sørhaug, 2006; Saito et al., 2003).

El objetivo de este trabajo es presentar información sobre las características estructurales que han sido asociadas al efecto antioxidante presentado por ciertos péptidos, la evidencia de los efectos de éstos sobre la salud, así como la información generada sobre los posibles mecanismos de acción asociados. En conjunto, esta información permite sustentar el diseño de péptidos bioactivos enfocado en una visualización temprana del posible éxito *in vivo* que permita la toma de decisiones acertadas para la explotación adecuada de una fuente de proteína.

5.2. Efecto antioxidante y relación estructura-mecanismos de los péptidos bioactivos

Si bien, la oxidación es un proceso esencial en el organismo para la supervivencia celular, produce especies reactivas capaces de romper el equilibrio de enzimas del sistema antioxidante endógeno como la superóxido dismutasa, catalasa y peroxidasa, lo cual conduce a daño celular y a la muerte a través de la oxidación de lípidos de membrana, proteínas celulares, ADN, así como a la inactivación de enzimas. Este estrés oxidativo juega un papel importante en una serie de enfermedades llamadas crónico-degenerativas tales como la diabetes, el cáncer y la aterosclerosis (Davì, Falco & Patrono, 2005; Jacob,

Hooten, Trzeciak & Evans, 2013; Malins et al., 2001; Metcalfe & Alonso-Alvarez, 2010; Parthasarathy, Litvinov, Selvarajan & Garelnabi, 2008; Stocker & Keaney, 2004).

La hidrólisis enzimática de proteínas aisladas de variadas fuentes puede liberar secuencias de aminoácidos que actúen directamente sobre diversas especies reactivas (Gallegos-Tintoré et al., 2011; Sarmadi & Ismail, 2010), además se ha observado una asociación inversa entre la ingesta de antioxidantes y la incidencia de estos padecimientos (Arts & Hollman, 2005; Pandey & Rizvi, 2009; Scalbert, Manach, Morand, Rémésy & Jiménez, 2005), por lo que es cada vez mayor el interés en sustancias naturales con características antioxidantes, específicamente en las proteínas debido a su capacidad para inhibir la oxidación mediante la acción de distintos residuos de aminoácidos y secuencias de péptidos que participan de reacciones de oxidación en las que están involucradas diferentes especies oxidantes y ambientes moleculares (sistemas acuosos, lipídicos, emulsiones, condiciones de pH variado), convirtiéndose por ello en un componente importante de los sistemas alimentarios al representar un medio de defensa antioxidante en tejidos biológicos. El mecanismo detrás de la actividad antioxidante (AAO) presentada por péptidos no está completamente entendido aún, ya que el empleo de distintos ensayos para la evaluación de la AAO, así como las variaciones en los mismos, dificulta la comparación del potencial antioxidante y los mecanismos reportados para una secuencia (Saito, et al., 2003).

El potencial terapéutico de un péptido se atribuye a la presencia de grupos funcionales específicos en la secuencia; el mecanismo se relaciona con la composición, la posición en la secuencia del péptido, la estructura y la hidrofobicidad de cada grupo funcional. Los trabajos realizados hasta ahora, sugieren distintos mecanismos para las actividades fisiológicas exhibidas por los péptidos, sin embargo, pocos de ellos han sido confirmados (Korhonen & Pihlanto, 2006; Vercruysse, et al., 2009).

La mayor capacidad de los péptidos con respecto a proteínas de mayor tamaño para disminuir la reactividad de una especie se relaciona con una mayor exposición de los aminoácidos. En general los 20 aminoácidos presentes en las proteínas pueden interactuar con especies reactivas de oxígeno y nitrógeno, los más reactivos incluyen a los azufrados Metionina y Cisteína, la Histidina por su grupo imidazol y los aromáticos Triptófano, Tirosina y

Fenilalanina, además de los que contienen anillo imidazol como la histidina (Elias, Kellerby & Decker, 2008; Loganayaki, Siddhuraju & Manian, 2011; Zhang et al., 2010); sin embargo, se ha encontrado que en su forma libre, generalmente los aminoácidos no son efectivos como antioxidantes, de hecho existe evidencia de que una hidrólisis extensiva de las proteínas resulta en un decremento de la AAO (Kong & Xiong, 2006; Salgado, Fernández, Drago & Mauri, 2011), lo cual se atribuye a las propiedades químicas y físicas que les confiere tanto la secuencia de aminoácidos, como la estabilidad del radical peptídico que se genera para no iniciar o propagar reacciones oxidativas posteriores (Elias, et al., 2008). Sin embargo, un estudio realizado con leche materna demostró que el Trp liberado a partir de la digestión gastrointestinal de está, es capaz de actuar como un potente secuestrante de radicales (Tsopmo et al., 2009).

La importancia de la presencia de residuos de aminoácidos específicos en las secuencias con acción antioxidante exitosa puede observarse a partir de los datos reportados donde mecanismos como la quelación de iones metálicos y metales de transición, la captación de radicales prooxidantes, la reducción de hidroxiperoxidos y eliminación enzimática de oxidantes específicos entre otros han sido propuestos para las propiedades antioxidantes de los péptidos (Elias, et al., 2008; Østdal, Andersen & Davies, 1999; Rival, Boeriu & Wichers, 2001; Zhou & Decker, 1999). La mayoría de los péptidos antioxidantes obtenidos a partir de alimentos presentan pesos moleculares entre 500 y 1800 Da y con frecuencia incluyen residuos de aminoácidos como Val y Leu en el extremo N-terminal, y Pro, His, Tyr, Trp, Met, y Cys en sus secuencias (Cheng, Uchida & Kawakishi, 1992; Wu, Wang, Ma & Ren, 2009). Residuos hidrofóbicos de amino ácidos como Val o Leu son capaces de incrementar la presencia de péptidos en la interfase agua-lípido y por lo tanto facilitar el acceso a radicales libres que se generan en la fase lipídica (Ranathunga, Rajapakse & Kim, 2006). Por ejemplo, el péptido Leu-Leu-Pro-His-His, obtenido por la digestión proteolítica de la β-conglicinina de la soya presenta propiedades antioxidantes (Chen, Muramoto & Yamauchi, 1995). También se ha observado que mediante la adición de una leucina o prolina en el extremo N-terminal de un dipéptido His-His se mejora la AAO así como la interacción con moléculas antioxidantes (por ejemplo hidroxitolueno butilado) de péptidos sintéticos o derivados de alimentos (Kitts & Weiler, 2003; Sarmadi & Ismail, 2010).

Otros estudios han reportado que los péptidos antioxidantes mantienen a las células libres de daño debido a la presencia de especies reactivas de oxígeno (EROs) a través de la inducción de genes, lo que ha podido observarse con el dipéptido Met-Tir obtenido de músculo de sardina que previene el estrés oxidativo estimulando la expresión de la enzima hemo-oxigenasa-1 (HO-1) y ferritina en células endoteliales (Erdmann, 2006).

Chen, Muramoto, Yamauchi & Nokihara (1996), midieron las actividades antioxidantes de 28 péptidos sintéticos diseñados en base a la secuencia LLPHH derivada de la digestión proteolítica de proteína de soya. Los resultados indicaron que la remoción del residuo de His del extremo C-terminal disminuyó la AAO, mientras que la remoción de Leu del extremo N-terminal no tuvo efecto. Dentro de la secuencia peptídica, los residuos de His y Pro desempeñan una función importante para la AAO. La secuencia Pro-His-His, presentó la mayor actividad. Otros péptidos con la secuencia Pro-His-His presentaron el mejor sinergismo con antioxidantes solubles en lípidos tales como el tocoferol y el hidroxi butil anisol (BHA).

Saito et al. (2003), también estudiaron la AAO de péptidos sintetizados a partir de dos bibliotecas de tripéptidos. De acuerdo a sus resultados los péptidos que contenían el residuo His o Tir, y tripéptidos con dos residuos de Tir mostraron mayor actividad en el sistema de peroxidación del ácido linoleico que aquellos que contenían dos residuos de His. El péptido Tyr-His-Tyr mostró un fuerte efecto sinérgico con antioxidantes fenólicos.

En general los tripéptidos que contienen residuos de Trp o Tir en el extremo C-terminal han mostrado fuerte actividad captadora de radicales pero débil actividad frente al radical peroxinitrito; por otro lado, los tripéptidos que contienen Cis han demostrado actividad secuestrante de este radical (Saito, et al., 2003). Además, se ha demostrado que existe una relación directa entre la presencia de enlaces disulfuro en los péptidos y la AAO que muestran (Cian, Vioque & Drago, 2015).

La relación entre la presencia de ciertos aminoácidos y su respectiva actividad antioxidante se muestra en la Tabla 26.

Aminoácidos	Mecanismo de acción	Ejemplo	Referencia
Aminoácidos aromáticos (Tyr, His, Trp, Fen)	Estabilizan radicales mediante donación de electrones, manteniendo su propia estabilidad por resonancia de su estructura.	His en el extremo N-terminal es un efectivo quelante de iones metálicos. His en el extremo C-terminal es un efectivo secuestrador de varios radicales. Tripéptidos con Trp o Tir en el extremo C-terminal son fuertes secuestradores de radicales.	(Chen, Muramoto, Yamauchi, Fujimoto & Nokihara, 1998)
Aminoácidos hidrofóbicos	Incrementan la solubilidad de los péptidos en lípidos, facilitando el acceso a especies radicales hidrofóbicas y ácidos grasos poliinsaturados.	Pro, His o Tir dentro de las secuencias y Val o Leu en el extremo N-terminal en los péptidos con AAO. Alta reactividad de los grupos alifáticos de Ala, Val y Leu con ácidos grasos poliinsaturados. AAO relacionada con la presencia de aminoácidos terminales como Leu o Val y residuos de Gln y Pro en las secuencias de péptidos de gluten.	(Chen, et al., 1995; Qian, Jung & Kim, 2008; Suetsuna & Chen, 2002)
Aminoácidos básicos y ácidos	Los grupos carboxilo y amino de las cadenas laterales tienen función quelante de iones metálicos debido a su capacidad de disociarse y ser donadores de protones.	Residuos de Asp (aminoácido ácido) e His (aminoácido básico) en péptidos purificados de salsa de mejillón fermentada.	(Rajapakse, Mendis, Jung, Je & Kim, 2005)
Cisteína	Los grupos SH son captadores de radicales, protegen tejidos de estrés oxidativo y mejora actividad de la glutatión peroxidasa.	Tripéptidos con Cis son potentes secuestradores de radicales peroxinitrito. Actividad antioxidante del grupo SH de las proteínas de hojas de curry.	(Ningappa & Srinivas, 2008; Saito, et al., 2003)

Tabla 26. Relación entre actividad antioxidante, presencia y ubicación de aminoácidos en péptidos bioactivos.

5.3. Evaluación de la actividad antioxidante

Los métodos de determinación de la AAO están basados en distintos sistemas generadores de radicales libres. Los radicales reaccionan con la muestra y de acuerdo a la capacidad antioxidante de ésta, se inhibiría la generación de los primeros. También existen ensayos que cuantifican los productos formados tras el proceso oxidativo.

Los distintos métodos difieren en el agente oxidante, el sustrato empleado, la medida del punto final, la técnica instrumental utilizada y en las posibles interacciones de la muestra con el medio de reacción. Además, los objetivos de los diferentes métodos son diversos, encontrándose entre ellos la medida de la resistencia de un alimento a la oxidación, la evaluación cuantitativa del aporte en sustancias antioxidantes o la evaluación de la AAO en plasma una vez ingerido el alimento (Dave, 2009; Pérez-Jiménez et al., 2008).

Debido a la complejidad de los procesos de oxidación, no existe un método que refleje de forma completa el perfil antioxidante de una muestra, por lo que lo más acertado es la comparación de diferentes métodos para facilitar la interpretación de resultados. Los ensayos para la determinación de capacidad antioxidante deben ser sencillos, con un mecanismo químico definido, reproducibles, adaptables a sustancias antioxidantes hidrofílicas y lipofílicas y con elevado rendimiento de análisis (Sánchez-Moreno, 2002). Por otro lado, debe considerarse que, como consecuencia de las transformaciones metabólicas que sufren los compuestos antioxidantes en el organismo, la AAO in vitro puede diferir del efecto antioxidante in vivo. Por ejemplo, se ha demostrado que ciertos compuestos fenólicos poliméricos que presentan baja AAO in vitro contribuyen a la capacidad antioxidante del plasma después de su transformación metabólica en compuestos más simples (Ghiselli et al., 2000).

Si bien, los resultados que ofrecen los métodos in vitro son limitados nutricionalmente hablando al no reproducir la situación fisiológica, resultan útiles para la comparación de la AAO entre diversas muestras. Para alcanzar una mayor aproximación algunos ensayos se han incluido radicales que son relevantes en los sistemas biológicos (O_2, H_2O_2, ROO, OH) (Antolovich, Prenzler, Patsalides, McDonald & Robards, 2002).

Las medidas in vivo pueden reflejar las posibles interacciones entre los distintos componentes de la dieta. Sin embargo, existen numerosos aspectos aún desconocidos, tales como el modo de acción de los radicales dentro de los compartimentos celulares y si los compuestos antioxidantes se transportan al interior de los mismos. Por ello es importante tener en consideración aspectos como el grado de absorción de los compuestos, los productos del metabolismo que generan y la actividad de los mismos (Antolovich, et al., 2002).

5.3.1. Evidencias del efecto antioxidante de péptidos en ensayos in vitro

Son diversas las fuentes a partir de las cuales se han obtenido aislados proteicos que posteriormente son procesados para obtener péptidos bioactivos.

Tang et al. (2009), reportaron la capacidad secuestrante de radicales libres de hidrolizado de zeína obtenido con alcalasa, la cual fue dependiente de la especie radical y estuvo además relacionada al peso molecular y la hidrofobicidad de los constituyentes del péptido. Las distintas fracciones del hidrolizado de zeína obtenidas por ultrafiltración se analizaron para determinar la capacidad de captación de radicales. La capacidad secuestrante del radical ABTS no fue dependiente del peso molecular del péptido, en cambio, la capacidad para captar los radicales DPPH y $O_2^{\cdot -}$ si lo fue. Las fracciones con mayor hidrofobicidad mostraron mayor capacidad secuestrante de los radicales DPPH y $O_2^{\cdot -}$, mientras que aquellos con hidrofobicidad intermedia mostraron la máxima actividad secuestrante de radical ABTS.

En el estudio hecho a partir de albúminas de semilla de *Ginkgo biloba* se aisló una proteína antioxidante con un PM de 29.25 kDa (denominada G4b), la cual presentó la mayor capacidad secuestrante de radicales libres comparada con las otras fracciones obtenidas. Estaba formada de dos péptidos con pesos moleculares similares unidos por un enlace disulfuro y no contenía ácido nucleico ni polifenoles; por lo que se demostró que la presencia de aminoácidos aromáticos y azufrados contribuyó a la capacidad antioxidante que exhibió la proteína frente a radicales hidroxilo y DPPH (Huang et al., 2010).

Al investigarse péptidos obtenidos de plasma bovino, los resultados sugieren que su capacidad antioxidante depende de su peso molecular. Los péptidos con peso molecular menor a 3 kDa exhibieron actividad FRAP y de captación de radicales ABTS. La AAO incrementó junto con el grado de hidrólisis (Gómez, Figueroa & Zapata, 2013), lo cual puede atribuirse a la exposición de los residuos de aminoácidos capaces de reaccionar con oxidantes, promovida por los cambios estructurales en las proteínas como consecuencia de la hidrólisis (Kong & Xiong, 2006), este mismo comportamiento ha sido reportado en investigaciones realizadas con plasma de porcino (Q. Liu, Kong, Jiang, Cui & Liu, 2009).

Para aprovechar las proteínas provenientes de la pasta residual de almendra de palma, se obtuvieron hidrolizados empleando siete diferentes proteasas: alcalasa, quimotripsina, papaína, tripsina, flavourzima, y bromelaína. La AAO se evaluó mediante el ensayo de captación de radical DPPH, siendo el hidrolizado generado a partir de papaína el que mostró la actividad más elevada, la cual estuvo relacionada con la presencia de más residuos de aminoácidos aromáticos e hidrofóbicos, revelando la importancia de este tipo de residuos de aminoácidos en las secuencias peptídicas para que presentaran dicha actividad (Zarei et al., 2014). Por otro lado, este trabajo permitió observar la importancia de la posición de los aminoácidos en la cadena peptídica con respecto a la AAO: se aislaron 2 péptidos cuya secuencia fue AWFS y WAFS, el cambio en la posición de los residuos de aminoácidos tuvo un efecto significativo en la AAO (71% contra 47.3% respectivamente). Además, comparativamente con otro péptido que también fue aislado cuya secuencia fue WAF contra el de secuencia WAFS, la AAO que se presento fue de 47.3% contra 55.7% respectivamente, es decir el residuo de serina en el extremo Carbono terminal tuvo un efecto significativo en la AAO cuando se realizó el ensayo de captación de radical DPPH. Los péptidos obtenidos mostraron una correlación positiva con el contenido de residuos hidrofóbicos, punto isoeléctrico y carga neta a pH 7 y una correlación negativa con el peso molecular (Zarei et al., 2014).

5.3.2. Evidencias del efecto antioxidante de péptidos en modelos celulares y animales

Los estudios para el establecimiento del potencial antioxidante de hidrolizados, aislados y péptidos en cultivos celulares, modelos animales o pruebas clínicas en humanos son escasos en comparación con los ensayos *in vitro*; sin embargo, los resultados que han sido obtenidos de estos estudios muestran que los péptidos antioxidantes pueden tener impacto en la reducción del estrés oxidativo y con esto disminuir el riesgo de padecer algunas enfermedades degenerativas asociadas a esta condición (Mulero Cánovas, Zafrilla Rentero, Martínez-Cachá Martínez, Leal Hernández & Abellán Alemán, 2011).

Rajapakse et al. (Rajapakse, et al., 2005) reportaron el péptido HFGDPFH derivado de la salsa fermentada de mejillón, el cual posee actividad secuestrante de radicales libres y tuvo la capacidad de incrementar la viabilidad en un 76% de un cultivo de fibroblastos humanos de pulmón cultivados en condiciones de oxidación. El efecto se presentó en dosis mayores a 75 µg/ml; sin embargo, no se encontró mayor protección en la supervivencia de las células cuando la concentración del péptido se incrementó.

Fitzgerald et al. (2005), estudiaron la AAO de un producto comercial llamado Seacure obtenido por fermentación controlada de merluza del pacífico con levadura. Los modelos empleados fueron células epiteliales de colón humano y de rata cultivadas en condiciones de oxidación. Se demostró que debido a la acción de di y tripéptidos que eran solubles en etanol con presencia de residuos de glutamina, promovía un incremento significativo en la proliferación del cultivo celular. Por otro lado, la prueba piloto con humanos a los que se les administró Seacure mostró que este alimento fue capaz de reducir el nivel de daño en el intestino delgado causado por indometacina. La presencia del residuo de glutamina presente en el péptido FPH podría contribuir a la AAO vía estimulación de la producción de glutatión (Marchbank, Limdi, Mahmood, Elia & Playford, 2008).

Además de fuentes animales y vegetales, se ha reportado también la obtención de péptidos bioactivos a partir de hongos. Sun, He & Xie (2004), obtuvieron péptidos aislados del hongo medicinal *Ganoderma lucidum*, los cuales presentaron AAO en sistemas de peroxidación a nivel membrana; además bloquearon la auto-hemolisis de glóbulos rojos de ratas de manera dosis-dependiente. En un estudio de intervención en humanos la ingestión de un suplemento de *G. lucidum* causó un incremento en la AAO en plasma de sujetos saludables. A pesar de estas evidencias no se encontró ningún cambio significativo en biomarcadores del estado antioxidante (Wachtel-Galor, Choi & Benzie, 2005; Wachtel-galor, Szeto, Tomlinson & Benzie, 2004).

Una recopilación de péptidos antioxidantes de diversas fuentes, así como algunas de sus principales características se presentan en el Tabla 27.

Fuente	Características	Obtención e identificación	Actividad	Referencia
		Origen animal		
Músculo de bacalao	Fracciones PM <1 kDa	Pepsina y tripsina/ quimotripsina HPLC fase reversa	Captación de radicales de oxígeno y DPPH. Actividad secuestradora de superóxido e hidroxilo. Actividad quelante de Fe. Inhibición de la oxidación de ácido linoleico dosis dependiente.	(Girgih et al., 2015)
Pelo bovino	Cis-Glu-Arg-Pro-Thr-Cis-Cis-Glu-His-Ser 1325.4 Da	Alcalasa Cromatografía de filtración en gel Cromatografía de exclusión por tamaño de alta resolución	Actividad secuestradora de radicales ABTS e hidroxilo. Inhibición de la hemólisis de eritrocitos y de la peroxidación lipídica. Protección de ADN y células PC12 contra daño oxidativo inducido por peróxido de hidrógeno.	(Zeng, Zhang, He & Shi, 2015)
Calamar	Trp-Cis-Thr-Ser-Val-Ser 682.5 Da	α-quimotripsina Cromatografía de intercambio iónico Cromatografía de filtración en gel	Actividad secuestradora de radicales libres (DPPH, hidroxilo, superóxido). Quelación de metales (Fe). Evita el daño del ADN. Inhibe peroxidación de lípidos (ácido linoleico).	(Sudhakar & Nazeer, 2015)

Continúa

(Cont.)

Fuente	Características	Obtención e identificación	Actividad	Referencia
		Origen animal		
Carpa herbívora (piel)	Pro-Tyr-Ser-Phe-Lys (640.74 Da) Gly-Phe-Gly-Pro-Glu-Leu (618.89 Da) Val-Gly-Gly-Arg-Pro (484.56 Da)	Alcalasa Cromatografía de filtración en gel HPLC fase reversa	Actividad secuestradora de radicales DPPH, ABTS e hidroxilo. Inhibición de la peroxidación de ácido linoleico. AAO relacionada con el menor tamaño y la presencia de aminoácidos hidrofóbicos.	(Cai et al., 2015)
Huevo de gallina (clara)	Ala-Glu-Glu-Arg-Tyr-Pro Asp-Glu-Asp-Thr-Gln-Ala-Met-Pro	Proteasa P «Amano» 6 (de *Aspergillus melleus*) Ultrafiltración Cromatografía de intercambio iónico HPLC fase reversa	Capacidad de absorción de radicales oxígeno y ABTS.	(Nimalaratne, Bandara & Wu, 2015)
Huevo de pato (clara)	202.1 294.1 382.1 426.3 514.4 Da	Hidrólisis secuencial (alcalasa e hidrolasa específica para proteína de huevo (SEEP)) Cromatografía de intercambio iónico Cromatografía de filtración en gel	Capacidad de absorción de radicales oxígeno e hidroxilo.	(Ren, Wu, Li, Lai & Xiao, 2014)

Clara de huevo en polvo	Asp–His–Thr–Lis–Glu 628.64 Da Phe–Phe–Glu–Phe–His 630.71 Da Met–Pro–Asp–Ala–His–Leu 684.1 Da	Alcalasa Ultrafiltración Cromatografía de filtración en gel	628.64 Da, mejor capacidad de absorción de radicales oxígeno. 630.71 Da y 684.1 Da. Actividad secuestradora de radicales DPPH. Péptidos ácidos, hidrofóbicos y con bajo peso molecular presentaron mayor AAO.	(J. Liu, Jin, Lin, Jones & Chen, 2015)
Leche de cabra	Suero: 883.47-1697.82 Da Caseína: 794.44-1956.95 Da Presencia de residuos de Pro e His	Pepsina Cromatografía líquida HPLC fase reversa	Actividad secuestradora de radicales DPPH y superóxido.	(Ahmed, El-Bassiony, Elmalt & Ibrahim, 2015)
Queso mozzarella de búfala Campana	1326.5 Da Cis-Lis-Tir-Val-Cis-Thr-Cis-Lis-Met-Ser	Digestión gastrointestinal *in vitro* Cromatografía de filtración en gel HPLC	Protección intestinal contra el estrés oxidativo inducido (células CaCo2).	(Tenore et al., 2015)
Plasma bovino		Alcalasa Ultrafiltración Cromatografía de intercambio iónico HPLC fase reversa	Capacidad de captación de radicales libres. Alto poder de reducción.	(Gómez, et al., 2013)

Continúa

(Cont.)

Fuente	Características	Obtención e identificación	Actividad	Referencia
		Origen Vegetal		
Frijol terciopelo *(Mucuna pruriens)*	<1 kDa, 1-3 kDa	Hidrólisis secuencial Alcalasa-Flavourzima/ Pepsina-Pancreatina Ultrafiltración	Actividad secuestradora de radical DPPH. Poder reductor de hierro.	(Herrera Chalé, Ruiz Ruiz, Acevedo Fernández, Betancur Ancona & Segura Campos, 2014)
Semilla de cacahuate	Thr-Pro-Ala (286 kDa) Ile/Leu-Pro-Ser (315 kDa) Ser-Pro (202 kDa)	Alcalasa Ultrafiltración Cromatografía de filtración en gel HPLC preparativo	Péptidos con PM < 3kDa mostraron mayor poder reductor que los de PM > 3kDa.	(Ji, Sun, Zhao, Xiong & Sun, 2014)
Semillas de *Juglans sigillata*	Péptidos de 2 a 4 residuos de aa, ricos en Tir, Cis	Pancreatina Cromatografía de filtración en gel HPLC fase reversa	Actividad secuestradora de radicales DPPH, ABTS, oxígeno. Quelación de hierro. Actividad protectora en células PC12 contra citotoxicidad inducida por H2O2.	(Gu et al., 2015)

Almendra de palma	<3 kDa Val-Val-Gly-Gly-Asp-Gly-Asp-Val Val-Pro-Val-Thr-Ser-Thr Leu-Thr-Thr-Leu-Asp-Ser-Glu	Pepsina, pancreatina Ultrafiltración HPLC fase reversa	Actividad secuestradora de radicales ABTS. Poder de reducción de hierro.	(Chang, Ismail, Yanagita, Mohd Esa & Baharuldin, 2015)
Residuo de extracción del aceite de palma	AWFS 509.56 Da WAF 422.48 Da LPWRPATNVF 1200.41 Da	Papaína HPLC fase reversa Fraccionamiento basado en punto isoeléctrico	Actividad secuestradora de radical DPPH. Quelación de hierro.	(Zarei, et al., 2014)
Batata	Tyr-Tyr-Ile-Val-Ser 643.2 Da Thr-Tyr-Gln-Thr-Phe 659.4 Da Ser-Gly-Gln-Tyr-Phe-Leu 713.2 Da Tyr-Tyr-Asp-Pro-Leu 669.3 Da	Alcalasa Ultrafiltración HPLC fase reversa	Actividad secuestradora de radicales hidroxilo.	(M. Zhang, Mu & Sun, 2014)

Tabla 27. Fracciones peptídicas con actividad antioxidante obtenidas de fuentes vegetales y animales.

5.4. Perspectivas

Los diversos estudios realizados sobre la capacidad antioxidante de péptidos obtenidos de fuentes animales y vegetales proporcionan resultados promisorios en cuanto a impacto en la reducción del estrés oxidativo, así como el riesgo de diversas enfermedades degenerativas como el cáncer, enfermedades cardiovasculares, enfermedades inflamatorias, etc. asociados con estrés oxidativo. Pese a esto, son pocos los productos comerciales disponibles hasta la fecha, lo que puede atribuirse a una variedad de razones, incluyendo falta de ensayos clínicos que confirmen la bioactividad, eficacia y seguridad, el elevado costo de producción, problemas en la fabricación de un producto reproducible, amargura, color, u otros problemas sensoriales (Samaranayaka & Li-Chan, 2011).

Además de los daños a sistemas biológicos, el daño oxidativo es también importante en los sistemas alimentarios. Para evitar los efectos negativos a las propiedades sensoriales de los alimentos se emplean antioxidantes, principalmente sintéticos, tales como el Butilhidroxitolueno (BHT) y Butilhidroxianisol (BHA); sin embargo, actualmente se ha incrementado la búsqueda de antioxidantes de fuentes naturales, destacando compuestos fenólicos, como tocoferol o vitamina E, carotenoides y catequinas, los cuales presentan algunas desventajas; como capacidad antioxidante e insolubilidad en agua (Gallegos Tintoré, Chel Guerrero & Martínez Ayala, 2013). En este sentido, los hidrolizados proteicos y fracciones peptídicas pueden emplearse como ingredientes funcionales en sistemas alimentarios, pues se ha demostrado su capacidad para prevenir la modificación oxidativa (Wang & Xiong, 2008).

Un uso poco convencional de los péptidos antioxidantes es en formulaciones cosméticas en la prevención del envejecimiento y como protección frente al daño en la piel ocasionado por las radiaciones UV (Samaranayaka & Li-Chan, 2011).

5.5. Conclusión

Generalmente, los péptidos con actividad antioxidante poseen en común algunas características como cadena corta, presencia de aminoácidos hidrofóbicos en su estructura y la resistencia a la proteólisis. Si bien, los péptidos bioactivos representan una buena opción con excelente perspectiva para su empleo como coadyuvantes en la promoción de la salud, como ingredientes en la industria alimentaria, aspectos como la eficacia *in vivo* de los mismos, requieren todavía de investigación más profunda a fin de que estos puedan ser óptimamente explotados.

Agradecimientos

Los autores agradecen al Consejo Nacional de Ciencia y Tecnología (CONACYT) y el Programa Institucional de Formación de Investigadores (PIFI) para el apoyo financiero a través de becas para estudios de doctorado.

Referencias

Agyei, D., & Danquah, M.K. (2011). Industrial-scale manufacturing of pharmaceutical-grade bioactive peptides. *Biotechnology Advances,* 29(3), 272-277. https://doi.org/10.1016/j.biotechadv.2011.01.001

Ahmed, A.S., El-Bassiony, T., Elmalt, L.M., & Ibrahim, H.R. (2015). Identification of potent antioxidant bioactive peptides from goat milk proteins. *Food Research International,* 74, 80-88. https://doi.org/10.1016/j.foodres.2015.04.032

Antolovich, M., Prenzler, P.D., Patsalides, E., McDonald, S., & Robards, K. (2002). Methods for testing antioxidant activity. *Analyst,* 127(1), 183-198. https://doi.org/10.1039/b009171p

Arts, I.C., & Hollman, P.C. (2005). Polyphenols and disease risk in epidemiologic studies. *The American journal of clinical nutrition,* 81(1), 317S-325S.

Cai, L., Wu, X., Zhang, Y., Li, X., Ma, S., & Li, J. (2015). Purification and characterization of three antioxidant peptides from protein hydrolysate of grass carp *(Ctenopharyngodon idella)* skin. *Journal of functional foods,* 16, 234-242. https://doi.org/10.1016/j.jff.2015.04.042

Cian, R.E., Vioque, J., & Drago, S.R. (2015). Structure–mechanism relationship of antioxidant and ACE I inhibitory peptides from wheat gluten hydrolysate fractionated by pH. *Food Research International,* 69, 216-223. https://doi.org/10.1016/j.foodres.2014.12.036

Chang, S.K., Ismail, A., Yanagita, T., Mohd Esa, N., & Baharuldin, M.T.H. (2015). Antioxidant peptides purified and identified from the oil palm (Elaeis guineensis Jacq.) kernel protein hydrolysate. *Journal of functional foods,* 14, 63-75. https://doi.org/10.1016/j.jff.2015.01.011

Chen, H.-M., Muramoto, K., & Yamauchi, F. (1995). Structural analysis of antioxidative peptides from Soybean. beta.-Conglycinin. *Journal of Agricultural and Food Chemistry,* 43(3), 574-578. https://doi.org/10.1021/jf00051a004

Chen, H.-M., Muramoto, K., Yamauchi, F., Fujimoto, K., & Nokihara, K. (1998). Antioxidative Properties of Histidine-Containing Peptides Designed from Peptide Fragments Found in the Digests of a Soybean Protein. *Journal of Agricultural and Food Chemistry,* 46(1), 49-53. https://doi.org/10.1021/jf970649w

Chen, H.-M., Muramoto, K., Yamauchi, F., & Nokihara, K. (1996). Antioxidant activity of designed peptides based on the antioxidative peptide isolated from digests of a soybean protein. *Journal of Agricultural and Food Chemistry,* 44(9), 2619-2623. https://doi.org/10.1021/jf950833m

Cheng, R.Z., Uchida, K., & Kawakishi, S. (1992). Selective oxidation of histidine residues in proteins or peptides through the copper(II)-catalysed autoxidation of glucosone. *Biochemical Journal,* 285(2), 667-671. https://doi.org/10.1042/bj2850667

Dave, R. (2009). In vitro models for antioxidant activity evaluation and some medicinal plants possessing antioxidant properties: An overview. *African Journal of Microbiology Research,* 3(13), 981-996.

Davì, G., Falco, A., & Patrono, C. (2005). Lipid peroxidation in diabetes mellitus. *Antioxidants & redox signaling,* 7(1-2), 256-268. https://doi.org/10.1089/ars.2005.7.256

Elias, R.J., Kellerby, S.S., & Decker, E.A. (2008). Antioxidant Activity of Proteins and Peptides. *Critical reviews in food science and nutrition,* 48(5), 430-441. https://doi.org/10.1080/10408390701425615

Erdmann K,G.N., Schipporeit K, & Schröder H. (2006). The ACE inhibitory dipeptide Met-Tyr diminishes free radical formation in human endothelial cells via induction of heme oxygenase-1 and ferritin. *Journal of Nutrition,* 136(8), 2148-2152.

Fitzgerald, A.J., Rai, P.S., Marchbank, T., Taylor, G.W., Ghosh, S., Ritz, B.W. et al. (2005). Reparative properties of a commercial fish protein hydrolysate preparation. *Gut,* 54(6), 775-781. https://doi.org/10.1136/gut.2004.060608

Gallegos-Tintoré, S., Torres-Fuentes, C., Martínez-Ayala, A. L., Solorza-Feria, J., Alaiz, M., Girón-Calle, J. et al. (2011). Antioxidant and chelating activity of Jatropha curcas L. protein hydrolysates. *Journal of the Science of Food and Agriculture,* 91(9), 1618-1624. https://doi.org/10.1002/jsfa.4357

Gallegos-Tintoré, S.M., Chel-Guerrero, L., & Martínez-Ayala, A.L. (2013). Péptidos con actividad antioxidante de proteínas vegetales. En M. Segura Campos, L. Chel Guerrero & D. Betancur Ancona (Eds.), *Bioactividad de péptidos derivados de proteínas alimentarias* (pp. 111-122). Barcelona: OmniaScience. https://doi.org/10.3926/oms.94

García, M.C., Puchalska, P., Esteve, C., & Marina, M.L. (2013). Vegetable foods: A cheap source of proteins and peptides with antihypertensive, antioxidant, and other less occurrence bioactivities. *Talanta,* 106, 328-349. https://doi.org/10.1016/j.talanta.2012.12.041

Gauthier, S.F., Pouliot, Y., & Saint-Sauveur, D. (2006). Immunomodulatory peptides obtained by the enzymatic hydrolysis of whey proteins. *International Dairy Journal,* 16(11), 1315-1323. https://doi.org/10.1016/j.idairyj.2006.06.014

Ghiselli, A., Natella, F., Guidi, A., Montanari, L., Fantozzi, P., & Scaccini, C. (2000). Beer increases plasma antioxidant capacity in humans. *The Journal of Nutritional Biochemistry,* 11(2), 76-80. https://doi.org/10.1016/S0955-2863(99)00077-7

Girgih, A.T., He, R., Hasan, F.M., Udenigwe, C.C., Gill, T.A., & Aluko, R.E. (2015). Evaluation of the in vitro antioxidant properties of a cod *(Gadus morhua)* protein hydrolysate and peptide fractions. *Food Chemistry,* 173, 652-659. https://doi.org/10.1016/j.foodchem.2014.10.079

Gómez, L.J., Figueroa, O.A., & Zapata, J.E. (2013). Actividad antioxidante de hidrolizados enzimáticos de plasma bovino obtenidos por efecto de Alcalasa® 2.4 L. *Información tecnológica,* 24(1), 33-42. https://doi.org/10.4067/S0718-07642013000100005

Gu, M., Chen, H.-P., Zhao, M.-M., Wang, X., Yang, B., Ren, J.-Y. et al. (2015). Identification of antioxidant peptides released from defatted walnut (Juglans Sigillata Dode) meal proteins with pancreatin. *LWT – Food Science and Technology,* 60(1), 213-220. https://doi.org/10.1016/j.lwt.2014.07.052

Haque, E., & Chand, R. (2008). Antihypertensive and antimicrobial bioactive peptides from milk proteins. [journal article]. *European Food Research and Technology,* 227(1), 7-15. https://doi.org/10.1007/s00217-007-0689-6

Hartmann, R., & Meisel, H. (2007). Food-derived peptides with biological activity: from research to food applications. *Current Opinion in Biotechnology,* 18(2), 163-169. https://doi.org/10.1016/j.copbio.2007.01.013

Herrera-Chalé, F.G., Ruiz-Ruiz, J.C., Acevedo-Fernández, J.J., Betancur-Ancona, D.A., & Segura-Campos, M.R. (2014). ACE inhibitory, hypotensive and antioxidant peptide fractions from Mucuna pruriens proteins. *Process Biochemistry,* 49(10), 1691-1698. https://doi.org/10.1016/j.procbio.2014.06.021

Huang, W., Deng, Q., Xie, B., Shi, J., Huang, F., Tian, B. et al. (2010). Purification and characterization of an antioxidant protein from Ginkgo biloba seeds. *Food Research International,* 43(1), 86-94. https://doi.org/10.1016/j.foodres.2009.08.015

Jacob, K.D., Hooten, N.N., Trzeciak, A.R., & Evans, M.K. (2013). Markers of oxidant stress that are clinically relevant in aging and age-related disease. *Mechanisms of ageing and development,* 134(3), 139-157. https://doi.org/10.1016/j.mad.2013.02.008

Ji, N., Sun, C., Zhao, Y., Xiong, L., & Sun, Q. (2014). Purification and identification of antioxidant peptides from peanut protein isolate hydrolysates using UHR-Q-TOF mass spectrometer. *Food Chemistry,* 161, 148-154. https://doi.org/10.1016/j.foodchem.2014.04.010

Jimsheena, V.K., & Gowda, L.R. (2011). Angiotensin I-converting enzyme (ACE) inhibitory peptides derived from arachin by simulated gastric digestion. *Food Chemistry,* 125(2), 561-569. https://doi.org/10.1016/j.foodchem.2010.09.048

Kitts, D.D., & Weiler, K. (2003). Bioactive proteins and peptides from food sources. Applications of bioprocesses used in isolation and recovery. *Curr Pharm Des,* 9(16), 1309-1323. https://doi.org/10.2174/1381612033454883

Kong, B., & Xiong, Y. L. (2006). Antioxidant activity of zein hydrolysates in a liposome system and the possible mode of action. *Journal of Agricultural and Food Chemistry,* 54(16), 6059-6068. https://doi.org/10.1021/jf060632q

Korhonen, H., & Pihlanto, A. (2006). Bioactive peptides: Production and functionality. *International Dairy Journal,* 16(9), 945-960. https://doi.org/10.1016/j.idairyj.2005.10.012

Liu, J., Jin, Y., Lin, S., Jones, G.S., & Chen, F. (2015). Purification and identification of novel antioxidant peptides from egg white protein and their antioxidant activities. *Food Chemistry,* 175, 258-266. https://doi.org/10.1016/j.foodchem.2014.11.142

Liu, Q., Kong, B., Jiang, L., Cui, X., & Liu, J. (2009). Free radical scavenging activity of porcine plasma protein hydrolysates determined by electron spin resonance spectrometer. *LWT – Food Science and Technology,* 42(5), 956-962. https://doi.org/10.1016/j.lwt.2008.12.007

Loganayaki, N., Siddhuraju, P., & Manian, S. (2011). A comparative study on in vitro antioxidant activity of the legumes Acacia auriculiformis and Acacia ferruginea with a conventional legume Cajanus cajan. Estudio comparativo de la actividad antioxidante in vitro de las legumbres Acacia auriculiformis y Acacia ferruginea con la legumbre convencional Cajanus cajan. *CYTA-Journal of Food,* 9(1), 8-16. https://doi.org/10.1080/19476330903484216

Malins, D.C., Johnson, P.M., Wheeler, T.M., Barker, E.A., Polissar, N.L., & Vinson, M.A. (2001). Age-related radical-induced DNA damage is linked to prostate cancer. *Cancer research,* 61(16), 6025-6028.

Marchbank, T., Limdi, J., Mahmood, A., Elia, G., & Playford, R. (2008). Clinical trial: protective effect of a commercial fish protein hydrolysate against indomethacin (NSAID)-induced small intestinal injury. *Alimentary pharmacology & therapeutics,* 28(6), 799-804. https://doi.org/10.1111/j.1365-2036.2008.03783.x

Metcalfe, N.B., & Alonso-Alvarez, C. (2010). Oxidative stress as a life-history constraint: the role of reactive oxygen species in shaping phenotypes from conception to death. *Functional Ecology,* 24(5), 984-996. https://doi.org/10.1111/j.1365-2435.2010.01750.x

Moughan, P.J., Rutherfurd, S.M., Montoya, C.A., & Dave, L.A. (2014). Food-derived bioactive peptides–a new paradigm. [Review]. *Nutr Res Rev,* 27(1), 16-20. https://doi.org/10.1017/S0954422413000206

Mulero-Cánovas, J., Zafrilla-Rentero, P., Martínez-Cachá-Martínez, A., Leal-Hernández, M., & Abellán-Alemán, J. (2011). Péptidos bioactivos. *Clínica e Investigación en Arteriosclerosis,* 23(5), 219-227. https://doi.org/10.1016/j.arteri.2011.04.004

Nimalaratne, C., Bandara, N., & Wu, J. (2015). Purification and characterization of antioxidant peptides from enzymatically hydrolyzed chicken egg white. *Food Chemistry,* 188, 467-472. https://doi.org/10.1016/j.foodchem.2015.05.014

Ningappa, M.B., & Srinivas, L. (2008). Purification and characterization of ~35 kDa antioxidant protein from curry leaves (Murraya koenigii L.). *Toxicology in Vitro,* 22(3), 699-709. https://doi.org/10.1016/j.tiv.2007.11.009

Ortiz-Martinez, M., Winkler, R., & García-Lara, S. (2014). Preventive and therapeutic potential of peptides from cereals against cancer. *Journal of proteomics,* 111, 165-183. https://doi.org/10.1016/j.jprot.2014.03.044

Østdal, H., Andersen, H.J., & Davies, M.J. (1999). Formation of long-lived radicals on proteins by radical transfer from heme enzymes – a common process? *Archives of biochemistry and biophysics,* 362(1), 105-112. https://doi.org/10.1006/abbi.1998.0988

Pandey, K.B., & Rizvi, S.I. (2009). Plant polyphenols as dietary antioxidants in human health and disease. *Oxidative medicine and cellular longevity,* 2(5), 270-278. https://doi.org/10.4161/oxim.2.5.9498

Parthasarathy, S., Litvinov, D., Selvarajan, K., & Garelnabi, M. (2008). Lipid peroxidation and decomposition – Conflicting roles in plaque vulnerability and stability. *Biochimica et Biophysica Acta (BBA) – Molecular and Cell Biology of Lipids,* 1781(5), 221-231. https://doi.org/10.1016/j.bbalip.2008.03.002

Pérez-Jiménez, J., Arranz, S., Tabernero, M., Díaz-Rubio, M.E., Serrano, J., Goñi, I. et al. (2008). Updated methodology to determine antioxidant capacity in plant foods, oils and beverages: Extraction, measurement and expression of results. *Food Research International,* 41(3), 274-285. https://doi.org/10.1016/j.foodres.2007.12.004

Pihlanto-Leppälä, A., Koskinen, P., Piilola, K., Tupasela, T., & Korhonen, H. (2000). Angiotensin I-converting enzyme inhibitory properties of whey protein digests: concentration and characterization of active peptides. *Journal of Dairy Research,* 67(01), 53-64. https://doi.org/10.1017/S0022029999003982

Pripp, A.H., Sørensen, R., Stepaniak, L., & Sørhaug, T. (2006). Relationship between proteolysis and angiotensin-I-converting enzyme inhibition in different cheeses. *LWT – Food Science and Technology,* 39(6), 677-683. https://doi.org/10.1016/j.lwt.2005.03.018

Qian, Z.-J., Jung, W.-K., & Kim, S.-K. (2008). Free radical scavenging activity of a novel antioxidative peptide purified from hydrolysate of bullfrog skin, Rana catesbeiana Shaw. *Bioresource Technology,* 99(6), 1690-1698. https://doi.org/10.1016/j.biortech.2007.04.005

Rajapakse, N., Mendis, E., Jung, W.-K., Je, J.-Y., & Kim, S.-K. (2005). Purification of a radical scavenging peptide from fermented mussel sauce and its antioxidant properties. *Food Research International,* 38(2), 175-182. https://doi.org/10.1016/j.foodres.2004.10.002

Ranathunga, S., Rajapakse, N., & Kim, S.-K. (2006). Purification and characterization of antioxidative peptide derived from muscle of conger eel (Conger myriaster). [journal article]. *European Food Research and Technology,* 222(3), 310-315. https://doi.org/10.1007/s00217-005-0079-x

Ren, Y., Wu, H., Li, X., Lai, F., & Xiao, X. (2014). Purification and characterization of high antioxidant peptides from duck egg white protein hydrolysates. *Biochemical and Biophysical Research Communications,* 452(4), 888-894. https://doi.org/10.1016/j.bbrc.2014.08.116

Rival, S.G., Boeriu, C.G., & Wichers, H.J. (2001). Caseins and casein hydrolysates. 2. Antioxidative properties and relevance to lipoxygenase inhibition. *Journal of Agricultural and Food Chemistry,* 49(1), 295-302. https://doi.org/10.1021/jf0003911

Rutherfurd-Markwick, K.J., & Moughan, P.J. (2005). Bioactive peptides derived from food. *Journal of AOAC International,* 88(3), 955-966.

Saito, K., Jin, D.-H., Ogawa, T., Muramoto, K., Hatakeyama, E., Yasuhara, T. et al. (2003). Antioxidative properties of tripeptide libraries prepared by the combinatorial chemistry. *Journal of Agricultural and Food Chemistry,* 51(12), 3668-3674. https://doi.org/10.1021/jf021191n

Salgado, P.R., Fernández, G.B., Drago, S.R., & Mauri, A.N. (2011). Addition of bovine plasma hydrolysates improves the antioxidant properties of soybean and sunflower protein-based films. *Food Hydrocolloids,* 25(6), 1433-1440. https://doi.org/10.1016/j.foodhyd.2011.02.003

Samaranayaka, A.G., & Li-Chan, E.C. (2011). Food-derived peptidic antioxidants: A review of their production, assessment, and potential applications. *Journal of functional foods,* 3(4), 229-254. https://doi.org/10.1016/j.jff.2011.05.006

Sánchez-Moreno, C. (2002). Review: Methods Used to Evaluate the Free Radical Scavenging Activity in Foods and Biological Systems. *Food Science and Technology International,* 8(3), 121-137. https://doi.org/10.1106/108201302026770

Sarmadi, B.H., & Ismail, A. (2010). Antioxidative peptides from food proteins: A review. *Peptides,* 31(10), 1949-1956. https://doi.org/10.1016/j.peptides.2010.06.020

Scalbert, A., Manach, C., Morand, C., Rémésy, C., & Jiménez, L. (2005). Dietary polyphenols and the prevention of diseases. *Critical reviews in food science and nutrition,* 45(4), 287-306. https://doi.org/10.1080/1040869059096

Stocker, R., & Keaney, J.F. (2004). Role of oxidative modifications in atherosclerosis. *Physiological reviews,* 84(4), 1381-1478. https://doi.org/10.1152/physrev.00047.2003

Sudhakar, S., & Nazeer, R.A. (2015). Structural characterization of an Indian squid antioxidant peptide and its protective effect against cellular reactive oxygen species. *Journal of functional foods,* 14, 502-512. https://doi.org/10.1016/j.jff.2015.02.028

Capítulo 6

ESTUDIO DE LA ACTIVIDAD HIPOGLUCEMIANTE Y ANTIOXIDANTE DE TRONADORA, RAÍZ DE WEREQUE Y RAÍZ DE NOPAL

María Eugenia Ramírez-Ortiz[1], Olivia Yanet Rodríguez-Carmona[2], Oscar Saúl Hernández-Rodríguez[2], Luis Chel-Guerrero[3], Miguel Ángel Aguilar-Méndez[2]

[1] Facultad Estudios Superiores-Cuautitlán-UNAM Cuautitlán Izcalli, Estado de México, México.

[2] CICATA-Legaria-IPN, Ciudad de México, D.F.

[3] FIQ-UADY, Mérida, Yucatán, México.

mro2102@hotmail.com, rdzolivia@hotmail.com, saul_inn2602@hotmail.com, cguerrer@correo.uady.com.mx, miguel_agme@hotmail.com

https://doi.org/10.3926/oms.362

Ramírez-Ortiz, M.E., Rodríguez-Carmona, O.Y., Hernández-Rodríguez, O.S., Chel-Guerrero, L., & Aguilar-Méndez, M.A. (2016). Estudio de la actividad hipoglucemiante y antioxidante de tronadora, raíz de wereque y raíz de nopal. En M.E. Ramírez Ortiz (Ed.). *Alimentos Funcionales de Hoy*. Barcelona, España: OmniaScience. 143-180.

Resumen

La diabetes mellitus tipo 2 (DM-II) representa aproximadamente del 90 al 95% de todos los casos de Diabetes mellitus; es un trastorno metabólico caracterizado por hiperglucemia crónica debido a defectos o alteraciones en la secreción o bien la acción de insulina. Uno de los principales tratamientos para el control de la hiperglucemia postprandial, se da a través de la inhibición de la α-amilasa y la α-glucosidasa (enzimas que hidrolizan carbohidratos) presentes en el tracto gastrointestinal. Desafortunadamente, los fármacos terapéuticos diseñados como inhibidores de estas enzimas vienen con varios efectos secundarios. Es donde radica la necesidad de buscar alternativas eficientes y baratas, con pocos o nulos efectos secundarios.

Los daños en las células pancreáticas causadas por especies reactivas de oxígeno (ROS), como el radical anión superóxido ($O^0 - O^-$), peróxido de hidrógeno (H_2O_2) y el radical hidroxilo (OH) es una etiología conocida de T2DM. Estudios *in vitro* e *in vivo*, demuestran que el uso de fitoquímicos tales como compuestos fenólicos sirven para aumentar los antioxidantes endógenos, ayudando a proteger eficazmente contra las células biológicas de efecto perjudicial, causado por el estrés oxidativo (Adedayo et al., 2015).

La hoja de tronadora, raíz de nopal y raíz de wereque, han sido usadas en la medicina tradicional mexicana desde tiempos milenarios para el tratamiento de diversos padecimientos, entre los cuales destaca la diabetes mellitus. En el presente estudio se evaluó la actividad antioxidante e hipoglucemiante de dichas plantas, a partir de su extracción asistida por ultrasonido (acuosa y etanólica). Como se demostró en el presente trabajo, el mecanismo podría ser debido al efecto inhibidor de algunos compuestos y ácidos fenólicos a la α-amilasa y α-glucosidasa, así como también, el efecto antioxidante de dichos compuestos. La evaluación *in vitro* demostró que el extracto etanólico de la hoja de tronadora presenta la mayor actividad antioxidante e hipoglucemiante, basado en los siguientes resultados: inhibición de α-amilasa EC_{50} = 0.3 mg/mL, inhibición de α-glucosidasa EC_{50} = 0.14 mg/mL, contenido de fenoles totales = 204.82 mg EAG/g ES, contenido de flavonoides totales = 92.77 mg Eq de catequina/mg ES, capacidad de reducción de hierro = 889.85 μET/1000 ppm y capacidad secuestradora de radicales libres EC_{50} = 85.55 ppm.

Palabras clave

Actividad hipoglucemiante, antioxidante, tronadora, wereque, raíz de nopal.

6.1. Introducción

De acuerdo con la Organización Mundial de la Salud (2016), la diabetes mellitus es el desorden endócrino más común, afectando a alrededor de 422 millones de personas en el mundo. El termino diabetes describe a un desorden metabólico con múltiples etiologías y se caracteriza por hiperglicemia crónica, con desordenes en el metabolismo de carbohidratos, lípidos y proteínas, dando como resultado deficiencias en la secreción de insulina, acción de insulina o ambos. El presente estudio se enfoca en el tratamiento para la diabetes mellitus tipo 2, pues es la forma más común de diabetes, ésta se caracteriza por la resistencia a la insulina y un incremento anormal de azúcar en sangre inmediatamente después de consumir alimentos (hiperglicemia postprandial) (Know, Apostolidis, Kim & Shetty, 2007). La diabetes mellitus no es una enfermedad única, sino una serie de trastornos metabólicos que comparten la característica común de la hiperglucemia, ésta a su vez genera especies reactivas de oxígeno (ROS), provocando peroxidación lipídica y daños a la membrana, éstos radicales libres juegan un papel importante en la aparición de las complicaciones secundarias de la diabetes mellitus, dañando riñones, ojos, vasos sanguíneos y nervios (Dean, Hunt & Wolff, 1988). Existe evidencia donde el estrés oxidativo está involucrado en una amplia gama de enfermedades y estados anormales del cuerpo, así como también, se ha demostrado que éste implica una disminución de los niveles de sustancias antioxidantes (por ejemplo, vitamina E, urato) y aumento de los niveles de los productos de oxidación (daño en el DNA) (Norman & Temple, 2000). Es de importancia mencionar que el Instituto Nacional de Estadística y Geografía, reportó que esta enfermedad ocupa el segundo lugar nacional en causa de defunciones en su estudio del año 2013, por lo que hace de éste un problema de salud pública.

Los antioxidantes naturales, particularmente los de origen vegetal, han generado un gran interés en los consumidores y comunidad científica, ya que existen estudios epidemiológicos que evidencian la relación del consumo frecuente de éstos con la disminución de las enfermedades cardiovasculares, diabetes mellitus, cáncer, entre otras (Barreira, Ferreira, Oliveira & Pereira, 2008; Renaud et al., 1998 y Temple, 2000). Srinivasan (2005) declara que las dietas ricas en frutas y vegetales pueden reducir el riesgo de una amplia variedad de enfermedades debido a la presencia de compuestos de naturaleza fenólica. Los efectos benéficos de los antioxidantes para la salud han sido atribuidos en parte a la presencia de compuestos fenólicos al ejercer sus efectos como resultado de sus propiedades antioxidantes (Martins et al., 2011). Se ha reportado que dichos compuestos poseen efectos benéficos incluyendo efectos inhibitorios de las enzimas α-glucosidasa y α-amilasa (Cheplick et al., 2010 y Ranilla, Kwon & Apostolidis, 2010). Así como también, se han estudiado dichas enzimas para el control del nivel de glucosa en sangre pues hidrolizan el almidón en glucosa durante la digestión (Lakshmana et al., 2015).

Para comprobar dicha actividad, se han desarrollado muchos ensayos para determinar la actividad antioxidante basadas en diferentes mecanismos químicos y biológicos, incluyendo capacidad antioxidante por equivalentes de Trolox (TEAC) (Miller et al., 1993), capacidad de absorción de radicales de oxígeno (ORAC) (Caz et al., 1993), poder antioxidante por reducción de hierro (FRAP) (Benzie & Strain, 1999) y cuantificación de radicales libres (DPPH) (Brand-Williams, Cuveiler & Berset, 1995).

Los compuestos antioxidantes pueden ser extraídos de fuentes vegetales con varios tipos de disolventes y métodos de extracción. Se ha demostrado que el tipo de antioxidantes y el rendimiento de los extractos dependen en gran medida de las propiedades del disolvente tales como polaridad, viscosidad y presión de vapor (Wijekoon et al., 2011). Dicho lo anterior, la correcta elección del disolvente puede favorecer la extracción de los compuestos. En la actualidad, se han desarrollado nuevos métodos de extracción de compuestos bioactivos de origen vegetal. En este sentido, la extracción asistida por ultrasonido, es un método no convencional que ofrece alta reproducibilidad, tiempos cortos de extracción, fácil manejo, menor consumo de disolvente, así como bajo consumo de energía (Khan et al., 2010). En la extracción asistida por ultrasonido, la cavitación ultrasónica crea fuerzas de cizallamiento que rompen las paredes celulares mecánicamente y aumentan los procesos de transferencia de masa. Además de que no hay ninguna reacción química aparente que pueda prevenir la probable degradación química de los compuestos de interés (Wang et al., 2008).

Dicho lo anterior, es de importancia el estudio científico de plantas como alternativa en el tratamiento de éste trastorno metabólico (DM-II). Aproximadamente el 63% de los pacientes diabéticos utilizan la medicina tradicional mexicana como tratamiento alternativo y complementario, además de los tratamientos médicos, la mayoría de estos medicamentos sin previo conocimiento al médico tratante del paciente (Argáez-López et al., 2003).

En este orden de ideas, es muy común en México el uso de fuentes vegetales como remedio alternativo para el tratamiento de diabetes mellitus. Una de ellas es el nopal, éste se suele consumir en ayunas (*Opuntia spp.*) preparado con el fruto, el cladodio o con la mezcla de ambos (Ibáñez-Camacho & Roman-Ramos, 1979 y Bravo-Solis & Sánchez-Mejorada, 1991). También, la *Tecoma stans (L.) Juss.* ex *Kunth (Bignoniaceae)*, popularmente conocida como «tronadora», «huiztontli» o «xochitl huizton» se utiliza en todo México y América Central para la diabetes y el control trastorno urinario (Winkelman, 1986, Lozoya et al., 1987 y Hernández-Galicia et al., 2002). Finalmente, la raíz de *Ibervillea sonorae Greene* (sin. Maxi *maximowiczia sonorae* SWATS; *Cucurbitaceae*), popularmente conocido como «wereque», también es uno de los remedios más utilizados de plantas para el tratamiento de esta enfermedad (Xolalpa-Molina, 1994).

Razón por la cual el objetivo de esta investigación fue determinar el contenido fenólico y flavonoides totales, así como la capacidad hipoglucemiante, antioxidante y antirradical de extractos acuosos y etanólicos, obtenidos de la hoja de tronadora, raíz de wereque y raíz de nopal.

6.2. Antecedentes

6.2.1. Tecoma Stans

La *Tecoma stans* popularmente conocida en México como tronadora, es un árbol pequeño o arbusto bajo, perennifolio o caducifolio. El nombre científico del género Tecoma deriva del nombre prehispánico náhuatl tecomaxochitl que significaría flor en forma de copa, aunque también la conocían los antiguos mexicanos como nixtamaxochitl. El nombre de la especie (stans) viene del latín «stare» que significa estar derecho, haciendo referencia a su porte erecto. A la tronadora se le reportan 54 usos medicinales distintos y 56 componentes químicos contenidos en la planta, aunque su aplicación medicinal ha sido enfocada siempre hacia la diabetes. Las hojas de la planta contienen los alcaloides monoterpénicos, actidina, boschniakina, tecomanina, tecostatina y tecostidina; los alcaloides como, indol, eskatol y triptamina, los monoterpenos, aucubin, plantarenalóside, stanside, stansioside, α-stansioside, β-stansioside y 5-deoxistansioside, los componentes benzílicos ácidos cafeíco, paracumárico y ferúlico y el flavonoide ácido siríngico. En las flores se han identificado dos flavonoides, el glucósido, y el rutinósido, de cianidín (Plantas medicinales de México, 2011).

Estudios reportan que los compuestos activos de la tronadora son los alcaloides (Hammouda et al., 1964 y Hammouda & Amer, 1966), su papel en las propiedades antidiabéticas de esta planta, sigue siendo controversial (Costantino et al., 2003). No obstante, éstos resultados sugieren que la captación de glucosa en los tejidos, es uno de los mecanismos por los cuales *Tecoma stans* ejerce su efecto antidiabético. La posibilidad de que las propiedades antidiabéticas de *Tecoma stans* fueran debidas al efecto de secreción de insulina ha sido descartada (Lozoya-Meckes & Mellado-Campos, 1985), sin embargo, Aguilar-Santamaría et al. (2009), reportaron la actividad inhibidora de la enzima α-glucosidasa en extractos acuosos de esta planta. Asimismo, la actividad hipoglucemiante de *Tecoma stans* ha sido confirmada en modelos animales (Flores-Sáenz et al., 1991).

6.2.2. Opuntia sp

Son plantas, suculentas arborescentes, arbustivas o rastreras, simples o cespitosas, generalmente espinosas. Tronco bien definido o con ramas desde la base, erectas, extendidas o postradas. Artículos globosos, claviformes, cilíndricos o aplanados (cladodios), muy carnosos o leñosos. Limbo de las hojas pequeñas, cilíndrico, carnoso, muy pronto caduco. Aréolas axilares con espinas, pelos, glóquidas y a veces glándulas; generalmente las de la parte superior de los artículos son las productoras de flores, espinas solitarias o en grupos, desnudas o en vainas papiráceas. Fruto en baya, seco o jugoso, espinoso o desnudo, globoso, ovoide hasta elíptico. El género Opuntia se divide en dos subgéneros: el Cilindropuntia (en general, éste no tiene mayor importancia económica) y el Platyopuntia.

Los nopales silvestres tienen su centro de distribución en los estados de San Luis Potosí, Zacatecas y Aguascalientes, sin embargo se han extendido hacia el norte y sur de México (Comisión nacional de las zonas áridas Instituto Nacional de Ecología, 1994).

En México, se estima que aproximadamente 500 especies de plantas medicinales se utilizan para tratar la DM-II. Una de estas plantas es *streptacantha Opuntia Lem.* (*Cactaceae*), comúnmente conocido como «Nopal», que tiene usos tradicionales de las tribus precolombinas de México documentados por el códice florentino, un documento elaborado en el S. XVI. Más tarde (S. XVII), Hernández se refiere al uso del cladodio en el tratamiento de gastritis, cólico intestinal y úlceras (Argueta, 1994). También, Alimi *et. al* (2010), determinaron que la raíz de nopal tiene 57.56 0.51 mg equivalentes de ácido gálico por gramo de extracto.

6.2.3. Ibirvirea Sonorae

Se trata de una planta dioica perenne que pertenece a la familia *Cucurbitaceae*. Es una raíz grande del tamaño de una jícama. Echa una enredadera que trepa en los árboles. La flor es amarilla, pequeñita. El fruto es una bola verde, rayado cuando es tierno y rojo con rayas claras cuando está maduro. Florea en mayo. Crece en los cerros, en las lomas y en los valles. Es muy amarga (Alarcon Aguilara et al., 2005). Se desarrolla en la región semiárida al norte de México (Henández, Calzada, Román & Alarcón, 2007) y ha sido empleada desde hace varios siglos por diferentes grupos étnicos para tratar padecimientos de la piel, artritis, reumatismo y algunas enfermedades cardiacas (Hernández, 2011).

Ésta raíz tuberosa de *Ibervillea sonorae* (S. Watson) Greene (*Cucurbitaceae*), una planta conocida localmente como «Wereke», se utiliza ampliamente en México para el tratamiento empírico de DM-II (Jonhson et al., 2006; Lira & Strich, 2002; Hernández-Galicia, Calzada, Román-Ramos & Alarcón-Aguilar, 2007).

Investigaciones químicas anteriores de *I. sonorae* resultaron en el aislamiento y la identificación de varios triterpenos de tipo Cucurbitane conocidos como kinoins (Achenbach, Horn, Dominguez, Rombold & Gómez-López, 1993). Su popularidad ha dado lugar a múltiples formulaciones comerciales, cuya eficacia antidiabética queda por evaluar. Sin embargo, la actividad hipoglucémica de los extractos acuosos, jugo crudo, y diclorometano y metanol de raíz de *Ibervillea sonorae* en ratones y ratas sanas y aloxano diabéticos se ha documentado (Alarcón, Calzada, Hernández, Ruiz & Román, 2005).

El consumo de esta planta se ha vuelto una alternativa terapéutica eficiente para personas con DM-II que no cuentan con los recursos económicos para adquirir medicamentos alópatas y, por lo tanto, su uso es cada vez más recurrente. La forma más común de extracción de los principios activos de esta planta para su consumo es la decocción acuosa de la raíz (Alarcón et al., 2005). El efecto hipoglucémico del extracto acuoso se ha demostrado y validado en diversos estudios (Alarcón et al., 2005 ; Henández et al., 2007; Rivera et al., 2011 y Blancas, 2005).

De acuerdo con lo mostrado por Hernández-Galicia et al. (2007), la actividad hipoglucemiante del wereque se atribuye a un grupo de monoglicéridos y ácidos grasos, presentes en la raíz de la planta, que fueron extraídos con diclorometano.

Sin embargo es necesario ampliar el reconocimiento de componentes contenidos en las fracciones acuosas, ya que éste es el modo habitual de consumo.

Los estudios previos de la preparación tradicional de *Ibervillea sonorae* han demostrado que reduce la glucemia de los animales experimentales en una forma dependiente de la dosis, que tiene un efecto diferente con cada una de las dosis administradas de 150, 300, 600 y 850 mg/kg (Alarcon-Aguilar et al., 2002a).

6.3. Extracción

6.3.1. Métodos de extracción convencionales

6.3.1.1. Extracción con líquidos presurizados

La técnica conocida como extracción con líquidos presurizados o por su nombre comercial como extracción acelerada con disolventes. Las temperaturas elevadas permiten acelerar la cinética del proceso extractivo mientras que las altas presiones evitan que el disolvente alcance su punto de ebullición, lo que permite una rápida y segura extracción de los analitos de interés (Ahmed, 2001).

6.3.1.2. Maceración

La maceración es un proceso de extracción sólido-líquido, donde la materia prima posee una serie de compuestos solubles en el líquido de extracción que son los que se pretende extraer. El proceso de maceración genera dos productos que pueden ser empleados dependiendo de las necesidades de uso, el sólido ausente de compuestos o el propio extracto. La naturaleza de los compuestos extraídos depende de la materia prima empleada, así como del líquido de extracción (Fernaroli's, 1975).

6.3.1.3. Destilación

Es el procedimiento utilizado para separar dos líquidos que se encuentran disueltos. Este procedimiento se basa en el hecho de que no todos los líquidos tienen el mismo punto de ebullición (Cuevas-Quintero & Brambila-Horta 2003). La destilación implica que los materiales vegetales se mezclan (o no) con un disolvente seguido por calentamiento o por la introducción de vapor de agua. Los vapores resultantes se enfrían y se recogen en un separador y el extracto separado del disolvente (Mircea-Vinatoru, 2001).

6.3.1.4. *Soxhlet*

En la extracción Soxhlet, la muestra se pone repetidamente en contacto con las porciones frescas del disolvente, lo que contribuye a desplazar el equilibrio de transferencia y no se requiere filtración después de la etapa de lixiviación. Los deméritos más significativos del extractor Soxhlet, en comparación con las otras técnicas convencionales para la preparación de muestras sólidas son, el largo tiempo requerido para la extracción que causa la pérdida de disolvente y es perjudicial para el medio ambiente (Luque de Castro & Priego-Capote, 2010).

6.3.2. Métodos de extracción no convencionales

6.3.2.1. *Extracción asistida por microondas*

En los últimos años, la extracción asistida por microondas (MAE, *microwave assisted extraction*) permite un calentamiento más rápido y eficiente de la muestra. La muestra se extrae aplicando energía de microondas en un disolvente adecuado. Este tipo de radiación permite el calentamiento selectivo de la muestra según el disolvente utilizado. Esta técnica depende de la matriz y limita los disolventes que se pueden emplear, ya que conviene que éstos no sean transparentes a la radiación de microondas y que tengan un elevado momento dipolar, sin olvidar la solubilidad de los analitos en los mismos (Shen & Lee, 2003).

6.3.2.2. *Extracción sólido-líquido*

La extracción sólido líquido (ESL) es un proceso realizado con temperaturas elevadas, por lo general entre 50 y 200°C y a presiones de entre 10 ± 15 MPa. La presión permite que la extracción en la célula sea más rápida y ayuda a forzar la penetración del líquido en los poros de la matriz. Un gran número de aplicaciones han sido reportadas para la extracción en muestras ambientales y muestras de alimentos por éste método (Branchet et al., 2001).

6.3.2.3. Extracción por fluidos supercríticos

Los fluidos supercríticos tienen densidades similares a las de los líquidos pero con coeficientes de difusión mayores y viscosidades más bajas, similares a la de los gases, por lo que la extracción es más rápida que con líquidos orgánicos (Ahmed, 2001). El dióxido de carbono ha sido el fluido de elección en la mayoría de las extracciones ya que es un disolvente adecuado para analitos no polares. Para compuestos más polares es necesaria la introducción de modificadores, como el metanol o el agua, para aumentar la polaridad del CO_2 y mejorar la extracción de estos compuestos (Lijun-Wang & Curtis, 2006).

6.3.2.4. Extracción asistida por ultrasonido

En la extracción asistida por ultrasonido se utilizan sonidos de alta frecuencia, con el fin de desprender el compuesto buscado del material vegetal. Las partículas sólidas y líquidas vibran y se aceleran ante la acción ultrasónica, como resultado el soluto pasa rápidamente de la fase sólida al disolvente (Gao & Llu, 2005).

Los fenómenos físicos que afectan la extracción de sustancias se ven afectados por la sonicación, ya sea que las sustancias de interés se encuentren en células internas o externas del tejido. Al reducir el tamaño de las partículas del material vegetal se aumenta el área de exposición al solvente y a la cavitación producida. El ultrasonido además facilita la rehidratación del tejido si se están utilizando materiales secos al abrir los poros, lo cual a su vez incrementa el transporte de masa de los constituyentes solubles por difusión y procesos osmóticos (Vinatoru, 2001). Otra ventaja según Rostagno et al. (2003), es que ésta técnica es la más económica y tiene los requerimientos instrumentales más bajos entre las últimas técnicas de extracción desarrolladas.

Objetivo: Realizar la extracción asistida por ultrasonido de compuestos bioactivos y evaluar su actividad antioxidante e hipoglucemiante de la hoja de *Tecoma stans* (hoja de tronadora), raíz de *Ibervillea sonorae greene* (wereque) y raíz de *Opuntia sp* (raíz de nopal).

6.4. Metodología experimental

6.4.1. Materiales y métodos

6.4.1.1. Reactivos

El material vegetal fue adquirido en el mercado Sonora de la Ciudad de México. Mientras que el cloruro de aluminio hexahidratado en laboratorios Reasol. La gelatina de laboratorios Gelita de México. El nitrito de sodio y alcohol amilico de laboratorio Mallinckrodt. Cloruro de hierro anhidro y reactivo de Mayer´s del laboratorio Fluka. Acetato de sodio de laboratorio Analytyka. Ácido ascórbico, ácido fosfórico, ácido sulfúrico y ácido clorhídrico de laboratorio J.T. Baker. α-amilasa de páncreas de porcino, α-glucosidasa de *S. cerevisiae*, ácido acético glacial, hidróxido de sodio y cloroformo laboratorio Fermont. Ácido gálico monohidratado, 2,4,6-tri(2-piridil)-s-triazina (TPTZ), catequina, quercetina, cloruro férrico hexahidratado, 2,2-diphenyl-1-picrylhydrazyl (DPPH), reactivo de Folin-Cioalteu, ácido 6 hidroxi 2,5,7,8 tetrametil carboxílico y reactivo de Dragendorff de Sigma-Aldrich. Reactivo de Fehling A, reactivo de Fehling B y etanol de laboratorio Meyer. Carbonato de sodio y viruta de magnesio de laboratorio Golden Bell. Bicarbonato de sodio y carbonato de sodio de laboratorio Merck. Reactivo de Molish de laboratorio Hycel.

6.4.1.2. Obtención de los extractos

Se prepararon disoluciones con disolventes de distinta polaridad (agua y etanol) de la hoja de tronadora, raíz de wereque y de nopal; empleando una relación materia/disolvente de 1:20. Posteriormente, se realizó la extracción vía ultrasónica, utilizando un baño ultrasónico con una frecuencia de 25 kHz, haciendo dos lavados de 30 min cada uno. Las muestras fueron centrifugadas (1750 rpm, 15 min), concentradas en un rotavapor (Yamato, RE500) y liofilizadas en un equipo Labconco (Freezone 4.5 l). Finalmente los concentrados fueron almacenados en frascos ámbar hasta su análisis.

6.4.1.3. Análisis fitoquímico

La metodología seguida para el análisis fitoquímico fue publicada por Dominguez (1973), y contempla la detección de los metabolitos secundarios generalmente relacionados con actividades biológicas.

Alcaloides. Las soluciones fueron acidificadas con HCl 1N. A 1mL de la muestra, se le agregaron de 2 a 3 gotas de cada uno de los siguientes reactivos. Dragendorff: la prueba es positiva cuando aparece una coloración rojo, marrón o naranja. Wagner: la prueba es positiva con la aparición de precipitados floculentos color marrón. Hager: la prueba es positiva con la aparición de un precipitado. Mayer´s: la prueba es positiva cuando aparece un precipitado blanco, amarillo claro o marrón.

Flavonoides. Prueba de Shinoda: A 1 ml de muestra se le adicionó un trozo de viruta de magnesio, posteriormente, se le agregaron 5 gotas de HCl concentrado. La aparición de una coloración naranja o violeta es prueba positiva para la presencia de flavonoides. Prueba de Rosenheim: a 1 mL de solución acuosa con la muestra, se añadió 0.5 ml de HCl concentrado, fue mezclado y calentado durante 10 minutos a 100°C y después enfriado, fue trasvasado a otro tubo de ensayo al cual se le agregó 0.4 ml de alcohol amílico y mezclados, se dejó reposar hasta la aparición de dos fases. La prueba se consideró positiva si aparecía una coloración en la fase amílica que va desde el carmesí oscuro al rosado débil. Prueba del H_2SO_4: 1mg de muestra se disuelve en H_2SO_4 y se observa coloración amarilla para flavonoles, naranja-guinda para flavonas, rojo-azuloso para chalconas y rojo-púrpura para quinonas.

Carbohidratos. Prueba de Fehling: a 1 mL de muestra se agregaron 0.5 mL del reactivo de Fehling A y 0.5 mL de reactivo de Fehling B. Se colocó la muestra en un baño de agua hirviendo, la prueba es positiva una vez que aparezca el precipitado color rojo ladrillo. Prueba de Molish: a 500 µL de muestra se les agrega gota a gota el reactivo, después 500 µL de ácido sulfúrico fueron adicionados cuidadosamente por las paredes. La prueba es positiva cuando se forma un anillo coloreado en la interfase de color púrpura.

Saponinas. Prueba de la agitación: las muestras secas se disolvieron con agua en un tubo de ensayo, se agitó vigorosamente durante 3-5 min. La formación de espuma con apariencia de panal de abeja, estable por 30 min, se considera prueba positiva. Prueba de $NaHCO_3$: a 500 µL de muestra se le agregan de 2-3 gotas de ácido sulfúrico concentrado, se agitó ligeramente, luego se agregaron 2-3 gotas de la solución de bicarbonato de sodio. La aparición de burbujas y su permanencia por más de 1 min indican que la prueba es positiva. Prueba de Salkowski: se disolvieron de 1-2 mg de la muestra en 1 mL de cloroformo y se añadió 1mL de ácido sulfúrico. La prueba es positiva si hay aparición de color rojo.

Esteroles y triterpenos. Prueba de Liebermann-Burchard: se mezcló 1 mL de anhídrido acético y 1mL de cloroformo. La mezcla se enfrió a 0° C y se le añadió una gota de ácido sulfúrico. Gota a gota se añade este reactivo a la muestra. Si hay formación de colores azul, verde, rojo, anaranjado, etc., los que cambian con el tiempo, la prueba será positiva. Prueba de Salkowski: 1mg de muestra en contacto con 1 mL de ácido sulfúrico. La prueba es positiva si se desarrollan colores amarillo o rojo para esteroles y metilesteroles.

Cumarinas. Prueba de NaOH 10%: se disolvió 1mg de muestra en NaOH al 10%, si aparece una coloración amarilla que desaparece al acidular, la prueba es positiva.

Insaturaciones. Prueba de $KMnO_{4:}$ a 500 μL de muestra, se añadió gota a gota una solución de $KMnO_4$ al 2% en agua. La prueba es positiva si se observa decoloración o formación de precipitado café.

6.4.1.4. Actividad hipoglucemiante

6.4.1.4.1. Método de actividad inhibitoria de α-amilasa

En un tubo para microcentrífuga de 2mL (Eppendorf) se vertieron 300 μL de distintas concentraciones de extracto seco en disolvente (agua o etanol) posteriormente se agregaron 300 μL de amortiguador de fosfato 0.02 M a pH 6.9 conteniendo 0.25 mg/mL de α-amilasa, dicha mezcla se incubó a 25°C durante 10 minutos. Transcurrido este tiempo, se añadieron 300 μL de solución de almidón de maíz al 0.5%, igualmente, en amortiguador de fosfato 0.02M a pH de 6.9. La mezcla fue incubada a 25 °C durante 10 minutos, acto seguido se añadió 600 μL de solución DNS. Posteriormente, se calentó en un baño de agua en ebullición durante 5 minutos. Las muestras se enfriaron a temperatura ambiente. Finalmente se leyó la absorbancia a 540 nm en un espectrofotómetro (Thermo Scientific Multiskan G0) empleando acarbosa como control positivo.

Los resultados fueron expresados como porcentaje de inhibición de α-amilasa mediante la Ecuación (1), (Bahareh et al.,2012).

$$\text{Porcentaje de inhibición}(\%) = \left(1 - \frac{Abs_{muestra} - Abs_{control}}{Abs_{control}}\right) \times 100 \qquad (1)$$

Donde:

$\Delta Abs_{control}$ = Diferencia de absorbancia del control, antes y después de la incubación.

$\Delta Abs_{muestra}$ = Diferencia de absorbancia de la muestra, antes y después de la incubación.

6.4.1.4.2. Método de actividad inhibitoria de α-glucosidasa

La prueba se realizó en una microplaca de 96 pozos, se vertieron 50 µL de distintas concentraciones de extracto seco en disolvente (agua o etanol) y se le agregó 100 µL de disolución de α-glucosidasa de levadura de *S. cerevisiae* en amortiguador de fosfato 0.1M a pH 6.9. La mezcla fue pre-incubada a 25°C durante 10 minutos, posteriormente se añadieron 50 µL de la disolución de p-nitrofenil α-D-glucopiranosido en 0.1M en amortiguador de fosfato a pH 6.9. Se hizo una primera lectura de absorbancia a 405nm. Después se incubó a 25 °C durante 5 minutos. Finalmente se leyó la absorbancia a 405 nm en un espectrofotómetro (Thermo Scientific Multiskan G0) empleando acarbosa como control positivo (Bahareh et al., 2012). El porcentaje de inhibición se calculó mediante la Ecuación (2):

$$\text{Inhibición}\left(\%\right)=\left(\frac{\Delta Abs_{control}-\Delta Abs_{muestra}}{\Delta Abs_{control}}\right)\times 100 \qquad (2)$$

Donde:

$\Delta Abs_{control}$ = Diferencia de absorbancia del control, antes y después de la incubación.

$\Delta Abs_{muestra}$ = Diferencia de absorbancia de la muestra, antes y después de la incubación.

El valor de EC_{50} fue determinado a partir de los datos obtenidos en la gráfica de efecto de la inhibición de α-glucosidasa contra la concentración del extracto. El EC_{50} está determinado como la cantidad necesaria del extracto estudiado para reducir la inhibición de α-glucosidasa en un 50%. Los resultados obtenidos fueron reportados en mg de extracto seco/mL de disolvente.

6.4.1.5. *Determinación de fenoles totales*

La concentración de compuestos fenólicos totales se determinó con el reactivo de Folin-Ciocalteu (Waterhouse, 2002). En un tubo para microcentrífuga de 2mL (Eppendorf) se colocaron 200µL de muestra. Posteriormente, se adicionaron 1400µL de agua destilada y 100µL del reactivo Folin-Ciocalteu, dejando reposar la solución resultante durante 3 minutos. A continuación, se adicionaron 300µL de solución de Na_2CO_3 al 20%, seguido de 180µL de agua destilada. Finalmente la mezcla se mantuvo durante 90 minutos en la oscuridad y la absorbancia determinada a una longitud de onda de 760nm (Thermo Scientific Multiskan GO). El contenido fenólico total fue expresado como mg Eq ácido gálico/g extracto seco.

6.4.1.6. *Determinación de flavonoides*

Se empleó la metodología reportada por Benariba et al. (2013). En tubos de microcentrífuga de 2mL (Eppendorf), se colocaron 200µL de muestra, 800µL de agua destilada, 60µL de $NaNO_2$ (150 g/L) y 60µL de $AlCl_3 \cdot 6\ H_2O$ (100 g/L). La mezcla se mantuvo en reposo por 6 minutos y posteriormente se agregaron 800µL de NaOH (1 M) y 80µL de agua destilada. La solución se mantuvo a temperatura ambiente (≈22ºC) durante 15min. La absorbancia fue determinada a una longitud de onda de 510nm. Los valores de flavonoides totales fueron expresados como mg Eq Catequina/g extracto seco.

6.4.1.7. *Actividad antioxidante*

6.4.1.7.1. Método de reducción de hierro (FRAP)

La capacidad antioxidante se evalúo utilizando la prueba de FRAP (Ferric Reduction Antioxidant Power). La determinación de FRAP está basada en la reducción del complejo Fe^{3+}-TPTZ al complejo azulado Fe^{2+}-TPTZ (Benzie & Strain, 1996).

La solución FRAP se preparó mezclando 25mL de amortiguador de acetato 300mM (pH 3.6), 2.5mL de solución TPTZ (0.01 M) y 2.5mL de una solución de $FeCl_3 \cdot 6H_2O$ (0.02 M). La solución FRAP se llevó a una temperatura de 37°C por un tiempo de 4min previo a su uso. Una muestra de 100μL de cada extracto fue mezclada con 1900μL de solución FRAP, manteniendo en oscuridad por 30 min. La absorbancia fue determinada a 593nm y los resultados expresados como μMEq trolox/L.

6.4.1.7.2. Método de DPPH

La capacidad antirradical fue determinada por el método de DPPH (2,2-difenil-1-picrilhidrazil) siguiendo la metodología descrita por Quiroz-Reyes et al. (2013). Una alícuota de 100μL de extracto se mezcló con 125μL de Buffer Tris-HCl 0.1M, agitando con vortex durante 5s. A esta solución, se agregaron 500μL de solución de DPPH (0.17 mg/mL de etanol). Después de 30min en oscuridad la absorbancia fue determinada a una longitud de onda de 517nm.

La capacidad secuestradora de radicales libres fue calculada como porcentaje de inhibición a partir de la Ecuación (3):

$$\text{Porcentaje de inhibición}\,(\%) = \left(1 - \frac{Abs_{muestra}}{Abs_{control}}\right) \times 100 \qquad (3)$$

El valor de EC_{50} fue determinado a partir de los datos obtenidos en la gráfica de efecto de reducción de DPPH contra la concentración del extracto. El EC_{50} está determinado como la cantidad necesaria del extracto estudiado para reducir la concentración de DPPH en un 50%. Los resultados obtenidos fueron reportados en ppm de extracto seco.

6.4.1.8. Identificación de compuestos fenólicos

Se empleó un cromatógrafo de líquidos Agilent Technologies. La detección se llevó a cabo a 280 nm y a una temperatura de 30°C. La velocidad de flujo fue de 0.3mL/min. Las fase A consistió en 99.9% de agua y 0.1% de ácido fórmico mientras que la fase B fue 50% de metanol y 50% de acetonitrilo. La fase gradiente fue 88% de A y 12% de B, la fase final fue 35% de A y 45% de B. Se inyectaron 5μL del extracto.

6.5. Resultados y discusión

6.5.1. Análisis fitoquímico

En el análisis fitoquímico preliminar de la hoja de tronadora (Tabla 28) se hace evidente la presencia de compuestos como saponinas, flavonoides, insaturaciones y carbohidratos, siendo éstas mayormente detectadas en los extractos etanólicos. En este sentido, dichos compuestos como se comprueba más adelante, presentan actividad antioxidante y antirradical. Los antioxidantes de fuentes naturales son la única alternativa a los antioxidantes sintéticos que actúan en contra los radicales libres y éstos a su vez, son asociados a enfermedades crónico degenerativas como la DM-II.

También se aprecia que en los extractos de raíz de wereque hay presencia abundante de saponinas y ligeramente de carbohidratos, siendo este grupo el que predomina con ambos disolventes, sin embargo, cuando se emplea etanol se logran extraer también esteroles.

Componentes fitoquímicos	Presencia					
	Hoja de tronadora		Raíz de wereque		Raíz de nopal	
	Acuosa	Etanólica	Acuosa	Etanólica	Acuosa	Etanólica
Alcaloides	–	–	–	–	–	–
Flavonoides	++	+++	–	–	+	++
Carbohidratos	++	+++	+	++	++	+++
Saponinas	++	+++	+++	+++	+	+++
Esteroles	+	–	–	+	–	++
Cumarinas	–	–	–	–	–	–
Insaturaciones	–	+++	–	–	–	–

\+ Presencia escasa, ++ Presencia relativamente abundante, +++ Presencia abundante, – No detectado.

Tabla 28. Metabolitos secundarios de los extractos acuosos y etanólicos de hoja de tronadora, raíz de wereque y raíz de nopal.

En la Tabla 28, se observa que las pruebas realizadas resultaron positivas para carbohidratos, saponinas y esteroles, en los extractos etanólicos, mientras que para los extractos acuosos fue positivo para flavonoides, carbohidratos y saponinas.

Los metabolitos secundarios se encuentran ampliamente distribuidos en el reino vegetal, presentando múltiples propiedades farmacológicas (Gutiérrez et al. 2000), siendo de interés debido a su efecto biológico en otros organismos. Los resultados obtenidos en la presente investigación se corroboran con los de Zhong et al. (2010) donde demuestran que los polisacáridos de *O. ficus indica* presentan actividad antirradical comparada con la del ácido ascórbico. También Biesaga (2011), demostró que algunos polisacáridos de *O. ficus indica* presentan actividad antioxidante. En este sentido, es bien sabido que los polisacáridos de *O. ficus indica* son polímeros constituidos de monosacáridos con varios hidrógenos, grupos hidroxilo y ácidos. Dicho lo anterior, los mecanismos antioxidantes de los polisacáridos se han atribuido a su capacidad de donar hidrógeno, a sus grupos hidroxilo que pueden actuar como donadores de electrones y a la presencia de compuestos antioxidantes tales como polifenoles (Biesaga, 2011). La distribución de estos metabolitos está relacionada a que cada grupo fitoquímico presenta funciones específicas, entre ellas múltiples propiedades farmacológicas. Inal & Kahraman (2000) reportaron que los flavonoides y polisacáridos presentan actividad antirradical, esto es por su capacidad de donar electrones e hidrógenos.

6.5.2. Actividad inhibitoria de α-amilasa

En la evaluación de la actividad inhibitoria de α-amilasa, se tiene que los extractos etanólicos presentaron la mayor inhibición enzimática.

En la Figura 12 se evidencia un comportamiento lineal entre la concentración del extracto y el porcentaje de inhibición enzimática en ambos extractos de wereque, alcanzando porcentajes de inhibición mayores al 50 por ciento a partir de aproximadamente 2 mg de extracto seco/mL de disolvente, con lo que se ha demostrado que los compuestos fenólicos presentes en dicha planta presentan actividad inhibitoria enzimática.

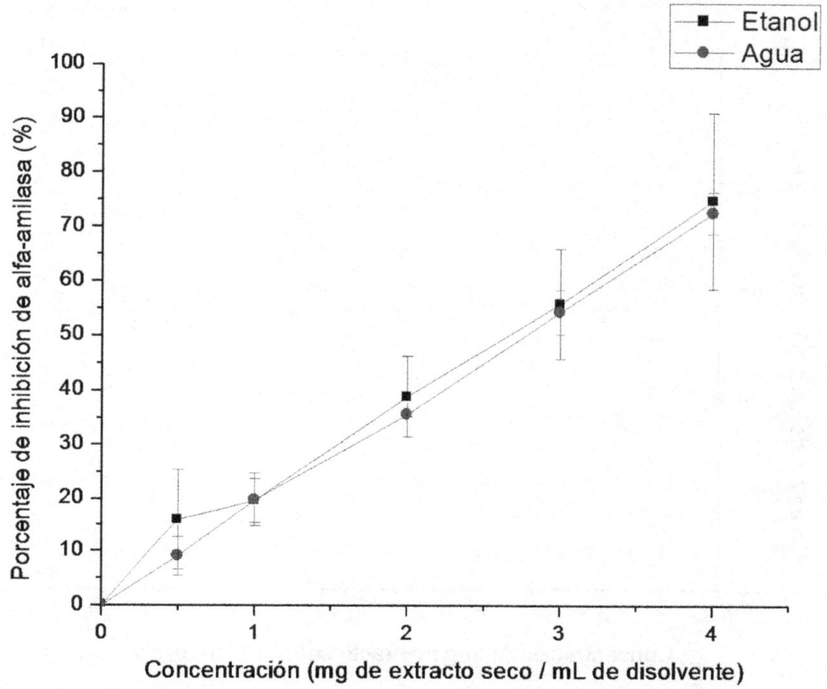

Figura 12. Porcentaje de inhibición de α-amilasa de extractos etanólicos y acuosos de raíz wereque.

En la Figura 13, se presenta la actividad inhibitoria de α-amilasa de los extractos de la hoja de tronadora, se hace evidente la relación lineal entre la concentración del extracto con la bioactividad, así como también se tiene que sólo se requieren 0.3 mg de extracto seco/mL de disolvente para obtener un 50 por ciento de inhibición enzimática. Con esto se demuestra que la hoja de tronadora es un potencial inhibidor de α-amilasa y esto a su vez está íntimamente relacionado con la presencia de compuestos fenólicos y su actividad antioxidante, la cual se analiza posteriormente. Esto se corrobora con estudios previos, donde se confirma la actividad hipoglucemiante de *Tecoma stans* en modelos animales (Flores-Sáenz et al., 1991). Hay muchos estudios sobre el análisis de los componentes químicos de *O. ficus indica*, en los cuales al igual que en el presente estudio fitoquímico, demuestran la presencia de polisacáridos, esto puede tener relación con su menor actividad enzimática por ejemplo con respecto a la hoja de tronadora pues ésta última tiene mayor presencia de compuestos fenólicos y éstos a su vez relacionados con dicha bioactividad (Xian - Ke Zhong *et. al.*, 2010).

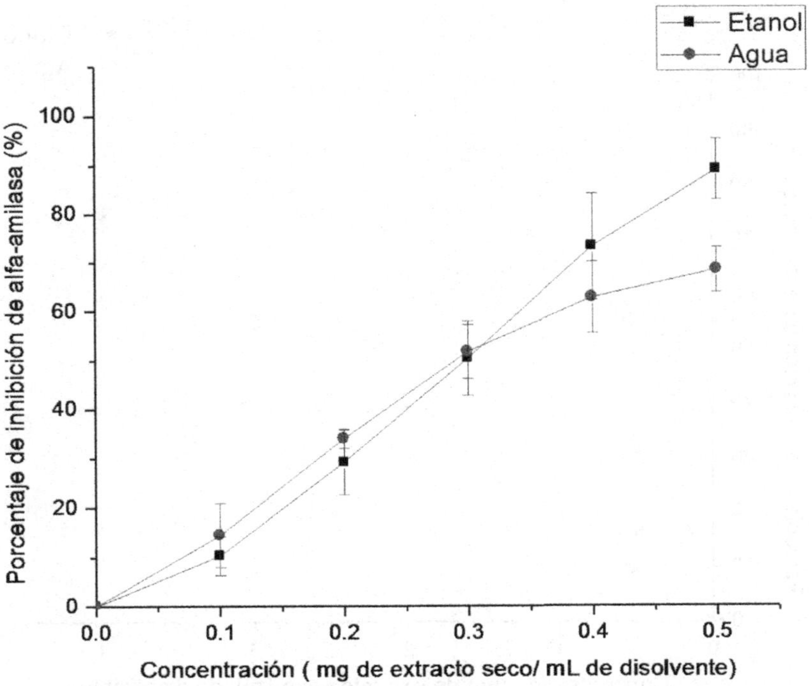

Figura 13. Porcentaje de inhibición de α-amilasa de extractos etanólicos y acuosos de hoja de tronadora.

No obstante, en la Figura 14, se aprecia que se tuvo una mayor actividad enzimática con los extractos etanólicos, esta bioactividad se puede atribuir a los polisacáridos, justificándose por un lado con el análisis fitoquímico pues demuestra mayor presencia de carbohidratos así como también a comparación de los extractos etanólicos de tronadora (204.82 mg EAG/g ES), la raíz de nopal contiene menor cantidad de fenoles totales (37.04 mg EAG/g ES), resultados que sugieren que el polisacárido reducido de *O. ficus indica* induce la peroxidación lipídica inducida por la actividad antirradical del –OH (Xian - Ke Zhong *et. al.* , 2010). También se puede inferir que los polisacáridos presentes en la raíz de nopal extraídos con etanol favorecieron la bioactividad debido a la presencia de radicales hidroxilo (–OH).

En la Figura 15, se presenta la curva correspondiente a la acarbosa, pues esta fue usada como control positivo, se observa el comportamiento lineal así como también se tiene que se alcanza el máximo de inhibición con una concentración de 1mg/mL de disolvente.

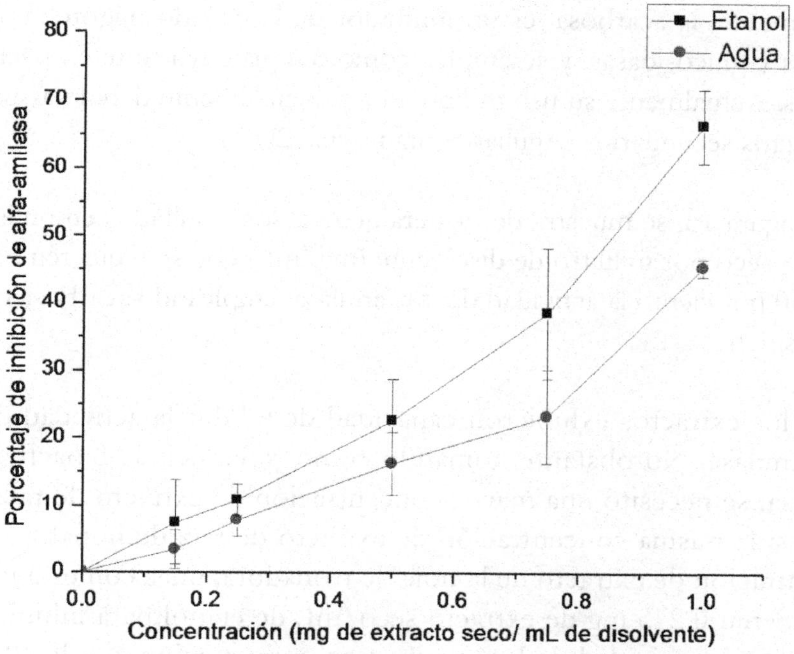

Figura 14. Porcentaje de inhibición de α-amilasa de extractos etanólicos y acuosos de raíz de nopal.

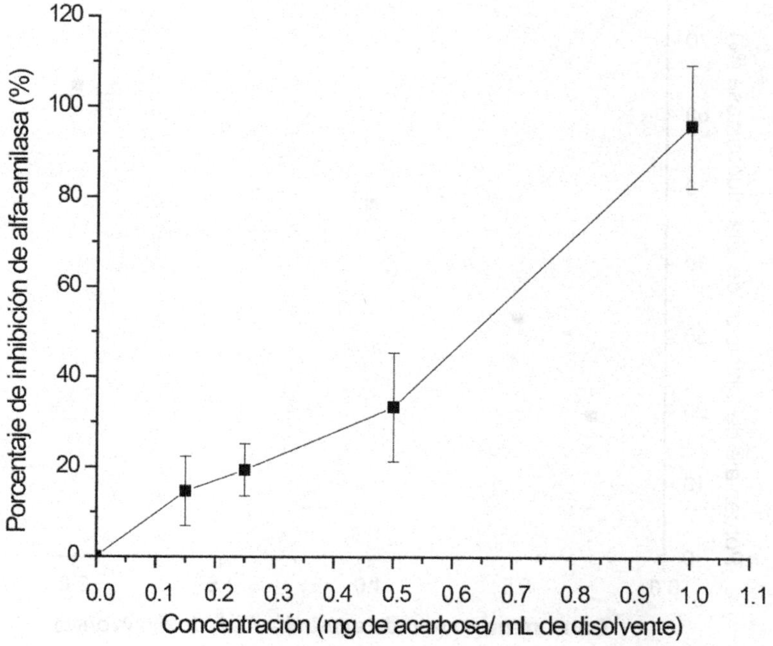

Figura 15. Porcentaje de inhibición de acarbosa en la α-amilasa

Clínicamente, la acarbosa, es un inhibidor de la pseudo-oligotetrasacárido de amilasas y glucosidasas, y se emplea como terapia adyuvante en pacientes con diabetes. Actualmente su uso es limitado, principalmente debido a sus incómodos efectos secundarios (Aguilar-Santamarína, 2009).

En la Figura 16, se muestra de manera general los resultados en miligramos de extracto seco por mililitro de disolvente (mg/mL) que se requieren para inhibir en un 50 por ciento la actividad de la α-amilasa, empleando acarbosa como control positivo.

Todos los extractos exhibieron capacidad de inhibir la actividad de la enzima α-amilasa. No obstante, tomando como referencia la bioactividad de la acarbosa, se necesitó una mayor concentración de extracto de raíz de wereque, casi la misma concentración de extracto de raíz de nopal y una menor concentración de extracto de la hoja de tronadora, pues con ésta última solo se requieren 0.275 mg de extracto seco/mL de etanol para inhibir en un 50 por ciento la actividad de la α-amilasa en comparación con los 0.63 mg de

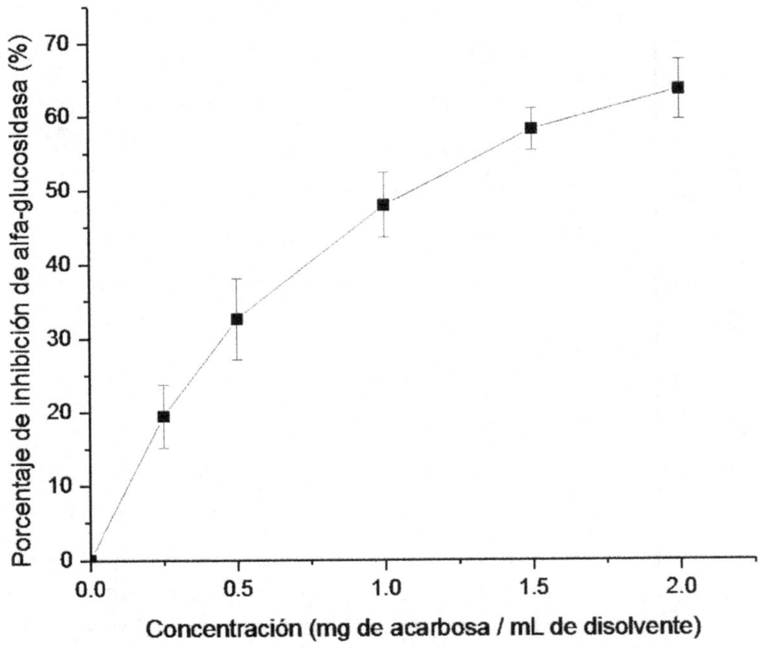

Figura 16. Porcentaje de inhibición de acarbosa en la α-glucosidasa.

	Agua	Etanol
Raíz de wereque	2.8	2.5
Hoja de tronadora	0.275	0.3
Raíz de nopal	1	0.84
Acarbosa	0.63	

Control positivo: Acarbosa.

Tabla 29. Actividad hipoglucemiante en α-amilasa [EC50 (mg/ mL)] de los extractos.

extracto/mL de disolvente de la acarbosa. Con lo que se infiere que en el presente estudio el extracto etanólico presento una mejor inhibición enzimática que el mismo control. Los extractos tanto etanólicos como acuosos probados a la concentración máxima inhibitoria todos inhiben la actividad α-amilasa más allá del 50%.

El presente trabajo demuestra que el posible mecanismo de acción de actividad hipoglucemiante evaluados en los extractos es a través de la inhibición enzimática y ésta se debe a los compuestos fenólicos, pues estudios previos también reportan que las plantas ricas en compuestos fenólicos tienen mayor actividad inhibitoria de α-amilasa y por lo tanto tienen potencial para contribuir al tratamiento de la DM-II (Shobana, Sreerama & Malleshi, 2009 y McCue & Shenty, 2004).

Los inhibidores de α-amilasa son también conocidos como bloqueadores de almidón debido a que contienen sustancias que impiden que el almidón de la dieta pueda ser absorbido por el cuerpo. El almidón es un carbohidrato complejo que no puede ser absorbido a menos que sea hidrolizado primero por la enzima amilasa digestiva y otras enzimas. Recientemente se ha demostrado que los compuestos fenólicos desempeñan un papel en la mediación de la inhibición de amilasa y por lo tanto tienen potencial para contribuir al tratamiento de la DMII (McCue & Shetty, 2004). Sin embargo, los informes anteriores han indicado también que la inhibición excesiva de α-amilasa pancreática podría resultar en la fermentación bacteriana anormal de carbohidratos no digeridos en el colon y actividad de inhibición de α-amilasa, por tanto, es útil.

6.5.3. Actividad inhibitoria de α-glucosidasa

A continuación, se muestra de manera íntegra los resultados en miligramos de extracto seco por mililitro de disolvente (mg/mL) que se requieren para inhibir en un 50 por ciento la actividad de la α-glucosidasa, empleando acarbosa como control positivo.

Todos los extractos tienen capacidad de inhibir la actividad enzimática de α-glucosidasa en distintas concentraciones cada uno. Sin embargo, tomando como referencia la bioactividad experimental de la acarbosa en este proyecto (EC_{50} = 1.08 mg de extracto/mL de disolvente), se necesita una mayor concentración de extracto de raíz de wereque-agua, casi la misma concentración de extracto de raíz de wereque-etanol y una menor concentración de extracto de hoja de tronadora pues con ésta última solo se requieren 0.14 mg de extracto seco/mL de etanol para inhibir en un 50 por ciento la actividad de la α-glucosidasa (Tabla 30).

Así también se hace evidente que empleando la concentración máxima, solo los extractos etanólicos inhiben la actividad de α-glucosidasa más allá del 50%.

Más adelante se explica a detalle el posible efecto de los compuestos fenólicos y actividad antioxidante en éstos resultados.

La hidrólisis de los enlaces glucosídicos α-(1-4) y la producción de maltosa y glucosa a partir del almidón son catalizados por la α-amilasa de páncreas y saliva

	Agua	**Etanol**
Raíz de wereque	> 4	1.1
Hoja de tronadora	> 2.5	0.14
Raíz de nopal	> 1	0.175
Acarbosa	1.08	

Control positivo: Acarbosa.

Tabla 30. Actividad hipoglucemiante en α-glucosidasa [EC_{50} (mg/mL)] de los extractos.

humana, mientras que la α-glucosidasa libera glucosa a partir de maltosa (Lakshmana Senthil et al., 2015).

Dicho lo anterior, un factor importante para dar lugar a una hiperglucemia postprandial es la absorción rápida de la glucosa en el intestino, en el que la α-amilasa y la α-glucosidasa desempeñan papeles importantes debido a la hidrólisis de almidón y oligosacáridos (Gray, 1995). La α-amilasa y la α-glucosidasa participan en la digestión de la glucosa por lo que son consideradas enzimas clave en el control de la hiperglicemia postpandrial. La α-amilasa está presente tanto en la saliva como en la secreción pancreática y es la responsable de adherir los maltooligosacáridos en la maltosa, la cual es sustrato para la α-glucosidasa intestinal (Loizzo et al., 2005). Por eso, se cree que la inhibición de estas enzimas puede controlar eficazmente la elevación del nivel de glucosa postprandial en sangre. Por lo tanto, una estrategia importante para el manejo de la hiperglucemia postprandial es inhibir la actividad de α-glucosidasa y α-amilasa (Krentz & Bailey, 2005).

Los inhibidores de α-amilasa y α-glucosidasa naturales de las plantas han demostrado tener menor efecto inhibidor contra la actividad de α-amilasa y una actividad de inhibición más fuerte contra la α-glucosidasa (Kwon, Vattem & Shetty, 2006). En este estudio, el extracto etanólico de tronadora, fue el que presentó mayor inhibición enzimática, por lo tanto, se puede usar potencialmente como terapia efectiva para la hiperglucemia postprandial.

6.5.4. Determinación de fenoles totales

En este estudio, uno de los objetivos fue evaluar el efecto del disolvente en la extracción de compuestos fenólicos totales. Éstos fueron cuantificados con el reactivo de Folin-Ciocalteu, pues es un método ampliamente utilizado y proporciona una estimación rápida y útil del contenido de fenoles totales de extractos vegetales. En ésta prueba los ácidos de tungsteno y de molibdeno se usaron como agentes reactivos con los polifenoles contenidos en las muestras, dando positivo cuando existe un cambio de coloración de azul a verde (Aguirre Joya, De la Garza Toledo, Zugasti Cruz, Belmares Cerda & Aguilar Cristobal, 2013). El ácido gálico fue empleado como estándar. La concentración de polifenoles es expresada como miligramos equivalentes de ácido gálico por gramo de extracto seco (mg EAG/g ES). Como se puede apreciar en la Figura 17, los

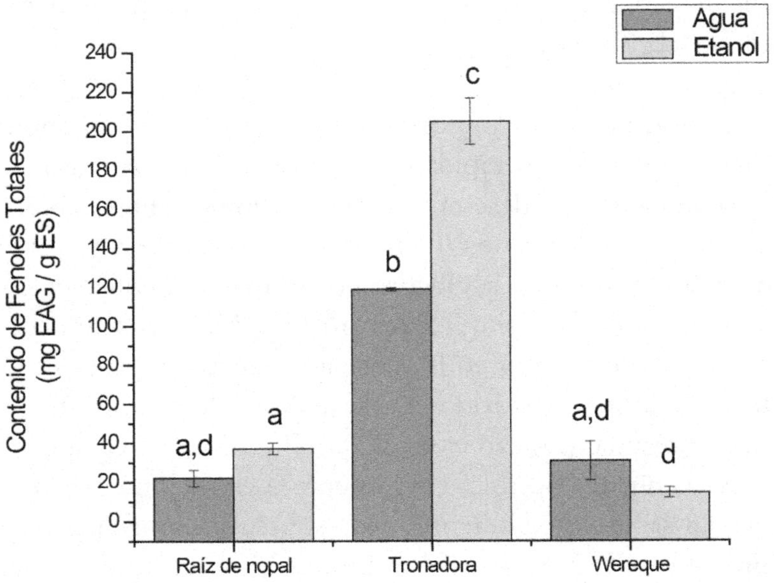

Figura 17. Comparativo del contenido total de fenoles en los extractos.

extractos de la hoja de tronadora son los que presentaron el mayor contenido de fenoles totales (204.82 mg EAG/g ES) mientras que los de la raíz de wereque presentaron el menor contenido (14.42 mg EAG/g ES). Así mismo, se observa que el mayor contenido de fenoles para raíz de nopal y tronadora se obtienen usando etanol como disolvente, caso contrario con la raíz de wereque (agua). En este sentido, se observa que no hay diferencia significativa en el contenido de fenoles totales entre la raíz de nopal y raíz de wereque ($P<0.05$).

Las características estructurales de los compuestos fenólicos son las responsables de la actividad antioxidante, por lo que las mediciones de fenoles en infusiones pueden estar íntimamente relacionadas con sus propiedades antioxidantes (Katalinic, Milos, Kulisic & Jukic, 2006). Gran parte de la literatura refiere que los compuestos fenólicos vegetales tienen un efecto antioxidante, actuando como eliminadores de ROS a través de la donación de hidrógeno así como también a la capacidad de su grupo hidroxilo (Biesaga, 2011).

Hubo un amplio rango de concentraciones de fenoles en los extractos evaluados como se muestra en la Figura 17. Sin embargo, el extracto con mayor contenido de fenoles totales fue el etanólico de la hoja de tronadora.

6.5.5. Determinación de flavonoides totales

Es bien sabido que los flavonoides son más solubles en metanol que en agua, no obstante, la extracción resulta más eficiente con las mezclas de éstos. Esto es probablemente consecuencia de la polaridad relativa, pues el agua provoca una hinchazón del material vegetal, aumentando a su vez el área superficial para el contacto soluto-disolvente y la mayor solubilidad de flavonoides en metanol que en agua. Asimismo, empleando compuestos alcohólicos como disolvente es más eficiente la extracción de flavonoides (Biesaga, 2011). Dicho lo cual, se aprecia y comprueba en la Figura 18, dicho comportamiento, pues con los extractos etanólicos se obtienen mayor cantidad de flavonoides totales.

Se observa también que el mayor contenido de flavonoides totales se tiene en el extracto etanólico de la hoja de tronadora (92.77 mgEq catequina/mg ES). Por otro lado, se aprecia que el comportamiento de la hoja de tronadora y raíz de nopal es el mismo, pues se obtienen más flavonoides en los extractos etanólicos, sin embargo, con la raíz de wereque es insignificante el tipo de disolvente en la extracción de dichos compuestos. Estos datos se corroboran con el análisis fitoquímico antes descrito.

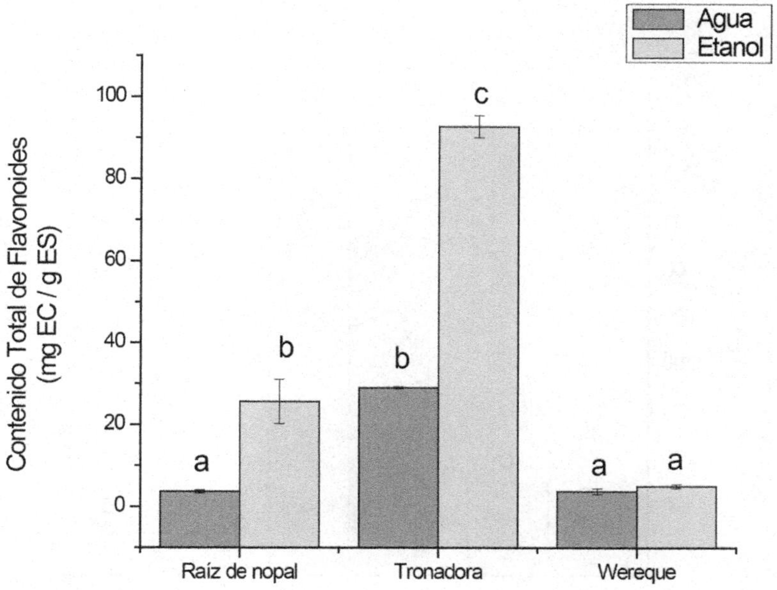

Figura 18. Comparativo de contenido total de flavonoides en los extractos.

6.5.6. Determinación de reducción de hierro (FRAP)

La Figura 19 muestra la capacidad reductora de hierro determinada por el método de FRAP, se observó que hubo grandes diferencias en la capacidad antioxidante entre las distintas muestras evaluadas. Los valores de FRAP variaron de 889.85 a 39.50 μM Eq trolox/1000 ppm. En este sentido, la extracción etanólica de la hoja de tronadora presentó el valor más alto de reducción de hierro con 889.85 μM Eq trolox/1000 ppm, con respecto a los extractos de raíz de wereque y raíz de nopal, dónde la actividad reductora de hierro fue insignificante. Es de resaltar que la capacidad reductora de hierro fue mayor en aquellos extractos con el mayor contenido de flavonoides, por lo que se comprueba que en el presente estudio la actividad antioxidante es proporcional al contenido de fenoles totales.

En este sentido, el comportamiento de los flavonoides como antioxidantes se debe a las distintas vías de acción; capturando especies reactivas de oxígeno (ROS), inhibición de las enzimas responsables de la producción de aniones superóxidos, quelación de los metales de transición involucrados en procesos de la formación de radicales libres y prevención de los procesos de peroxidación mediante la reducción de radicales alcoxi y peroxi (Veitch & Grayer, 2008).

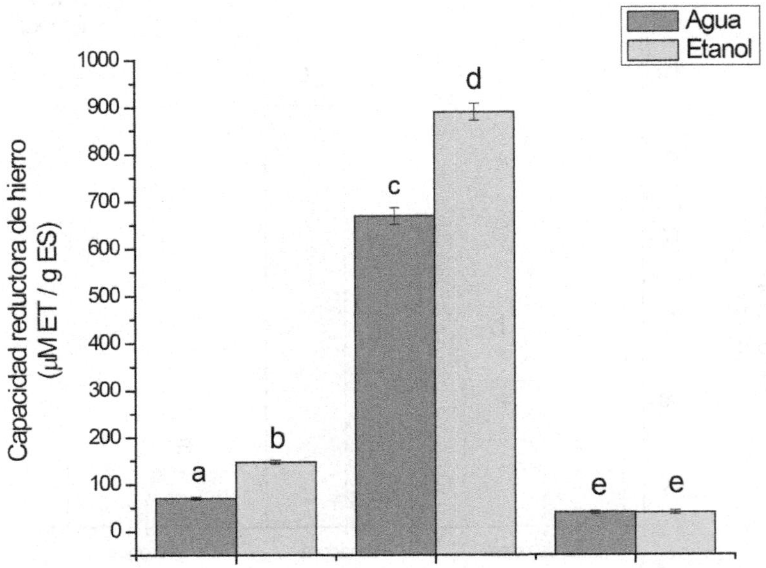

Figura 19. Comparativo de capacidad reductora de hierro en los extractos.

6.5.7. Capacidad de eliminación de radicales libres DPPH

En la Tabla 31, se presenta la cantidad necesaria de extracto para reducir la concentración de DPPH en un 50 por ciento (EC_{50}). Se evidencia que para los extractos de raíz de nopal y raíz de wereque no hay influencia del tipo de solvente en la capacidad antirradical, pues con ninguno presentan dicha actividad. Caso contrario de los extractos de la hoja de tronadora, donde ambos extractos presentan actividad (acuoso y etanólico), sin embargo, el etanólico tiene la mayor capacidad antirradical. Con esto se infiere que la capacidad antirradical en este estudio está dado por el tipo de planta.

Entonces se tiene que los resultados obtenidos por DPPH en microplaca, el tipo de planta y el disolvente son factores que influyeron en la extracción de compuestos antioxidantes. El mayor porcentaje de inhibición se encontró con el extracto obtenido con etanol.

La influencia de los compuestos antioxidantes en la capacidad de eliminación de radicales libres está íntimamente relacionada con la facilidad en la donación de hidrógenos. De manera íntegra, los extractos etanólicos y acuosos de raíz de wereque, raíz de nopal y de la hoja de tronadora, son una fuente natural de antioxidantes (compuestos fenólicos y/o flavonoides) que pueden conservar la función de las células β previniendo la diabetes inducida por la formación de ROS (Durgeshnandani et al., 2014).

En conclusión, se hace evidente con las pruebas realizadas de compuestos fenólicos y actividad antioxidante, que los extractos de la hoja de tronadora, presentan la mayor bioactividad con respecto a las demás plantas estudiadas (raíz de we-

	Concentración (ppm)	
	Agua	**Etanol**
Hoja de tronadora	181.64	85.55
Raíz de nopal	> 1000	> 1000
Raíz de wereque	> 1000	> 1000

Tabla 31. Comparativo de la capacidad de eliminación de radicales libres EC_{50}.

reque y raíz de nopal) tanto hipoglucemiante como antioxidante, por lo que se realizó una identificación de compuestos fenólicos mediante la técnica de HPLC.

6.5.8. Identificación de compuestos fenólicos

El cromatógrama que representa la identificación de compuestos fenólicos en el extracto acuoso de la hoja de tronadora se muestra en la Figura 20, donde se identificó ácido cafeíco[1] a un tiempo de retención de 19.12 min y epicatequina[2] en 20.2 min.

Los compuestos fenólicos identificados en el extracto etanólico de la hoja de tronadora se presentan en la Figura 21, donde en función del tiempo de retención se evidencia la presencia del ácido ascórbico[1] (3.4 min), ácido cafeíco[2] (19.12 min) y epicatequina[3] (20.2 min).

Comparando los cromatogramas, es evidente que se extrajo una mayor cantidad de compuestos en el extracto etanólico pues se ha comprobado que el etanol altera la unión entre los disolventes y las matrices vegetales, favoreciendo así la identificación de compuestos fenólicos (Sahin & Samli, 2013). Confirmando

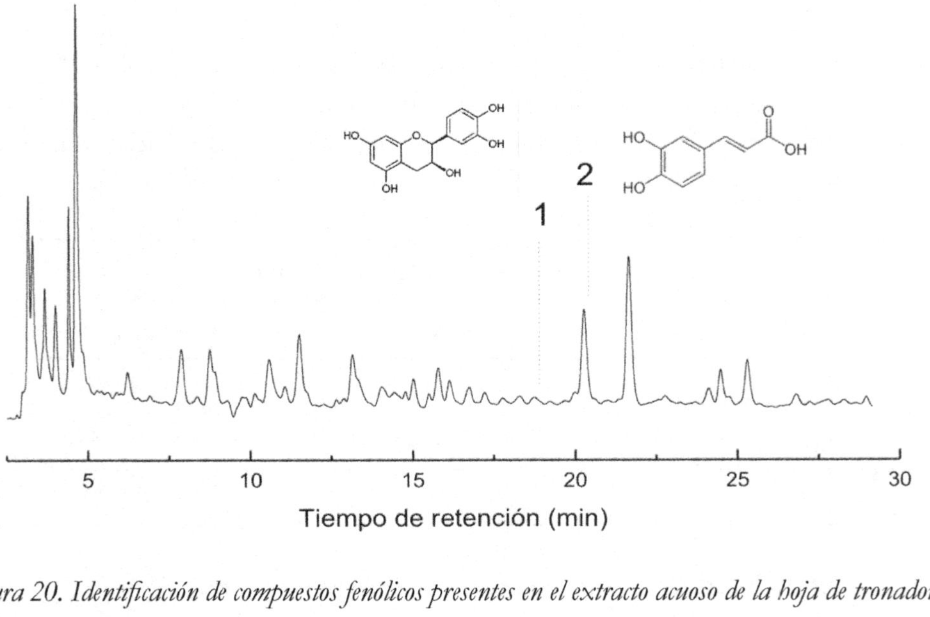

Figura 20. Identificación de compuestos fenólicos presentes en el extracto acuoso de la hoja de tronadora.

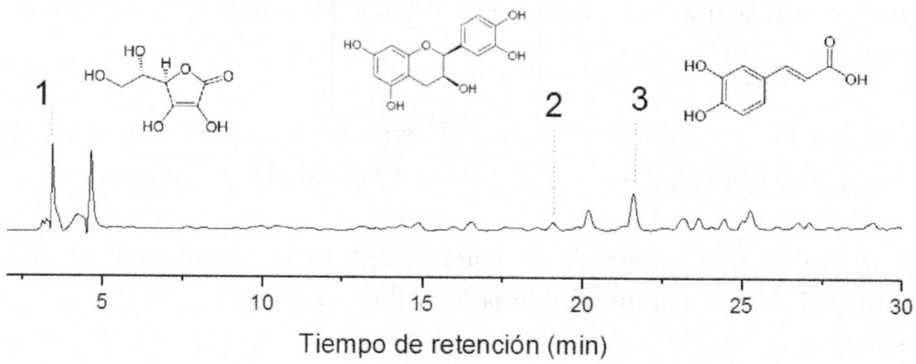

Figura 21. Identificación de compuestos fenólicos presentes en el extracto etanólico de la hoja de tronadora.

que existe una mayor presencia de ácidos fenólicos en el extracto etanólico de la hoja de tronadora, pues en éste, a diferencia del extracto acuoso, se identificó ácido ascórbico, a éste se le atribuyen propiedades antioxidantes (Halliwell, 1995 y Haruenkeit, Poovarodom & Vearasilp, 2011) debido a su fuerte poder reductor (Duran & Borja Padilla, 1993) con lo que se puede inferir que a mayor concentración de ácido ascórbico mayor es la actividad antioxidante del extracto.

De acuerdo a los resultados, el extracto etanólico de la hoja de tronadora puede ser un potencial antioxidante e hipoglucemiante por la vía enzimática, inhibiendo la α-amilasa y α-glucosidasa.

6.6. Conclusiones

De manera íntegra, podemos decir que nuestros resultados apoyan aún más la opinión de que algunas plantas medicinales son fuentes prometedoras de antioxidantes naturales (flavonoides) que podrían conservar la función de las células β y de esta manera prevenir la formación de ROS y así los efectos de la DM-II.

- En la hoja de tronadora, raíz de nopal y raíz de wereque el contenido de fenoles totales y la capacidad antioxidante difiere significativamente entre ellas.

- El mayor contenido de fenoles totales y de flavonoides se obtiene con los extractos etanólicos de la hoja de tronadora, confirmándose con las evaluaciones fitoquímicas donde se evidencia la presencia de estos compuestos.

- Existe una relación estrecha entre la capacidad antirradical y reductora de hierro.

- La evaluación *in vitro* demostró que el extracto de la hoja de tronadora con etanol como disolvente presentan la mayor actividad antioxidante.

- En la evaluación *in vitro* de actividad inhibitoria enzimática (hipoglucemiante) el extracto etanólico de la hoja de tronadora presentó los mejores resultados.

- Se comprobó la actividad hipoglucemiante de los compuestos fenólicos en los extractos etanólicos de la hoja de tronadora, raíz de wereque y raíz de nopal mediante la inhibición enzimática.

- La actividad antioxidante de la hoja de tronadora, raíz de nopal y raíz de wereque está íntimamente relacionada con la prevención DMII así como también contrarresta los efectos secundarios de ésta.

- De acuerdo a los resultados, el extracto etanólico de la hoja de tronadora puede ser un potencial antioxidante e hipoglicemiante por la vía enzimática, inhibiendo la α-amilasa y α-glucosidasa.

Referencias

Adedayo, O., Ganiyu, O., Funmi, P., Tech, M., Sunday, I., & Opeyemi., B. (2015). Antioxidant properties of phenolics constituents from different varieties of *Corchorus spp. Journal of Taibah University Medical Sciences,* 10(3), 278-287. https://doi.org/10.1016/j.jtumed.2014.11.005

Alarcón, F., Calzada, F., Hernández, G., Ruiz, C., & Román, R. (2005). Acute and chronic hypoglycemic effect of Ibervillea sonorae root extracts-II. *Journal of ethnopharmacology,* 97, 447-452. https://doi.org/10.1016/j.jep.2004.11.035

Achenbach, H., Horn, K., Dominguez, J., Rombold, C., & Gómez-López, E. (1993). Cucurbitanes and cucurbitae-type glycosides from Ibervillea sonorae. *Phytochemistry,* 33(2), 437-445. https://doi.org/10.1016/0031-9422(93)85535-Y

Aguilar-Santamarina, L., Rámirez, G., Nicasio, P., Alegría-Reyes, C., & Herrera-Arellano, A. (2009). Antidiabetic activities of Tecoma stans (L.) Juss. ex Kunth. *Journal of Ethnopharmacology*. 124 (2009) 284-288. https://doi.org/10.1016/j.jep.2009.04.033

Aguirre-Joya, J., De la Garza-Toledo, H., Zugasti-Cruz, A., Belmares-Cerda, R., Aguilar-Cristobal, N. (2013). The optimization of phenolic compounds extraction from cactus pear *(Opuntia ficus-indica)* skin in a reflux system using response surface methodology. *Asian Pacific Journal of Tropical Biomedicine*, 3, 436-442. https://doi.org/10.1016/S2221-1691(13)60093-3

Ahmed, F. (2001). Analyses of pesticides and their metabolites in food and drinks. *Trends Anal Chem*, 20, 649. https://doi.org/10.1016/S0165-9936(01)00121-2

Argáez-López, N., Wacher, N., Kumate-Rodríguez, J., Cruz, M., Talavera, J., Rivera-Arce, E. et al. (2003). The use of complementary and alternative medicine therapies in type 2 diabetic patients in México. *Diabetes care*, 26, 2470-2471. https://doi.org/10.2337/diacare.26.8.2470

Argueta, V. (1994). *Atlas of the traditional Mexican medicinal plants*. 1051-1052. México: National Indigenous Institute.

Blancas, G. (2005). *Obtención del extracto y la fracción hipoglucemiante de la raíz de Ibervillea sonorae*. Trabajo de servicio social. División de ciencias biológicas y de la salud.

Barreira, J., Ferreira, C., Oliveira, B., & Pereira, J. (2008). Antioxidant activities of the extracts from chestnut flower, leaf, skins and fruit. *Food chemestry*, 107, 1106-1113. https://doi.org/10.1016/j.foodchem.2007.09.030

Benzie, I., & Strain, J. (1999). Ferric reducing/antioxidant power assay: Direct measure of total antioxidant activity of biological fluids and modified version for simultaneus measurement of total antioxidant power and ascorbic acid concentration. *Methods of Enzymology*, 29, 15-27. https://doi.org/10.1016/S0076-6879(99)99005-5

Biesaga, M. (2011). Influence of extraction methods on stability of flavonoids. *Journal of Chromatography A*, 1218, 2505-2512. https://doi.org/10.1016/j.chroma.2011.02.059

Branchet, A., Rudaz, S., Mateus, L., Christen, P., & Veuthey, J.L. (2001). Optimisation of accelerated solvent extraction of cocaine and benzoylecgonine from coca leaves. *Journal of Separation Science,* 24, 865-873. https://doi.org/10.1002/1615-9314(20011101)24:10/11<865::AID-JSSC865>3.0.CO;2-U

Brand-Williams, W., Cuveiler, M., & Berset, C. (1995). Use of a free radical method to evaluate antioxidant activity. *Lebensimittel-Wissenchaft and Technologie,* 28, 25-30. https://doi.org/10.1016/S0023-6438(95)80008-5

Bravo-Solis, H., & Sánchez-Mejorada, H. (1991). *Las cácteceas de México* (Vol. 3). México: U. A. Mèxico, Ed.

Cuevas-Quintero, A., & Brambila-Horta, B. (2003). *Química I.* México: Editorial Umbral. 137.

Costantino, L., Raimondi, L., Pirisino, R., Brunetti, T., Pessotto, P., Giannessi, F., Lins, A., Barlocco, D., Antolini, L., & El-Abady, A. (2003). Isolation and pharmacological activities of the Tecoma stans alkaloids. *IL Farmaco,* 58, 781-785. https://doi.org/10.1016/S0014-827X(03)00133-2

Dean, R., Hunt, J., & Wolff, S. (1988). Hydroxyl radical production and autoxidative glycosylation. Glucose autoxidation as the cause of protein damage in the experimental glycation model of diabetes and aging. *Biochemical Journal,* 256, 205-212. https://doi.org/10.1042/bj2560205

Gao, M., & Llu, C. (2005). Comparsion techniques for the extraction of flavonoids from cultures cells of Saussurea medusa Maxim. *World Journal of Microbiology & Biotechnology,* 21, 1461-1463. https://doi.org/10.1007/s11274-005-6809-1

Gray, D. (1995). Carbohydrate digestion and absorption-role of small intenstine. *New England Journal of Medicine,* 29, 1225-1230.

Halliwell, B. (1995). Oxygen radicals, nitric oxide and human inflammatory joint disease. *Annals of rheumatic diseases,* 54, 505-510. https://doi.org/10.1136/ard.54.6.505

Haruenkeit, R., Poovarodom, S., & Vearasilp, S. (2011). Comparsion of Bioactive Compounds, Antioxidant and Antiproliferative Activities of Mon Thong Durian During Ripening. *Food chemestry,* 118 (3), 540-547.

Hernández, E., Calzada, F., Román, R., & Alarcón, F. (2007). Monoglycerides and fatty acids from Ibervillea sonorae root: isolation and hypoglycemic activity. *Planta medica,* 73, 236-240. https://doi.org/10.1055/s-2007-967117

Hernández, A. (2011). Producción de extractos de *Ibervillea sonorae* y su evaluación biológica *in vitro* e *invivo.* Intituto Politecnico Nacional.

Hernández-Galicia, E., Calzada, F., Román-Ramos, R., & Alarcón-Aguilar, F. (2007). Monoglycerides and fatty acids from Ibervillea sonorae root: isolation and hypoglycemic activity. *Planta Medica,* 73, 236-240. https://doi.org/10.1055/s-2007-967117

Hernández-Galicia, H., Aguilar-Contreras, A., Aguilar-Santamaría, L., Román-Ramos, R., Chavez-Miranda, A., Garcia-Vega, L. et al. (2002). Studies on hypoglycemic activity of Mexican medicinal plants. *Proceedings of the Western Pharmacology Society,* 45, 118-124.

Ibáñez-Camacho, R., & Roman-Ramos, R. (1979). Hypoglycemic effect of Opuntia cactus. *Arch Ivest Med,* 10(4), 223-230.

Jonhson, L., Strich, H., Taylor, A., Timmermann, B., Malone, D., Teufel-Shone, N. et al. (2006). Use of herbal remedies by diabetic Hispanic women in the southwestern United States. *Phytitherapy Research,* 20, 250-255. https://doi.org/10.1002/ptr.1820

Katalinic, V., Milos, M., Kulisic, T., & Jukic, M. (2006). Screening of 70 medicinal plants extracts for antioxidant capacity and total phenols. *Food Chemistry,* 94, 550-557. https://doi.org/10.1016/j.foodchem.2004.12.004

Kwon, Y.-I., Vattem, D.A., & Shetty, K. (2006). Clonal herbs of Lamiaceae species against diabetes and hypertension. *Asia Pacific Journal of Clinical Nutrition,* 15, 107-118.

Know, Y., Apostolidis, E., Kim, Y., & Shetty, K. (2007). Health Benefits of Traditional Corn, Beans, and Pumpkin: In vitro Studies for Hyperglycemia and Hypertension Management. *Journal of Medicinal Food,* 10(2), 266-275. https://doi.org/10.1089/jmf.2006.234

Krentz, A., & Bailey, C. (2005). Oral antidiabetic agents: Current role in type 2 diabates mellitus. *Drugs,* 65, 385-411. https://doi.org/10.2165/00003495-200565030-00005

Lakshmana-Senthil, S., Vinoth-Kumar, T., Geetharamani, D., Suja, G., Yesudas, R., & Chacko, A. (2015). Fucoidan- An α-amylase inhibitor form Sargassum wightti with relevance to NIDDM. *International Journal of Biological Macromolecules,* 81, 644-647. https://doi.org/10.1016/j.ijbiomac.2015.08.065

Luque de Castro, M.D., & Priego-Capote, F. (2010). Soxhlet extraction: Past and present panacea. *Journal of Chromatography A,* 1217, 2383-2389.

Maestro-Duran, R., & Borja-Padilla, R. (1993). Actividad antioxidante de las vitaminas C y E y de la provitamina. *Instituto de la Grasa y sus Derivados (C.S.I.C),* 44(2), 107-111.

Martins, R., Chan, C., Waddington, E., Veurink, G., Laws, S., Croft, K. et al. (1999). Beta-amyloid and oxidative stress in the pathogenesis of Alzheimer´s disease. En T. Basu, N. Temple, & M. Garg (Eds.). *Antioxidant in Human Health and Disease* (367-391). Wallingford, Oxon, UK: CAB International.

McCue, P., & Shetty, K. (2004). Inhibitory effects of rosmarinic acid extracs on porcine pancreatic amylase in vitro. *Asia Pacific Journal of Clinical Nutrition,* 13, 101-106.

Miller, N., Rice-Evans, C., Davies, M., Gopinathan, V., & Milner, A. (1993). A novel method for measuring antioxidant capacity and its application to monitoring the antioxidant status in premature neonates. *Clinical Science,* 84, 407-412. https://doi.org/10.1042/cs0840407

Norman, J., & Temple. (2000). Antioxidants and disease: more questions than answers. *Nutrition Research,* 20(3), 449-259. https://doi.org/10.1016/S0271-5317(00)00138-X

Plantas medicinales de México (2011). Recuperado el 10 de Febrero de 2015 de *Plantas medicinales de México.* http://plantasdemexico.blogspot.mx/2011/07/tronadora-tecoma-stans.html

Ranilla, L., Kwon, Y., & Apostolidis, E. (2010). Phenolic compounds antioxidant activity and in vitro inhibitory potential against key enzymes relevant for hyperglycemia and hypertension of commonly used medicinal plants, herbs and spices in Latin America. *Biosource Technology*, 101, 4676-4689. https://doi.org/10.1016/j.biortech.2010.01.093

Rivera, F., Escalona, G., Garduño, L., Galaviz, C., & Paniagua, N. (2011). Anti-obesity and hypoglycaemic effects of aqueus extract of Ibervillea sonorae in mice fed a high-fat diet with fructose. *Journal of biomedicine and biotechnology*, 1, 1-6. https://doi.org/10.1155/2011/968984

Sarmadi, B., Aminuddin, F., Hamid, M., Saari, N., Abdul-Hamid, A., & Ismail, A. (2012). Hypoglycemic effects of cocoa *(Theobroma cacao* L.) autolysates. *Food Chemistry*, 134, 905-911. https://doi.org/10.1016/j.foodchem.2012.02.202

Shen, G., & Lee, H. (2003). Determination of triazines in oil by microwave-assisted extraction followed by solid-phase microextraction and gas chromatography-mass spectrometry. *Journal of Chromatography*, 985, 167. https://doi.org/10.1016/S0021-9673(02)01222-0

Shobana, S., Sreerama, Y.N., & Malleshi, N. (2009). Composition and enzyme inhibitory properties of finger millet *(Eleusine coracana* L.) seed coat phenolics: Mode of inhibition of α-glucosidase and pancreatic amylase. *Food Chem*, 115, 1268-1273. https://doi.org/10.1016/j.foodchem.2009.01.042

Srinivasan, K. (2005). Plant foods in the management of diabetes mellitus: spices as beneficial antidiabetic food adjuncts. *International Journal of Food Sicences and Nutrition*, 56(6), 399-414. https://doi.org/10.1080/09637480500512872

Veitch, N., & Grayer, R. (2008). Flavonoids and their glycosides, including anthocyanins. *Natural Products Reports*, 25, 555-661. https://doi.org/10.1039/b718040n

Vinatoru, M. (2001). An overview of the ultrasonically assited extraction of bioactive principles from herbs. *Ultrasonics Sonochemestry*, 8, 303-313. https://doi.org/10.1016/S1350-4177(01)00071-2

Waterhouse, A. (2002). Determination of total phenolics. *Current Protocols in Food Analytical Chemistry*, 11.1.1-11.1.8.

Winkelman, M. (1986). Frequently used medicinal plants in Baja California Norte. *Journal of Ethnopharmacology*, 18, 109-131. https://doi.org/10.1016/0378-8741(86)90024-3

Xolalpa-Molina, S. (1994). *Flora medicinal Mayo de la región de El Fuerte y Choix, Sinaloa.* México: Instituto Nacional Indigenista.

Capítulo 7

INTRODUCCIÓN EN LOS PROCESOS DE ENCAPSULACIÓN DE MOLÉCULAS NUTRACÉUTICAS

Valentino Mukthar Sandoval-Peraza[1,2], Trinidad Cu-Cañetas[2], Gwendolyne Peraza-Mercado[3], Pablo Oscar M. Acereto-Escoffié[4]

[1] Universidad Autonoma del Estado de Morelos/Facultad de Medicina, Cuernavaca, Morelos, México.

[2] Universidad Modelo/Escuela de Salud, Mérida, Yucatán, México

[3] Universidad Autónoma de Ciudad Juárez/Instituto de Ciencias Biomédicas (Departamento de Ciencias Químico Biológicas), Ciudad Juárez, Chihuahua, México.

[4] Universidad Autónoma de Yucatán/Facultad de Ingeniería Química, Mérida, Yucatán, México.

vamusa_peraza@hotmail.com, amaranto39@hotmail.com, gperaza@uacj.mx, acesco@correo.uady.mx

https://doi.org/10.3926/oms.358

Sandoval-Peraza, V.M., Cu-Cañetas, T., Peraza-Mercado, G., & Acereto-Escoffié, P.O.M. (2016). Introducción en los procesos de encapsulación de moléculas nutracéuticas. En M.E. Ramírez Ortiz (Ed.). *Alimentos Funcionales de Hoy*. Barcelona, España: OmniaScience. 181-218.

Resumen

El consumo de productos denominados NUTRACÉUTICOS ha tomado más interés por parte de la sociedad, ya que la aparición de enfermedades crónico-degenerativas es cada vez más común; incluso presentándose en poblaciones de niños y adolescentes. Se ha documentado que el consumo de este tipo de productos tiene un impacto benéfico en la salud, independientemente de su aporte nutricional. Sin embargo, un problema al cual se enfrentan este tipo de moléculas es que al momento de entrar en el organismo son inactivadas por las condiciones del medio al cual están expuestas o el tiempo de su efectividad se reduce.

Por esta razón, se puede hacer uso de las diversas técnicas de microencapsulación; las cuales tienen como objetivo proporcionar de una cubierta a la molécula que está siendo encapsulada y de esta manera garantizar su absorción y dosificación en la zona deseada. En el presente trabajo se abordan el concepto de nutracéuticos; las características de los materiales más comunes y no convencionales utilizados para encapsular; algunos de los procesos de encapsulación, microencapsulación y nanoencapsulación; la utilización de proteínas, lípidos y carbohidratos aplicados en las principales técnicas encapsulantes; los factores que pueden limitar los procesos de encapsulación, la liberación del principio activo y finalmente algunos ejemplos de nutracéuticos encapsulados.

Palabras clave

Microencapsulación, sustancias nutracéuticas, procesos de encapsulación.

7.1. Nutracéuticos

Cuando se habla de productos nutracéuticos, muchas veces se les cataloga como alimentos funcionales; sin embargo, difieren entre sí, ya que un producto nutracéutico es una sustancia de origen natural que al ingresar al organismo se comporta como medicamento, proporcionando un efecto beneficioso para la salud más allá de su valor nutricional (Cortés, Prieto & Rozo, 2015). Se puede señalar que dentro de las moléculas nutracéuticas, los fitoquímicos son utilizados no solo para el tratamiento de enfermedades, sino también para su prevención (Rincón-León, 2003). La organización canadiense *Health Canada* menciona que un producto nutracéutico además de ser un producto aislado o purificado proveniente de los alimentos y haber demostrado tener un efecto fisiológico benéfico en la protección contra enfermedades crónicas, generalmente se vende en presentaciones similares a los fármacos como polvos, pastillas, cápsulas, etc. (Monge et al., 2008). En los últimos años diversas investigaciones han demostrado que el papel primario de cualquier dieta va más allá de suplir las necesidades que demandan los requerimientos metabólicos, también es importante modular determinadas funciones en el organismo, razón por la que cada día se prefiere aquellos alimentos o productos que tengan una actividad biológica (Barreto & Rodríguez, 2010).

Un aspecto importante de los productos nutracéuticos es que las sustancias que han sido extraídas de los alimentos deben conservar sus propiedades originales sin hacerles ningún tipo de manipulación química. Una vez extraídos, estos compuestos son estudiados mediante procesos similares a los que se emplean para identificar las propiedades biológicas de los fármacos. Cuando sus propiedades han sido documentadas, se comercializan para consumo humano, como complementos nutricionales, sin sustituir la dieta diaria. Dentro de los grupos nutracéuticos más importantes se puede hacer mención de los antioxidantes, compuestos fenólicos, fibra dietética, aceites, ácidos grasos, fosfolípidos, prebióticos, minerales, etc. (Biruete, Juárez, Sieiro, Romero & Silencio, 2009).

A pesar de los efectos benéficos que presentan los productos nutracéuticos, muchas de estas sustancias al entrar en el organismo son inactivadas por el medio al cual son expuestas, sin lograr un adecuado funcionamiento; ante dicho problema, el aumentar las dosis de estos compuestos puede jugar un efecto adverso y producir malestares en el organismo. Por ejemplo, la vitamina C es conocida por su poder antioxidante y aunque se almacena en forma limitada en el organismo, se recomienda no ingerir más de 2,000 mg/día, ya que tales dosis pueden provocar malestares estomacales y diarrea. (Biruete et al., 2009; Segura-Campos, Chel-Guerrero, Betancur-Ancona & Hernández-Escalante, 2011). Ante este dilema, se puede hacer uso de la encapsulación, ya que este tipo de coberturas tienen como objetivo dar estabilidad, protección al medio que se expone y liberación controlada del compuesto encapsulado (Thies, 2003).

7.2. Características de los materiales utilizados en la encapsulación

Son diversos los criterios para seleccionar un material apropiado para la encapsulación. Generalmente se tienen en cuenta el tipo de activo, sus características y la aplicación en la que se van a utilizar. El costo se mantiene como un factor clave para elegir el material más adecuado. No importa de qué material se trate, la conversión de las características fisicoquímicas de los materiales será la condición para el éxito del desarrollo del nuevo producto. Por lo tanto, es requisito estudiar y analizar todas las propiedades del material a emplear para la obtención de las cápsulas con el fin de concluir y predecir su comportamiento bajo las condiciones de producción, almacenamiento y consumo (Nedovic, Kalusevic, Manojlovic, Levic & Bugarski, 2011). Algunas de las características ideales de los materiales que se utilizan para la cobertura de la cápsula se mencionan a continuación (Shekhar, Madhu, Pradeep & Banji, 2010; Desai & Park, 2005).

- Buenas propiedades reológicas a altas concentraciones y fácil manejo.
- Habilidad de dispersarse o emulsificarse con el material a encapsular y mantener la estabilidad de la misma.
- No interaccionar con el material a encapsular durante el proceso de encapsulación seleccionado, así como en el tiempo de almacenamiento.
- Capacidad para cubrir y mantener dentro de su estructura al material encapsulado.
- Ser soluble en medio acuoso, disolventes o poder fundir la cubierta con la temperatura.
- Capacidad de proteger al máximo el material encapsulado de la acción de factores externos (oxígeno, temperatura, humedad, luz, entre otros).
- Capacidad de liberar completamente los disolventes u otros materiales utilizados durante el proceso de microencapsulación, ya sea en el secado o por condiciones de desolvatación.
- Controlar la liberación del material encapsulado en condiciones específicas.
- La cubierta puede enmascarar al sabor del incipiente encapsulado.

La diversidad de los materiales que son utilizados en la encapsulación se debe a que no todos cumplen con las características anteriormente mencionadas. Por esta razón se puede implementar la combinación del material encapsulante con antioxidantes, agentes quelantes, surfactantes, oxigenación, etc., con el objetivo de modificar sus propiedades. La modificación química también es una alternativa para poder mejorar las propiedades físicas y mecánicas del material encapsulante (Desai & Park, 2005).

7.2.1. Materiales de uso común

Muchas sustancias se emplean para recubrir o encapsular sólidos, líquidos o gases, de diferentes tipos y propiedades (Tabla 32). Sin embargo, las regulaciones sobre aditivos de alimentos son más rígidas que para productos farmacéuticos. Los materiales utilizados para el diseño de las cápsulas deben ser grado alimenticio, biodegradables y capaces de formar una barrera entre la fase interna y su alrededor (Nedovic et al., 2011).

Material para encapsular	**Cobertura específica**
Gomas	Acacia, agar, alginato de sodio, carragenina
Carbohidratos	Almidón, maltodextrinas, quitosano dextranos, sacarosa, jarabes de maíz
Celulosas	Etilcelulosa, metilcelulosa, acetilcelulosa, nitrocelulosa, caboximetil-celulosa
Lípidos	Ceras, parafinas, diglicéridos, monoglicéridos, aceites, grasas, ácido esteárico, trisetearina
Proteínas	Gluten, caseína, albúmina
Materiales inorgánicos	Sulfato de calcio, silicatos

Tabla 32. Materiales utilizados en la encapsulación (Desai & Park, 2005).

La mayoría de los materiales usados en el sector alimenticio son biomoléculas. Las caseínas, gelatina y gluten son los ejemplos más comunes de materiales proteicos usados en la encapsulación. Entre los materiales lipídicos se citan los ácidos grasos, alcoholes grasos, ceras (cera de abejas, carnauba, candelilla), glicéridos y fosfolípidos. De entre todos los materiales disponibles para encapsular, los de más amplia utilización en la encapsulación con aplicaciones en alimentos y nutracéuticos son los polisacáridos (Nedovic et al., 2011). Las fuentes de donde pueden obtenerse estos polisacáridos incluyen las semillas, algas, extracto de plantas, exudados, etc. (Rupérez & Bravo, 2001).

En cuanto a las gomas, a pesar de sus bondades, la producción de éstas en México es limitada. Aunque se tienen concesiones para la producción de alginato las empresas encargadas de dicho proceso, solo utilizan una mínima parte de las algas para emplearlas como alimento de abulón sin explotar la extracción de alginato. Los costos de venta del alginato se han incrementado recientemente, actualmente se vende en promedio a 11.6 USD por kilo. En cambio, si se produjera en México, la venta dejaría un margen de ganancia de aproximadamente 6.6 USD por kilo (Hernández-Carmona et al., 2012). Otro ejemplo es el de la goma arábiga, Pacheco (2010), menciona que en México del 2000 al 2003, la importación de esta goma aumentó de 3, $431 \cdot 10^3$ a 7, $056 \cdot 10^3$ kg con un valor de 4 millones de dólares. Sin embargo, en el 2004 la importación se redujo a 1, $457 \cdot 10^3$ kg pero su costo fue cinco veces mayor. Por esta razón, diversas investigaciones han sido encaminadas a la búsqueda de nuevas fuentes de materiales para encapsular y de esta forma aminorar los costos en importación.

7.2.2. Materiales no convencionales

Debido a los costos de importación, se han buscado fuentes alternativas para satisfacer las necesidades de la industria nutracéutica para la producción de productos encapsulados. Diversos estudios han investigado y reportado el uso de materiales no convencionales en los procesos de encapsulación. A continuación se mencionan algunos de los reportados en la literatura.

7.2.2.1. Gomas

- Aguilar (2007) reportó la encapsulación de aceite esencial de naranja, utilizando como material de recubrimiento almidón modificado proveniente de maíz céreo en conjunto con mucílago de nopal, utilizando el secado por aspersión.

- Acosta (2012) propuso la encapsulación de papaína con goma extraída de semillas de chía en combinación con alginato de sodio (50:50 p/p), utilizando el método de gelificación iónica.

- Betancur-Ancona, Pacheco-Aguirre, Castellanos-Ruelas & Chel-Guerrero (2011) investigaron la encapsulación de papaína con goma carboximetilada de flamboyán, utilizando el método de gelificación iónica.

- Sandoval (2015) reportó la encapsulación de fracciones polipeptídicas utilizando goma nativa de *Salvia hispanica* (chía) en combinación con alginato de sodio, utilizando el método de gelificación iónica.

- Jaya, Durance & Wang (2009) investigaron la encapsulación de ácido acetilsalicílico utilizando combinaciones de alginato y pectina, utilizando el método de gelificación iónica.

La ventaja de utilizar este tipo de materiales es que las fuentes de las cuales provienen son de fácil acceso y su costo de obtención es menor en comparación con el precio de las gomas comerciales. También cabe señalar que en los trabajos anteriormente citados, se encapsularon diferentes materiales, como enzimas, polipéptidos y fármacos, mostrando un amplio campo de aplicación.

7.2.2.2. Proteínas

- Ariyarathna & Karunaratne (2015) reportan el uso de proteínas aisladas de garbanzo para la encapsulación de vitamina B9. El proceso de encapsulación se realizó por acidificación hasta llegar al punto isoeléctrico de las proteínas para promover la precipitación, posteriormente se usó la centrifugación y liofilizado para producir las microcápsulas.

- Qiu-Yue et al. (2013) mencionan que las proteínas de la leche ofrecen propiedades funcionales para usarse como recubrimiento en procesos de encapsulación tales como: alta solubilidad, baja viscosidad en solución, buenas propiedades de emulsión y formación de películas, por lo que se han utilizado como probióticos. También las proteínas de la soya se han utilizado en el sector biomédico y farmacéutico. Estos mismos autores mencionan que la gelatina, ha sido utilizada para la encapsulación de probióticos sola o en combinación con otros compuestos. Debido a su excelente naturaleza anfotérica es un candidato excelente para cooperar con polisacáridos aniónicos como la goma gelan.

El uso como agente encapsulante de las proteínas de proteínas tiene ventajas, ya que no representan ningún peligro para el organismo que los consume. Adicionalmente, son biodegradables y pueden liberar el incipiente activo con facilidad (Parra, 2010).

7.2.2.3. Lípidos

- Torelló, Viscasillas & Del Pozo (2002) mencionan que la lecitina (fosfolípido) es el de mayor aplicación ya que es fácilmente extraíble de la yema de huevo y de la semilla de soya.

- Fathi, Mozafari & Mohebbi, (2012) mencionan que se utilizan vitaminas lipofílicas y minerales en la producción de liposomas. El mecanismo de formación de los liposomas se basa en las interacciones desfavorables que ocurren entre compuestos anfifílicos (principalmente fosfolípidos) y las moléculas de agua, en donde los grupos de cabeza polares de los fosfolípidos interaccionan con las fases acuosas del medio interno y externo y las colas hidrocarbonadas hidrofóbicas asociadas en una bicapa, constituyen las estructuras laminares del núcleo esférico.

La ventaja de los materiales usados en la producción de liposomas es que estos son biodegradables y no son tóxicos. Lo anterior ha hecho que la utilización de este tipo de partículas sea más notable en la industria cosmética (Torelló et al., 2002).

En general, dentro de los agentes encapsulantes se destacan las proteínas y las gomas que son biopolímeros muy complejos y de gran diversidad funcional debido a su naturaleza química. La conformación de estos compuestos se ve fuertemente influenciada por el pH y la fuerza iónica del ambiente (Takenaka, Kawashima & Lin, 1980).

7.3. Procesos de encapsulación: Microencapsulación y nanoencapsulación

La encapsulación es un proceso tecnológico que permite contener una sustancia o agente activo en el interior de otra que constituye el recubrimiento. La encapsulación mejora la incorporación de moléculas bioactivas o nutracéuticos (antioxidantes, minerales, vitaminas, fitosteroles, luteínas, ácidos grasos, licopeno, etc.), así como de células vivas (probióticos). Existen diversas razones para emplear la tecnología de encapsulación, esta proporciona una barrera física entre los compuestos bioactivos sensibles y el medio ambiente, lo que permite estabilizar los ingredientes de los alimentos durante el procesamiento y en el producto final, al reducir procesos de degradación como la oxidación o la hidrólisis, lo que incrementa la biodisponibilidad de los principios activos. Además, permite la liberación del contenido a una velocidad controlada a lo largo del tiempo o bajo condiciones específicas en el sitio deseado (Nedovic et al., 2011).

7.3.1. Microencapsulación

El proceso de microencapsulación queda definido por el tamaño de las partículas que se encapsulan. La mayoría de las microcápsulas son pequeñas esferas con diámetros comprendidos entre unos micrómetros a unos milímetros. El tamaño y la forma de las micropartículas depende de las propiedades fisicoquímicas del material de la pared (monómeros y polímeros), de la composición de la pared y de la técnica de microencapsulación utilizada. Entre los principales procesos de microencapsulación se encuentran: secado por aspersión, aspersión a bajas temperaturas, deshidratación por congelación, atrapamiento en liposomas, extrusión, coacervación, cocristalización, revestimiento en suspensión aérea, separación por suspensión rotativa, polimerización interfacial, gelificación iónica etc. (Gharsallaoui, Roudaut, Chambin, Voilley & Saurel, 2007).

7.3.2. Nanoencapsulación

La nanoencapsulación es un proceso que implica el atrapamiento de agentes bioactivos dentro de materiales de soporte con una dimensión a nanoescala. Las aplicaciones de las nanotecnologías relacionadas con los alimentos ofrecen una amplia gama de beneficios para el consumidor. Los materiales utilizados como recubrimiento a nanoescala más adecuados para aplicaciones alimentarias son los hidratos de carbono, lípidos y proteínas. El uso de esta tecnología permite la reducción en el uso de conservantes, sal, grasa, tensioactivos, etc., permite el desarrollo y mejoramiento de sabores, texturas y sensaciones en la boca a través del procesamiento a nanoescala de los productos alimenticios. Estas técnicas también permiten incrementar la estabilidad de compuestos sensibles como vitaminas, disminuir la evaporación y la degradación de bioactivos volátiles como aromas y sabores; también se usa para enmascarar sabores desagradables como los polifenoles; también limita la exposición de ácidos grasos insaturados al oxígeno o la luz (Fathi et al., 2012).

Las nanoformulaciones también pueden mejorar la ingesta, absorción y biodisponibilidad de los nutrientes y suplementos en el cuerpo, en comparación con los equivalentes a granel. Las enormes demandas para la producción de alimentos funcionales con mayor valor nutricional, dosis más baja de conservantes sintéticos y mejores características organolépticas pronostican innumerables aplicaciones de nanoencapsulación en la elaboración de alimentos. Ésta tecnología permite el envasado de alimentos con nuevos materiales poliméricos más ligeros y fuertes para mantenerlos comestibles, frescos y seguros durante el transporte y almacenamiento. Actualmente, los nano-productos, están enfocados al envasado y productos de alimentos con efectos benéficos para la salud. Las áreas de crecimiento más prometedores identificados para el futuro cercano incluyen empaques «activos» y/o «inteligentes» de principios activos benéficos para la salud y de alimenticios funcionales (Fathi et al., 2012).

7.4. Principales técnicas de encapsulación

El tamaño de la partícula que se obtenga como resultado final, dependerá de la técnica utilizada para su encapsulación; de ahí que se haga una separación con base en el tamaño de partícula. Por ejemplo, Thies (2003) menciona que se puede considerar como microcápsula a aquellas partículas que tengan un diámetro entre 1-1000 μm, partículas menores a 1 μm se consideran como nanopartículas y aquellas que son mayores a 1000 μm se pueden definir como microgránulos o macrocápsulas. Este mismo autor describe que a pesar de estas medidas no hay una norma oficial aprobada que defina cuál es la clasificación para una partícula con base a su tamaño, de allí las diferentes clasificaciones usadas por diversos autores.

En el proceso de encapsulación se emplean diversas técnicas. Dado que los compuestos que se encapsulan se encuentran a menudo en forma líquida, la mayoría de las tecnologías se basan en procesos de secado. De hecho, la técnica de encapsulación más utilizada en la industria de los alimentos, es el secado por aspersión (spray drying) la cual representa del 80 al 90 %. En el porcentaje restante se incluyen el de aspersión en frío (spray-chilling), deshidratación por congelación (freeze-drying), revestimiento en lecho fluido (fluid-bed coating) secado en lecho de aspersión (spray-bed-drying), extrusión en estado fundido (melt extrusion), e inyección en estado fundido (melt injection). La inclusión de moléculas en ciclodextrinas y vesículas liposomales son tecnologías más caras y por lo tanto menos explotadas (Nedovic et al., 2011). También existen técnicas como coacervación, polimerización interfacial, incompatibilidad polimérica, gelificación iónica, etc. (Sandoval, 2015). A continuación se describen algunas de las técnicas de mayor difusión y uso por parte de la industria en la producción de productos encápsulados.

7.4.1. Secado por aspersión

Esta es una de las técnicas de encapsulación más antiguas y utilizadas en el sector de la industria alimenticia. Es una técnica flexible, continua, económica que produce partículas de buena calidad. Esta característica es deseable desde el punto de vista sensorial y de textura del producto final, además, esta técnica es apropiada para materiales sensibles al calor, ya que el tiempo de exposición a temperaturas elevadas es corto (5-30 segundos) (Jafari, Assadpoor, He & Bhandari, 2008; Nedovic et al., 2011).

Durante este proceso, la evaporación del solvente es rápida y el atrapamiento de los compuestos de interés ocurre casi instantáneamente. El secado por aspersión es una operación unitaria mediante la cual un producto líquido se atomiza en una corriente de gas caliente para obtener instantáneamente un polvo. El gas generalmente utilizado es aire o más raramente un gas inerte como el nitrógeno. El líquido inicial que alimenta el rociador puede ser una solución, una emulsión o una suspensión. El secado por aspersión puede producir un polvo muy fino con un tamaño de partícula que comprende de 10 a 50 μm; o bien, tamaños grandes que pueden ser de 2 a 3 mm. Lo anterior dependerá del material de alimentación inicial y condiciones de operación. Las formas y estructura de los microencapsulamientos varían de formas esféricas simples con un recubrimiento de grosor uniforme a partículas irregulares tanto en su interior como en su exterior. En el centro puede quedar atrapada una o varias matrices y los recubrimientos pueden estar formados por más de una capa (Gharsallaoui et al., 2007).

7.4.2. Aspersión en frío o congelación

Las técnicas de aspersión a bajas temperaturas son tecnologías que producen agentes activos recubiertos con lípidos. Estas técnicas se pueden aplicar en los siguientes casos:

1. La dispersión de ingredientes solubles en agua en una grasa fundida o cera.
2. La disolución del agente en el lípido.
3. La suspensión del principio activo como partículas sólidas o como emulsión acuosa.

La diferencia de estas dos técnicas es determinada por el punto de fusión de los lípidos. Por ejemplo, en la aspersión en frío, la dispersión se realiza a través de inyectores con calefacción dentro de una cámara a temperatura ambiente o temperatura de refrigeración; si la cámara está a temperatura ambiente, el material de encapsulación tendría un punto de fusión entre 45 y 122°C, y si la cámara esta fría, los materiales fundirían entre 32-42°C. En este caso, las partículas se mantienen a una temperatura baja en una configuración similar a la aspersión en lecho fluidizado. La aspersión en frío es una técnica que posibilita altos rendimientos y que se puede correr en los modos de procesamiento en lote o continuos (Nedovic et al., 2011).

En la aspersión a temperaturas de congelación, el material a encapsular es mezclado con el acarreador y es atomizado por medio de aire frío. Las microcápsulas son producidas por nebulización de la emulsión o suspensión que contiene el material de la pared y la sustancia activa puede ser sólida o líquida. Las coberturas empleadas usualmente son aceites vegetales. La reducción de la temperatura produce una solidificación del lípido de recubrimiento y el atrapamiento de la sustancia activa en el centro de la cápsula. Los métodos de aspersión por enfriamiento son usualmente empleados para encapsular compuestos químicos como sulfato ferroso, vitaminas, minerales, acidulantes, sabores, productos aromáticos para panadería, sopas en polvo y alimentos conteniendo un alto nivel de grasa (Parra, 2010).

7.4.3. Revestimiento en lecho fluido

Esta es una metodología del secado por aspersión modificada, que amplía su campo de aplicación. En esta tecnología los componentes bioactivos sólidos de los alimentos se suspenden con una corriente de aire a una temperatura específica y se rocían con un material de cobertura atomizado en un procesador discontinuo o continuo (De Vos, Faas, Spasojevic & Sikkema, 2010; Nedovic et al., 2011). La elección del material para encapsulación es más amplia que para el de secado por aspersión tradicional. Como materiales para recubrimiento se pueden utilizar proteínas, hidratos de carbono, grasas y emulsionantes (De Vos et al., 2010). El material de recubrimiento puede ser así una solución acuosa de celulosa, de derivados de almidón o gomas (Nedovic et al., 2011). También es útil para aplicar una capa adicional de moléculas para la liberación dirigida en el intestino (De Vos et al., 2010).

7.4.4. Extrusión

El método de extrusión constituye el segundo proceso más usado, después del secado por aspersión, para la encapsulación de sabores. La microencapsulación por extrusión involucra el paso de una emulsión del material activo y el material pared a través de un dado a alta presión (Parra, 2010). La extrusión consiste en producir pequeñas gotas del material encapsulante al forzar una solución a través de boquillas o pequeñas aberturas en dispositivos generadores de gotas. Cuanto menor es el diámetro interior de la boquilla o aberturas, más pequeñas son las cápsulas (De Vos et al., 2010). A escala laboratorio la herramienta de goteo puede ser una pipeta, una jeringa, una boquilla de un atomizador, un cortador de chorro o disco de atomización (Nedovic et al., 2011). La producción de gotas a gran escala puede lograrse con sistemas de boquillas múltiples, atomizador de disco giratorio o por técnicas de corte y propulsión a chorro. Una ventaja de la tecnología de extrusión es que, en la mayoría de los casos, se logra un verdadero procedimiento de encapsulación en lugar de una simple inmovilización (De Vos et al., 2010).

Las tecnologías de extrusión tienen muchas ventajas para la encapsulación de microorganismos. Es relativamente suave, no implica disolventes perjudiciales y se puede hacer tanto en condiciones aeróbicas como anaeróbicas. Esto último es una ventaja especial cuando se quiere trabajar con microorganismos anaeróbicos con productos alimenticios. Las modificaciones para hacer esto son muy simples. El dispositivo de extrusión tiene que ser colocado en un gabinete estéril donde el oxígeno se sustituye por nitrógeno. Las tecnologías de extrusión se aplican también para la encapsulación de sabores, enzimas y proteínas (De Vos et al., 2010).

7.4.5. *Inclusión molecular*

La inclusión molecular en ciclodextrinas y vesículas liposomales se presenta como otra alternativa que proporciona algunas características específicas a los bioactivos, sin embargo, estas técnicas son más costosas y por lo tanto menos explotadas. Las ciclodextrinas tienen una bolsa interna lipofílica de aproximadamente 5 a 8 Å, en la cual una molécula activa con el tamaño correcto se atrapa reversiblemente en un ambiente acuoso. El pequeño tamaño del anillo que forma el hueco limita su capacidad. Los liposomas son partículas con un tamaño de 30 nm a varios micrones. El mecanismo para la creación de liposomas se basa en interacciones hidrofílicas-hidrofóbicas entre fosfolípidos y moléculas de agua (Nedovic et al., 2011).

7.4.6. *Emulsión*

El procedimiento de encapsulación mediante emulsificación es otra técnica utilizada frecuentemente con agentes activos de alimentos solubles en agua. Hay dos tipos de emulsiones: emulsiones agua-aceite o aceite-agua y emulsiones dobles agua-aceite-agua. Una emulsión aceite en agua puede secarse por diferentes métodos tales como aspersión y liofilización que produce un polvo. Las emulsiones secas se pueden encapsular (Nedovic et al., 2011).

7.4.7. *Liofilización*

Los procesos de secado al vacío y deshidratación por congelación son muy similares. El primero es más rápido y económico porque trabaja a temperatura arriba del punto de congelación del solvente. La principal desventaja del secado por congelación es el alto consumo de energía y el prolongado tiempo de procesamiento. Además, durante el procesamiento, se forma una barrera con una estructura porosa entre el agente activo y su alrededor. Esta pared de alta porosidad ofrece una protección pobre cuando se requiere una liberación prolongada del principio activo (Nedovic et al., 2011).

7.4.8. *Gelificación iónica*

Esta técnica se desarrolló inicialmente para la inmovilización de células, se utiliza principalmente el alginato como componente de la membrana y se utiliza la combinación de iones divalentes como el calcio o bario para inducir la gelificación. Esta interacción es un entrecruzamiento iónico divalente entre los iones de la molécula divalente y las unidades de ácido gulurónico de alginato, dando lugar a un gel conocido como «modelo de caja de huevo». El alginato al entrar en contacto con los iones de calcio forma un gel instantáneamente; los iones se siguen difundiendo en el alginato, produciendo el endurecimiento del gel con el paso del tiempo de interacción. Basado en el peso del alginato, se requiere de 7.2% de calcio para lograr una sustitución completa; sin embargo, con solo 2.2% de calcio se logra la formación del gel (Pedroza-Islas, 2002; Pacheco-Aguirre, Rosado-Rubio, Betancur-Ancona & Chel-Guerrero, 2008).

7.5. Utilización de proteínas en procesos de encapsulación

Las técnicas anteriormente descritas a excepción de la aspersión en frío e inclusión molecular (recubrimiento con lípidos) emplean mayormente el uso de carbohidratos (gomas) para la producción de cápsulas y materiales de recubrimiento en aplicaciones para alimentos. Sin embargo, estas mismas técnicas pueden ser aplicadas usando proteínas como material de recubrimiento. Los procedimientos utilizados originan normalmente microcápsulas. El uso de proteínas para recubrimiento resulta benéfica por su biodegradabilidad, ausencia de toxicidad y reacciones colaterales (biocompatible), ventajas nutricionales y por ser reconocidos como seguros en aplicaciones de alimentos (Ariyarathna & Karunaratne, 2015).

Se han estudiado proteínas de origen animal, vegetal (garbanzo, soya, chícharos y maíz) y lácteas, para la formación de microcápsulas. Existen reportes de cubiertas a partir de proteínas tales como gelatina, albúmina, gliadina y legumina, como vehículos para el transporte de medicinas. Sin embargo, las aplicaciones de las proteínas en la industria de los alimentos generalmente se limitan a proteínas de soja. Los métodos utilizados de encapsulación a partir de proteínas se basan en procesos de precipitación al punto isoeléctrico, formación de pares iónico, reacciones de entrecruzamiento, secado por aspersión, extrusión, gelación enzimática y gelificación mediante acidificación por tratamiento térmico (Ariyarathna & Karunaratne, 2015).

7.6. Principales técnicas de nanoencapsulación con lípidos

Diversas técnicas de nano-encapsulación se utilizan para efectuar el proceso de entrega dirigida de principios activos lo cual se realiza utilizando diferentes materiales como medio de cobertura. Dependiendo del tipo de material utilizado para obtener los recubrimientos serán las técnicas específicas para llevar a cabo el proceso de nanoencapsulación. Así, para recubrimientos con base lipídica se han desarrollado las técnicas de nanoemulsiones, nanoliposomas, nanopartículas lipídicas sólidas y vehículos lipídicos nanoestructurados (Fathi et al., 2012).

7.6.1. Nanoemulsiones

Las nanoemulsiones, también conocidos como mini-emulsiones o emulsiones submicrométricas, son gotitas a escala nanométrica de dispersiones coloidales de fases múltiples formadas por la dispersión de un líquido en otro líquido inmiscible por ruptura física inducida. Existen diferentes intervalos para el tamaño de partículas reportados para nanoemulsiones, coincidiendo en un rango de 10-500 nm. Sin embargo, lo más adecuado, con base en la definición de nanotecnología, son rangos de tamaño menores de 100 nm y el tener propiedades diferentes que las emulsiones ordinarias. Algunas de las ventajas de las emulsiones son:

1. Propiedades reológicas. Se observa un rápido aumento en el módulo de cizallamiento de nanoemulsiones por disminución de tamaño de las gotitas de emulsión. Lo que mejora la estabilidad en el almacenamiento en contra de la gravedad.

2. Son cinética y termodinámicamente estables y se forman espontáneamente.

3. Dispersión de luz. Los tamaños de las gotas en las nanoemulsiones son mucho menores que las longitudes de onda visible; por lo tanto, la mayoría de las nanoemulsiones son ópticamente transparentes. Esta es una característica muy favorable de las nanoemulsiones para aplicarlos como los portadores de nutrientes en las bebidas (Fathi et al., 2012).

Las técnicas mecánicas para producir nanoemulsiones incluyen métodos de homogeneización a alta presión, microfluidización y ultrasonicación. Para formar una emulsión fina y estable usando homogeneización a alta presión, la dispersión gruesa del aceite, fase acuosa y emulsionante se pasa a través de un pequeño orificio de entrada a presiones en el rango de 500 a 5000 psi (Constantinides, Chaubal & Shorr, 2008).

La microfluidización utiliza presiones muy altas (hasta 20,000 psi) para forzar el líquido a través de microcanales hacia el interior de una cámara de colisión lo que conduce a la formación de gotitas de emulsión fina a nanoescala. El mecanismo de generación de nanoemulsiones mediante ultrasonido se atribuye a la cavitación de las burbujas. Las ondas de ultrasonido (a frecuencias ultrasónicas típicas de 20 kHz o de mayor intensidad y alta potencia) resultan en la formación secuencial, el crecimiento y colapso de burbujas de vapor microscópicas en el líquido (Patil & Pandit, 2007). Posteriormente, el colapso de estas cavidades proporciona suficiente energía para aumentar el área de superficie de las gotitas. La eficiencia de la nanoemulsificasion por sonicación (considerando el tamaño de la gotitas de la nanoemulsión y el tiempo requerido para alcanzar este tamaño), depende tanto de las propiedades de la emulsión (lípidos, bioactivo encapsulado, tensoactivo y cosurfactante) y del potencia del dispositivo (Fathi et al., 2012).

7.6.2. Nanoliposomas o vesículas lipídicas

De manera similar a nanoemulsiones, los liposomas son cinéticamente estables. Los liposomas tienen como beneficios, la posibilidad de producción a gran escala utilizando ingredientes naturales. Los liposomas permiten el atrapamiento, transporte y liberación de materiales solubles en agua, lípidos y materiales anfifílicos así mismo la capacidad de direccionar a un blanco específico dentro del cuerpo. Los liposomas son utilizados ampliamente en el sector de los alimentos tanto a nivel investigación como en procesos industriales. Los métodos de preparación de liposomas incluyen métodos mecánicos tales como extrusión, sonificación, homogeneización a alta presión, microfluidización y molienda coloidal y métodos no mecánicos como evaporación de fase inversa y agotamiento micelar de mezclas de detergente-lípidos (Fathi et al., 2012).

7.6.3. Nanopartículas lipídicas sólidas (NPLS)

Las NPLS son partículas que consisten en una matriz de una coraza lipídica sólida. En comparación a las nanoemulsiones y los liposomas, las nanopartículas lipídicas sólidas tienen algunas ventajas las cuales incluyen: alta eficiencia de encapsulación, evitan el uso de solventes orgánicos, la posibilidad de esterilización, producción a gran escala, alta flexibilidad en el control del perfil de liberación, liberación de bioactivos por tiempos más prolongados y protección de los mismos contra la degradación química. Varios métodos de producción de NPLS han sido reportados en las farmacéuticas. Sin embargo, sólo dos técnicas básicas son viables para la producción a gran escala de NPLS en el procesamiento de alimentos, la homogeneización en caliente y la homogeneización fría (Mäder & Mehnert, 2005; Saupe & Rades, 2006; Fathi et al., 2012).

En el método de homogeneización en caliente, el lípido se funde entre 5 a 10°C por encima de su punto de fusión. El compuestos bioactivo se disuelve en el lípido fundido y el líquido producido se dispersa en una solución acuosa de un tensoactivo a la misma temperatura. La emulsión obtenida se pasa entonces a través de un homogeneizador de alta presión a temperatura controlada. El resultado del proceso es una emulsión caliente aceite-agua. El enfriamiento de la emulsión conduce a la recristalización del lípido y la formación de nanopartículas lipídicas sólidas (Fathi et al., 2012).

En la homogeneización en frío los compuestos bioactivos se incorporan en el lípido fundido, entonces, el lípido fundido se enfría y después de la solidificación se muele con un molino tipo mortero. Las micropartículas de lípidos obtenidos se dispersan en una solución de un tensoactivo en frío a temperatura ambiente. La suspensión de lípidos producida se homogeneiza después a temperatura ambiente, o incluso a temperaturas tan bajas como 0°C. El estado sólido de la matriz minimiza la partición del fármaco a la fase acuosa. En este método se debe tener especial cuidado debido al aumento de la temperatura, de 10 a 20°C por ciclo, durante la homogeneización y fresado. Un problema mayor con la entrega de activos usando nanopartículas lipídicas sólidas es la liberación brusca, debido a la presencia de compuestos bioactivos en la capa exterior. El uso de bajas temperaturas de producción y concentración de surfactante reduce el efecto de liberación brusca (Fathi et al., 2012).

7.6.4. Vehículo lipídico nanoestructurado (VLNE)

Los VLNE se presentan como una opción para resolver los problemas de las NPLS. Estos se producen mediante la mezcla de lípidos muy diferentes, por ejemplo moléculas de lípidos sólidos con moléculas de lípidos líquidos (aceites) con base en los métodos de preparación descritos para NPLS. La matriz producida de partículas lipídicas muestra una disminución del punto de fusión en comparación con el lípido sólido original. De hecho, al darle a la matriz lipídica cierta nanoestructura, se mejora la carga de encapsulación del ingrediente bioactivo y se limita el fenómeno de liberación durante el almacenamiento al prevenirse la formación de cristales perfectos (Chen, Han, Cai & Tang, 2010: Fathi et al., 2012).

7.7. Principales técnicas de nanoencapsulación con carbohidratos

En la literatura existe una amplia gama de métodos para el montaje de nanocápsulas a base de carbohidratos. Los sistemas de entrega basados en polisacáridos son adecuados para muchas aplicaciones industriales ya que son biocompatibles, biodegradables y poseen un alto potencial para ser modificados para conseguir las propiedades requeridas. Al contrario de los recubrimientos a base de lípidos, los sistemas de entrega basados en carbohidratos pueden interactuar con una amplia gama de compuestos bioactivos a través de sus grupos funcionales, lo que los hace portadores versátiles que se unen y atrapan una variedad de ingredientes alimentarios bioactivos hidrófilos e hidrófobos (Fathi et al., 2012).

Por otra parte, se consideran como una coraza adecuada bajo procesos de alta temperatura debido a su estabilidad a la temperatura en comparación con sistemas de entrega a base de lípidos o de proteínas que se derriten o desnaturalizan. Los principales sistemas de entrega basados en hidratos de carbono son: secado por aspersión, coacervación, electrohilado, electrorociado, fluido supercrítico, emulsión-difusión, micelas invertidas, coalescencia de gotas de emulsión, evaporación de solventes de emulsiones, salado, ultrasonicación y homogeneización a alta presión. A continuación se presentan algunas de las técnicas anteriormente mencionadas (Fathi et al., 2012).

7.7.1. Coacervación

La coacervación es una de las técnicas más fáciles de implementar para la producción de sistemas a base de carbohidratos. La fuerza impulsora para este método es la atracción electrostática entre moléculas de carga opuestas. Esta fuerza puede inducirse entre un compuesto bioactivo cargado y un carbohidrato de carga opuesta (coacervación simple). Alternativamente un bioactivo puede atraparse dentro de una particular formada por complejación electrostática de un biopolímero cargados positivamente como el quitosano y otro cargado negativamente como la pectina y el alginato (coacervación compleja). La funcionalidad de las nanocápsulas producidas depende de la naturaleza química y de las características de superficie de la coraza biopolimérica. A mayor carga de superficie mejor funcionamiento de la nanocápsulas. La carga de la superficie es dependiente del pH (Weinbreck, Minor & De Kruyf, 2004; Fathi, Martín & McClements, 2014).

7.7.2. Electroaspersión

Es un nuevo método de nanoencapsulación que en su fundamento es similar al electrohilado; sin embargo, en lugar de fabricación de nanofibras, se forman nanopartículas. En este método, la fuerza electrostática inducida por un alto voltaje atomiza un líquido en gotitas finas. La evaporación del disolvente se lleva a cabo durante el vuelo de las gotas hacia el electrodo conectado a tierra. Las características más sobresalientes de la técnica son una alta eficiencia de encapsulación y la posibilidad de producción en un solo paso (Fathi et al., 2014).

7.7.3. Electrohilado

El electrohilado ha ganado gran importancia como técnica para la fabricación de fibras con diámetros de unos nanómetros los cuales podrían aplicarse para la carga y entrega de bioactivos. Esta tecnología utiliza fuerzas electrostáticas para generar fibras de polímeros y consiste de tres componentes principales: un capilar a través del cual el líquido a ser electrohilado se bombea, una fuente de alto voltaje de 1 a 30 KV, con polaridad positiva o negativa, el cual genera una carga en la solución polimérica y un colector conectado a tierra, el cual se coloca en contacto con el contraelectrodo. Para la fabricación de nanofibras, la solución del polímero se bombea a través de un capilar formándose una gota en la punta de la aguja. El alto voltaje aplicado a la gota o a la aguja lleva a la formación de interacciones repulsivas entre cargas iguales en el líquido y a fuerzas de atracción entre el líquido de carga opuesta al colector con la consecuente elongación de la gota que cuelga (Kriegel, Arrechi, Kit, McClements & Weiss, 2008; Fathi et al., 2014).

7.7.4. Fluidos supercríticos

Los métodos de encapsulación con fluidos supercríticos han llamado la atención en los últimos años para el encapsulamiento de bioactivos de alimentos sensibles al calor. El dióxido de carbono es uno de los fluidos más ampliamente utilizados por sus propiedades supercríticas ya que estas pueden lograrse a temperaturas y presiones moderadas (Tc ¼ 304.2 K, Pc ¼ 7.38 MPa). Existen varias técnicas de encapsulación con fluidos supercríticos. La elección depende de las propiedades de los materiales. Los métodos más utilizados incluyen la expansión rápida de soluciones supercríticas (RESS) y de disolventes supercrítico (SAS) (Fathi et al., 2014).

En el proceso RESS, primero un fluido supercrítico se satura con el biopolímero y el encapsulante a altas presiones, después la solución se precipita cuando se expande a través de una boquilla o tubo capilar lo que conduce a una caída de presión y a un alto grado de sobresaturación, y por consiguiente, a la formación de partículas de tamaño micro o nano que precipitan de la solución. Durante el proceso de expansión rápida de disolventes supercrítico (ERDS), primero el CO_2 supercrítico se bombea a un cilindro de precipitación y cuando se alcanza la presión y la temperatura apropiada, el disolvente orgánico (que contiene el biopolímero y al principio activo) se inyecta a través de una boquilla. El disolvente se retira por expansión con el CO_2 supercrítico, y como resultado los biopolímeros precipitan y encapsulan al principios activo (Fathi et al., 2014).

La extracción de emulsiones con fluidos supercríticos es otra técnica basada en ERDS que se utiliza para encapsular materiales alimenticios. Esta técnica consiste en la preparación de una emulsión de aceite-en-agua, en la que previamente se disuelve el compuesto activo en la fase orgánica dispersa, mientras que la fase acuosa contiene el acarreador y materiales estabilizadores. La emulsión se pone entonces en contacto con un fluido supercrítico, lo que permite la extracción del disolvente orgánico de la fase orgánica, lo que lleva a la precipitación del material activo en forma de micro y nanopartículas. La suspensión acuosa resultante se puede secar con el fin de producir un polvo seco. En comparación con la eliminación del disolvente orgánico de la emulsión por métodos alternativos, tales como la evaporación, la ERDS evita altas temperaturas y el rompimiento del producto mediante la formación de burbujas de gas durante la evaporación (Fathi et al., 2014).

7.8. Factores limitantes en el proceso de encapsulación

Independientemente del proceso elegido para la microencapsulación, deben de tomarse en cuenta los factores que puedan afectar el proceso de encapsulación, en esta sección se abordarán algunos de los factores que inciden directamente en los procesos de encapsulación. Los más destacables son: la concentración del agente encapsulador, pH del medio, temperatura de reacción, tamaño de partícula y tiempo de interacción de la matriz encapsulante con la solución iónica, concentración de la solución y tipo de agente iónico en solución (Takenaka, Kawashima & Lin, 1980). A continuación se abordan algunos de los factores que inciden en la encapsulación, con base a la técnica utilizada y el agente encapsulador:

7.8.1. Concentración y características del polímero

Cuando se utilizan gomas como agentes encapsulantes se ha observado que dependiendo de la concentración de la goma y las características del polisacárido, se puede mejorar o por el contrario afectar la eficiencia de encapsulación.

- Jyothi et al. (2010) mencionan que cuando se utilizan polisacáridos para encapsular, la eficiencia de encapsulación dependerá de la concentración de dicho material. Por ejemplo, la eficiencia aumenta entre un 53.1-70.9% cuando la concentración del polímero aumenta de un 20-32.5%. El aumentar la concentración permitirá la precipitación rápida del polímero hacia la fase dispersa, lo que previene la pérdida del agente a encapsular; así mismo, se aumenta la viscosidad lo que permite que el principio activo permanezca dentro de las partículas formadas por el polímero.

- Sandoval (2015) reporta la encapsulación de fracciones peptídicas utilizando la técnica de gelificación iónica y como material de cobertura combinaciones de goma nativa de *Salvia hispanica* (chía) y alginato. Se observó que ésta técnica y dada la naturaleza de los materiales utilizados para encapsular, no fueron viables para moléculas con un tamaño menor a 10 kDa. Ya que el contenido de estas microcápsulas fue liberado casi en su totalidad durante la digestión gástrica *in vitro*.

- Fathi et al. (2014) mencionan que en el electrohilado la aplicación de voltajes altos conduce inicialmente a la formación de fibras delgadas y luego a fibras más gruesas. Velocidades de flujo bajas permiten que el solvente tenga suficiente tiempo para evaporarse. A velocidad de flujo altas, el diámetro de las fibras y de los poros incrementa. Mientras más larga es la distancia del capilar al colector más delgada es la fibra y mayor conductividad de la solución, más delgada es la fibra también. Con respecto a la concentración óptima del polímero, a baja concentración se forma una mezcla de fibras y perlas, mientras que al incrementar la concentración de la solución se fomenta la formación de fibras uniformes con diámetros crecientes debido a la mayor resistencia de viscosidad y volatilidad del solvente; mientras mayor es la volatilidad, más delgada es la fibra.

7.8.2. Emulsiones y solventes

Cuando se utilizan técnicas que involucren la preparación de emulsiones y la utilización de solventes se ha observado que la cantidad de disolventes así como el método usado para su evaporación influyen en las características finales de las cápsulas obtenidas.

- Yeo & Park (2004) mencionan que cuando el método seleccionado contiene los parámetros de emulsión-disolvente y evaporación/extracción. La estabilidad de la emulsión agua en aceite (W/O) es un factor crítico para una buena internalización del principio activo. Cuando la primera emulsión es inestable, la eficiencia de la microencapsulación es baja debido a que la fase acuosa (W_1) tiende a emerger con la fase continua de otra cápsula (W_2). La estabilidad de la primera emulsión se puede lograr por medio de la adición de agentes emulsificantes como BSA, PVA, Tween-80 o Span-80 ya sea en la fase acuosa interna (W_1) o en la fase del polímero (O).

- Hu, Lin, Liu, Li & Zhao (2012), mencionan que el principal inconveniente de usar la técnica de fluidos supercríticos es la necesidad de utilizar disolventes orgánicos. Diferentes parámetros tales como presión, temperatura, relación de principio a biopolímero y tasa de flujo de la solución, influyen en el tamaño de partícula y en la eficiencia de encapsulación. El disminuir la temperatura y el caudal de la solución junto con el incremento de la presión y de la proporción de encapsulante a biopolímero conduce a nano-vehículos de menor tamaño y a un incremento en la eficiencia.

7.8.3. Temperatura

Este factor es uno de los más importantes en la mayoría de las técnicas de encapsulación, ya que esta determina la eficiencia, degradación del principio activo encapsulado, ruptura de la cápsula, entre otras.

- Nedovic et al. (2011) mencionan que el secado por aspersión es la técnica más difundida a nivel industrial. Tiene varias desventajas tales como: complejidad de equipo y condiciones no uniformes en la cámara de secado. Además deben controlarse los fenómenos de transferencia de calor y masas y no siempre es fácil controlar el tamaño de partícula. Para esta misma técnica Parra (2010) menciona que las condiciones de proceso de mayor importancia son la temperatura de entrada y salida del aire de secado, el flujo de alimentación del producto a encapsular, el tiempo de residencia en la cámara de secado y el acondicionamiento previo de la materia prima antes del secado.

- Fathi et al. (2012) mencionan que las NPLS que se homogeneizan en caliente pueden perder los ingredientes hidrófilos en la fase de agua, esta técnica no se puede emplear con componentes alimenticios que sean sensibles al calor, como vitaminas y enzimas. Estos mismos autores mencionan que se puede utilizar la homogeneización en frío para solventar las pérdidas que se producen en la homogeneización en caliente. Sin embargo, ésta técnica en frío tiene algunos problemas potenciales como una capacidad de encapsulación baja y durante el almacenamiento puede expulsarse el incipiente activo.

- Torelló et al. (2002) mencionan que para la formación de liposomas, durante la formulación de las emulsiones, es necesario emplear temperaturas menores a 35°C.

7.8.4. pH

Se ha observado que el pH también tiene un efecto en la capacidad de encapsulación y el tamaño final de las cápsulas obtenidas.

- Takenaka et al. (1980) mencionan que en el proceso de coacervación los tamaños de las partículas se pueden variar con cambios de pH, ya que se modifica la densidad de la carga del gel (positiva, neutra o negativa) lo que da lugar a moléculas contraídas o expandidas en función de las fuerzas de repulsión intramoleculares.

- Ruiz-Ruiz, Segura-Campos, Betancur-Ancona & Chel-Guerrero (2013) utilizaron la técnica de gelificación iónica con goma carboximetilada de flamboyán y alginato (50:50 p/p) para la encapsulación de hidrolizados proteicos a diferentes concentraciones de pH (4, 7 y 10); obteniendo una mayor eficiencia de encapsulación a pH 10. Estos autores mencionan que el pH posiblemente tuvo influencia en la solubilidad de la proteína, lo que permitió una mejor interacción con el polímero, obteniéndose un mayor contenido de hidrolizado encapsulado.

7.9. Liberación del principio activo

Como ya se mencionó, la encapsulación tiene como objetivo proteger a aquellas moléculas con potencial biológico durante su almacenamiento y el deterioro durante su paso a través del tracto gastrointestinal (De Vos et al., 2010). Sin embargo, no solo se necesita la protección del material encapsulado, sino que éste tenga la posibilidad de poder ser liberado. La liberación controlada puede ser definida como un método por el cual agentes o ingredientes están disponibles en sitios y tiempos deseados a una velocidad específica. Ésta liberación estará influenciada por las condiciones del medio al cual se expone la micropartícula (Parra, 2010).

Los mecanismos de liberación de las cápsulas se pueden llevar a cabo por disolución en un sistema acuoso, esfuerzos de cizalla, temperatura, reacciones químicas o enzimáticas, cambios en la presión osmótica, etc. La liberación de los bioactivos puede ser controlada debido a la difusión de las moléculas a través de la pared de la cápsula. La permeabilidad a través de la matriz y la solubilidad del material con el cual se formó la pared de la partícula, influyen en la velocidad de difusión. El compuesto encapsulado que va a difundir a través de la cápsula debe ser soluble estando en la matriz; ya que las sustancias que ejerzan la presión por fuera de la cápsula determinarán la difusión del compuesto hacia el exterior (Yañez et al., 2002).

Existen dos tipos de difusión por los cuales el material encapsulado puede salir del material que lo contiene. *Difusión controlada:* en este tipo de liberación el ingrediente activo es liberado por medio de la difusión a través de la pared formada por el polímero. El grado de difusión estará dado por la degradación de la cubierta la cual puede ser producida por un mecanismo homogéneo o heterogéneo. *Difusión controlada por el sistema de reserva:* en este tipo de difusión el ingrediente activo no es liberado hasta que se logra la degradación de la membrana de la matriz, solo hasta entonces el principio activo es liberado totalmente. Cabe señalar que la degradación de la matriz no afecta las características del agente encapsulado. Un proceso semejante al de difusión es la erosión. Ésta se lleva a cabo cuando el material de recubrimiento es erosionado por la acción del pH o la hidrólisis enzimática, lo cual permite la liberación del principio activo (Shekhar et al., 2010).

Además de las características de difusión, para lograr con éxito la liberación del principio activo, deben tenerse en cuenta las características del material encapsulante que se eligió. Por ejemplo: su naturaleza y estructura química, morfología, temperatura de transición, capacidad de hinchamiento y entrecruzamiento (Parra, 2010).

De los factores antes expuestos se puede decir que el grosor de la cubierta y la estructura y composición de la pared son los de mayor importancia. Por ejemplo, cuando la cubierta de la cápsula es gruesa, el tiempo de difusión del principio activo será mayor. Uno de los parámetros que influenciará el grosor de la cubierta será el tamaño de la molécula que está siendo encapsulada; en el caso de que la membrana de la microcápsula sea delgada se puede proceder a un recubrimiento extra de la partícula formada y de esta manera garantizar la protección y liberación del principio activo. Con respecto a la estructura y composición de la pared, la conjunción de estas dos propiedades determinará la permeabilidad de la cubierta y por ende, la difusión del principio activo a través de ésta. Cuando los poros formados por la cubierta no son homogéneos, se produce una liberación rápida y no controlada del incipiente; por lo tanto, no se garantiza la liberación de éste en la zona deseada (Kuang, Oliveira & Crean, 2010).

Otro aspecto importante que debe tomarse en cuenta es la capacidad de flujo que tendrán las partículas formadas cuando estas pasen a través del tracto digestivo. La capacidad de flujo se establece de acuerdo a los parámetros reportados para la caracterización de fármacos. En donde, la capacidad de flujo será dependiente del ángulo de reposo formado por un montículo de cápsulas. Los valores de flujo se clasifican desde demasiado pobre hasta excelente, comprendiendo ángulos de 90 a 25 grados respectivamente (Swarbrick, 1997). El que se tenga un flujo excelente o bueno es deseable ya que esto garantiza que la cápsula podrá llegar más fácilmente al sistema digestivo durante su paso por la tráquea y liberar el agente con potencial biológico (Sandoval, 2015). Sankalia, Maseru, Sandalia & Sutariya (2004), mencionan que para la mejora del ángulo de reposo es necesario que las partículas no tengan superficies rugosas ni tamaños pequeños.

7.10. Ejemplos de nutracéuticos encapsulados

En las Tablas 33, 34, 35 y 36 se muestran algunas técnicas de encapsulación aplicadas a moléculas con potencial biológico y el efecto benéfico que tienen en el organismo.

Descripción	Técnica y aplicación	Beneficio
Betancur-Ancona et al. (2011) reportan la encapsulación de papaína con goma carboximetilada de flamboyán, observando que a mayor concentración de goma (3%) y mayor tiempo de endurecimiento de la cápsula en $FeCl_3$ (30 mins) se logra una mayor liberación de enzima en medio intestinal (37.79%) con respecto al medio gástrico (22.07%).	Gelificación iónica Enzimas	La utilización de este tipo de materiales puede ser un sistema de liberación efectivo de enzimas, las cuales pueden tener un efecto positivo en la prevención o tratamiento de úlceras duodenales.
Ramírez, Salgado-Aristizabal & Orrego-Alzate (2012) reportan la encapsulación de polifenoles con maltodextrinas y goma arábiga. Observando que ésta última es la que preserva mayormente el contenido de polifenoles.	Secado por aspersión Polifenoles	A este tipo de moléculas se les reconoce un efecto protector contra enfermedades cancerígenas, cardio y cerebro vasculares.
Sotelo-Boyás et al. (2015) reportan la encapsulación de aceites esenciales de limón y tomillo con quitosano, para su aplicación como antimicrobianos.	Nanoprecipitación Aceites esenciales	Se observó que los aceites esenciales encapsulados mostraron actividad antimicrobiana; sin embargo, este tipo de aceites también puede tener un efecto benéfico frente a enfermedades degenerativas.
Goula & Adamopoulos (2012) reportan la encapsulación de licopeno con maltodextrinas, logrando eficiencias de encapsulación en un rango de 86.04-92.94%.	Secado por aspersión Licopeno	Al licopeno se le reconoce por sus beneficios en la salud. Por ejemplo, tiene un efecto benéfico sobre ciertos tipos de cáncer, como el de próstata, tracto digestivo y pulmón.
Pool et al. (2012) reportan la encapsulación de quercetina con el polímero Eudragit L30-D55. Las nanopartículas obtenidas se sometieron a digestión bucal, gástrica e intestinal encontrando valores de liberación de 5, 3 y 22% respectivamente.	Desplazamiento de solventes Flavonoides	La quercetina es un tipo de flavonoide que ofrece protección frente a diversas enfermedades crónicas, como inflamación, obesidad, cardiovasculares, cáncer, infecciones virales, contra bacterias, etc.

Tabla 33. Nutracéuticos encapsulados.

Descripción	Técnica y aplicación	Beneficio
Sandoval (2015) reporta la encapsulación de péptidos bioactivos provenientes de *Phaseolus lunatus* con goma de chía en combinación con alginato. Observando que después de la digestión gastrointestinal, la mayor cantidad de péptido liberado en sistema intestinal (6.9 mg), se logró a una baja concentración de $CaCl_2$ (0.05 M), menor tiempo de endurecimiento (20 min) y mayor concentración de goma de chía con respecto a la de alginato (70chía/30alginato).	Gelificación iónica Péptidos 10 kDa	Se ha observado que los péptidos tienen un efecto benéfico frente a enfermedades crónico-degenerativas, como cáncer, diabetes, hipertensión, diabetes, etc.
Nori et al. (2011) reportan la encapsulación de propóleos con pectina y aislados proteicos de soya. Encontrando una eficiencia de encapsulación de 72.01 y 66.12% para formulaciones de 2.5 y 5 g/100ml de los coloides (respectivamente). Estos resultados preservaron los compuestos fenólicos y flavonoides presentes en el propóleos, lo cual permitirá la liberación de dichos compuestos bajo condiciones controladas en alimentos.	Coacervación Propóleos	Los propóleos o cera de abeja es una resina que ha demostrado tener actividad antimicrobial, antiinflamatoria, anestésica, anticariogénica, antiviral, antioxidante y actividad fitotóxica.
Ruiz-Ruiz et al. (2013) reportan la encapsulación de hidrolizados de *P. lunatus* con goma carboximetilada de flamboyán y alginato de sodio en relación 50/50 (p/p), a diferentes pH y concentraciones de $CaCl_2$. Encontrando eficiencias de encapsulación en un rango de 51.8-78.4%, cabe señalar que las cápsulas liberaron hidrolizados en la digestión intestinal mostrando una actividad anti-ECA en un rango de 2.9-3.8 mg/mL.	Gelificación iónica Hidrolizados	Los hidrolizados de fuentes con convencionales (leguminosas) han tomado interés debido a que los de origen animal son costosos. Además, pueden presentar actividad biológica como la antihipertensiva que fue analizada en este estudio.
Rodríguez-Barahona, Corrales-García, Hernández-Montes, Ybarra-Moncada & García-Mateos (2015) reportan la encapsulación de jugo noni por medio de aislados de proteína de soya y goma arábiga a diferentes concentraciones; con emulsiones W/O/W. Observándose que estas concentraciones no interfieren en el contenido fitoquímico.	Coacervación Fenoles, flavonoides y ácido ascórbico	El noni presenta un desagradable aroma y sabor. La encapsulación en este caso permite enmascarar estas características, aprovechando la actividad biológica de sus componentes.

Tabla 34. Nutracéuticos encapsulados.

Descripción	Técnica y aplicación	Beneficio
Jung, Truong, Shing & Jeong (2013) reportaron la encapsulación de retinol en nanopartículas lipídicas sólidas, encontrando que las partículas con mayor contenido de lípidos tuvieron un tamaño de 242 nm y presentaron mayores eficiencias de encapsulación, del 95.6%. Se observó además que, en menor grado la luz y en mayor grado la temperatura (45°C), tuvieron efecto en la estabilidad del retinol después de 4 semanas de almacenamiento en condiciones controladas.	Nanopartículas lipídicas sólidas Retinol	El uso de esta técnica en la encapsulación del retinol, permite utilizar las mejores condiciones en cuanto a la proporción de lípidos, agua y surfactantes que producen una nanopartícula lipídica sólida con mayor estabilidad ante la luz, la temperatura y el almacenamiento, y con altas eficiencia de encapsulación, esto permite que el retinol mantenga sus propiedades terapéuticas.
Gallarate, Trotta, Battaglia & Chirio (2009) realizaron estudios de encapsulación de insulina en nanopartículas lipídicas sólidas, observando eficiencias de encapsulación del 40.3%. Obteniendo partículas de 670 nm y un contenido de 12.27 mg de insulina, utilizando emulsiones de gliceril-monoestearato, butil lactato como solvente y lecitina de soya.	Emulsión agua-aceite-agua Insulina	La insulina cuando es ingerida vía oral presenta degradación y pérdida de eficiencia, la encapsulación abre las posibilidades a su experimentación *in vivo*.
Gomes, Simplício, Souto, Cardoso & Pinho, (2013) reportaron la encapsulación de de β-caroteno en partículas sólidas de aceite de girasol 30%, triestearina 70% y polisorbato, bajo presión de $500x10^2$ KPa, encontrando que el β-caroteno se mantenía estable en las nanopartículas (0.42-.38 nm) por cerca de 120 días sin usar antioxidantes.	Homogeneización a altas temperaturas β-caroteno	Al β-caroteno se le atribuyen efectos preventivos en el cáncer y los desórdenes cardiovasculares. El alto grado de hidrofobicidad del β-caroteno reduce su biodisponibilidad en alimentos y evita su dispersión en medios acuosos, por lo que el uso de esta técnica puede solucionar estos problemas.

Tabla 35. Nutracéuticos encapsulados.

Descripción	Técnica y aplicación	Beneficio
Gerez, Font de Valdez, Gigante & Grosso (2012) reportó la microencapsulación de *Lactobacillus rhamnosus* CRL 1505 en proteína de suero de leche-pectina, obteniendo partículas de 185 µm y estables a la liofilización sin modificar su tamaño, forma o cobertura, con una viabilidad celular de 9.2 $\log_{10}$ UFCmL^{-1}, en condiciones de pH 2 y sin presentar sensibilidad a la bilis en concentraciones del 0.5 al 1%.	Gelificación ionotrópica y coacervación Probióticos	Se ha reportado que este probiótico puede prevenir infecciones respiratorias e intestinales, el uso de la encapsulación puede incrementar la tolerancia de este microorganismo a el pH y la bilis que son barreras naturales del tracto gastrointestinal.
Doherty et al. (2012) reportaron la microencapsulación de *Lactobacillus rhamnosus* GG en proteína de suero de leche. Su evaluación en jugos de frutas a pH 2.4 durante 28 días a 4 y 25°C, demostró que las células microencapsuladas eran viables en 8.6 $\log_{10}$ UFCmL^{-1}. Después de una prueba de simulación gastrointestinal *ex vivo* su viabilidad fue de 9.5 $\log_{10}$ UFCmL^{-1}.	Extrusión y Gelificación iónica Probióticos	La supervivencia de los probióticos durante el proceso y almacenamiento de los alimentos funcionales es de interés en el desarrollo de productos bioactivos. Esta técnica proporciona una cubierta con valor nutricional y biodegradable a las bacterias probióticas, para evitar el efecto del pH ácido y la bilis del tracto intestinal
Rovoli, Gortzi, Lalas & Kontopidis, (2014) formularon liposomas usando β-lactoglobulinas para la protección de vitamina E (α-tocoferol), determinando que la eficiencia de encapsulación se incrementó de 59.42% a 96.59% así como la estabilidad de los liposomas después de 48 h de almacenamiento.	Liposomas α-tocoferol	La vitamina E es un antioxidante fenólico, estabilizador de membranas por su interacción con fosfolípidos. Su efecto protector previene la oxidación por radicales libres de la membrana celular lo que se relaciona con problemas clínicos. Esta técnica incrementa la biodisponibilidad de esta vitamina y por ende su absorción.

Tabla 36. Nutracéuticos encapsulados.

7.11. Conclusiones

Como se ha abordado en este capítulo, la diversidad de técnicas desarrolladas para la microencapsulación permite un mayor campo de aplicación en moléculas con potencial bioactivo. Por ejemplo:

- Aquellas moléculas sensibles al calor pueden ser encapsuladas por técnicas como la coacervación, gelificación iónica, liposomas, entre otras.
- Si se desea obtener tamaños pequeños de partículas se puede hacer uso del secado por aspersión; o bien, técnicas como: nanoemulsiones, electrohilado, electroaspersión, etc.
- Para garantizar un buen paso de las partículas a través del tracto digestivo se deben de obtener partículas de morfología uniforme y tamaño regular.
- Para la liberación del incipiente, influye el grosor de la membrana de la cápsula y en conjunción con la técnica seleccionada se pueden obtener poros homogéneos lo que permitirá la difusión controlada del material encapsulado.
- Los materiales que pueden ser usados son los carbohidratos, lípidos y proteínas. Debido a los costos de importación se puede hacer uso de fuentes no convencionales de estas tres macromoléculas y aplicarlas en los procesos de encapsulación.

La conservación de las características de las moléculas consideradas como nutracéuticas es de suma importancia, ya que cada vez es más común la incidencia de enfermedades crónico-degenerativas. Además de los beneficios que se pueden obtener por el consumo de estas moléculas en la dieta, se puede dar una dosificación extra de nutracéuticos a nivel fisiológico (digestión gastrointestinal). Lo cual tendrá un efecto benéfico y preventivo frente a las enfermedades antes mencionadas.

Referencias

Acosta, C.Z. (2012). *Caracterización de la goma obtenida de semillas de chía (Salvia hispanica L.) para su utilización en la elaboración de cápsulas y películas.* Tesis de Maestría, Universidad Autónoma de Yucatán, Mérida, México.

Aguilar, C.C. (2007). *Optimización del proceso de modificación del almidón de maíz ceroso por extrusión y el uso de mezclas de almidones modificados con mucílago de nopal para la encapsulación de aceite esencial de naranja empleando el secado por aspersión.* Tesis de Licenciatura en Alimentos. Universidad Autónoma del estado de Hidalgo, Pachuca, México.

Ariyarathna, R.I., & Karunaratne, N.D. (2015). Use of chickpea protein for encapsulation of folate to enhance nutritional potency and stability. *Foods and bioproducts processing,* 95, 76-82. https://doi.org/10.1016/j.fbp.2015.04.004

Barreto, A.G., & Rodríguez, T.H. (2010). Biofilms bacterianos versus antimicrobianos. Nutracéuticos: una opción promisoria (Artículo de revisión). *Rev Prod Anim,* 22(1), 20-30.

Betancur-Ancona, D., Pacheco-Aguirre, J., Castellanos-Ruelas, A., & Chel-Guerrero, L. (2011). Microencapsulation of papain using carboxymethylated flamboyant *(Delonix regia)* seed gum. *Innovate Food Science and Emerging Technologies,* 12, 67-72. https://doi.org/10.1016/j.ifset.2010.11.002

Biruete, G.A., Juárez, H.E., Sieiro, O.E., Romero, V.R., & Silencio, B.J. (2009). Los nutracéuticos. Lo que es conveniente saber. *Revista Mexicana de Pediatría,* 76(3), 136-145.

Chen, C., Han, D., Cai, C., & Tang, X. (2010). An overview of liposome lyophilization and its future potential. *Journal of Controlled Release,* 142, 299-311. https://doi.org/10.1016/j.jconrel.2009.10.024

Constantinides, P.P., Chaubal, M.V., & Shorr, R. (2008). Advances in lipid nanodispersions for parental drug delivery and targeting. *Advanced Drug Delivery Reviews,* 60(6), 757-767. https://doi.org/10.1016/j.addr.2007.10.013

Cortés, D.G., Prieto, S.G., & Rozo, N.W. (2015). Caracterización bromatológica y fisicoquímica de la uchuva *(Physalis peruviana* L.) y su posible aplicación como alimento nutracéutico. *Revista Ciencia en desarrollo,* 6(1), 87-97. https://doi.org/10.19053/01217488.3653

De Vos, P., Faas, M.M., Spasojevic, M., & Sikkema, J. (2010). Encapsulation for preservation of functionality and targeted delivery of bioactive food components. *International Dairy Journal,* 20, 292-302. https://doi.org/10.1016/j.idairyj.2009.11.008

Desai, K.G., & Park, H.J. (2005). Recent developments in microencapsulation of food ingredients. *Drying Technology*, 23, 1361-1394. https://doi.org/10.1081/DRT-200063478

Doherty, S.B, Auty, M.A., Stanton, C., Ros, R.P., Fitzgeral, G.F., & Brodkorb, A. (2012). Application of whey protein micro-bead coatings for enhanced strength and probiotic protection during fruit juice storage and gastric incubation. *Journal of Microencapsulation*, 29(8), 713-728. https://doi.org/10.3109/02652048.2011.638994

Fathi, M., Martín, A., & McClements, J. (2014). Nanoencapsulation of food ingredients using carbohydrate based delivery systems. *Trends in Food Science & Technology*, 39, 18-39. https://doi.org/10.1016/j.tifs.2014.06.007

Fathi, M., Mozafari, M.R., & Mohebbi, M. (2012). Nanoencapsulation of food ingredients using lipid based delivery systems. *Trends in Food Science & Technology*, 23, 13-27. https://doi.org/10.1016/j.tifs.2011.08.003

Gallarate, M., Trotta, M., Battaglia, L., & Chirio, D. (2009). Preparation of solid lipid nanoparticles from W/O/W emulsions: preliminary studies on insulin encapsulation. *Journal of Microencapsulation*, 26(5),394-402. https://doi.org/10.1080/02652040802390156

Gharsallaoui, A., Roudaut, G., Chambin, O., Voilley, A., & Saurel, R. (2007). Applications of spray-drying in microencapsulation of food ingredients: An overview. *Food Research International*, 40, 1107-1121. https://doi.org/10.1016/j.foodres.2007.07.004

Gerez, C., Font de Valdez, G., Gigante, M., & Grosso, C., (2012). Whey protein coating bead improves the survival of the probiotic *Lactobacillus rhamnosus* CRL 1505 to low pH. *Letters in Applied Microbiology*, 54(6), 552-556. https://doi.org/10.1111/j.1472-765X.2012.03247.x

Gomes, G., Simplício, I., Souto, E., Cardoso, L., & Pinho, S. (2013). Development of a lipid particle for β-carotene encapsulation using a blend of tristearin and sunflower oil: Choice of lipid matrix and evaluation of shelf life of dispersions. *Food Technology and Biotechnology*, 51(3), 383-391.

Goula, M.A., & Adamopoulos, G.K. (2012). A new technique for spray-dried encapsulation of lycopene. *Drying Technology,* 30, 641-652. https://doi.org/10.1080/07373937.2012.655871

Hernández-Carmona, G., Rodríguez-Montesinos, Y.E., Arvizu.Higuera, D.L., Reyes-Tisnado, R., Murillo-Álvarez, J.I., & Muñoz-Ochoa, M. (2012). Avances tecnológicos en la producción de alginatos en México. *Ingenieria Investigacion y Tecnologia,* 7(2), 155-168.

Hu, D., Lin, C., Liu, L., Li, S., & Zhao, Y. (2012). Preparation, characterization, and in vitro release investigation of lutein/zein nanoparticles via solution enhanced dispersion by supercritical fluids. *Journal of Food Engineering,* 109, 545-552. https://doi.org/10.1016/j.jfoodeng.2011.10.025

Jafari, S.M., Assadpoor, E., He, Y., & Bhandari, B. (2008). Encapsulation efficiency of food flavors and oils during spray drying. *Drying Technology,* 26, 816-835. https://doi.org/10.1080/07373930802135972

Jaya, S., Durance, T.D., & Wang, R. (2009). Effect of alginate-pectin composition on drug release characteristics of microcapsules. *Journal of Microencapsulation,* 26(2), 143-153. https://doi.org/10.1080/02652040802211345

Jung, Y., Truong, N., Shin, S., & Jeong, S. (2013). A robust experimental design method to optimize formulations of retinol solid lipid nanoparticles. *Journal of microencapsulation,* 30(1), 1-9. https://doi.org/10.3109/02652048.2012.668958

Jyothi, N.V., Prasanna, M., Sakarkar, N.S., Prabha, S., Ramaiah, S., & Srawan, Y. (2010). Microencapsulation techniques, factors influencing encapsulation efficiency. *Journal of Microencapsulation,* 27(3), 187-197. https://doi.org/10.3109/02652040903131301

Kriegel, C., Arrechi, A., Kit, K., McClements, D.J., & Weiss, J. (2008). Fabrication, functionalization and application of electrospun biopolymer nanofibers. *Critical Reviews in Food Science and Nutrition,* 48, 775-797. https://doi.org/10.1080/10408390802241325

Kuang, S.S., Oliveira, J.C., & Crean, A.M. (2010). Microencapsulation as a tool for incorporating bioactive ingredients into food. *Critical Reviews in Food Science and Nutrition,* 50, 951-968. https://doi.org/10.1080/10408390903044222

Mäder, K., & Mehnert, W. (2005). Solid lipid nanoparticles – Concepts, procedures, and physicochemical aspects. En *Lipospheres in drug targets and delivery*. CRC Press. https://doi.org/10.1002/chin.200536286

Monge, A., Cardozo, T., Barreiro, E.J., Huenchuñir, P., Pinzón, R., & Mora, G. (2008). Functional foods. Reflexions of a scientist regarding a market in expansion. *Revista CENIC Ciencias Químicas,* 39(2), 81-85.

Nedovic, V., Kalusevic, A., Manojlovic, V., Levic, S., & Bugarski, B. (2011). An overview of encapsulation technologies for food applications. *Procedia Food Science,* 1, 1806-1815. https://doi.org/10.1016/j.profoo.2011.09.265

Nori, P.M., Favaro-Trindade, C.S., De Alencar, S.M., Thomazini, M., Balieiro, C.J., & Castillo, C.C. (2011). Microencapsulation of propolis extract by complex coacervation. *Food Science and Technology,* 44, 429-435. https://doi.org/10.1016/j.lwt.2010.09.010

Pacheco, A.J. (2010). *Evaluación de una matriz hidrocoloide obtenida a partir de la semilla de flamboyán (Delonix regia) para encapsular papaína como modelo de sustancia nutracéutica.* Tesis de Doctorado, Universidad Autónoma de Yucatán, Mérida, México.

Pacheco-Aguirre, J., Rosado-Rubio, G., Betancur-Ancona, D., & Chel-Guerrero, L. (2008). Perspectivas de la inmovilización de ingredientes activos por microencapsulación. *Revista de la Facultad de Ingeniería Química,* Dic. 1, 25-33.

Parra, H.R. (2010). Revisión: Microencapsulación de Alimentos. *Revista Facultad Nacional de Agronomía Medellín,* 63(2), 5669-5689.

Patil, M.N., & Pandit, A.B. (2007). Cavitation – A novel technique for making stable nano-suspensions. *Ultrasonics Sonochemistry,* 14, 519-530. https://doi.org/10.1016/j.ultsonch.2006.10.007

Pedroza-Islas, R. (2002). Alimentos microencapsulados: Particularidades de los procesos para la microencapsulación de alimentos para larvas de especies acuícolas. En L.E. Cruz-Suárez, D. Ricque-Marie, M. Tapia-Salazar, M.G. Gaxiola-Cortés, & N. Simoes (Eds.). *Avances en Nutricion Acuícola VI. Simposium Internacional de Nutrición Acuícola* (438-447).

Pool, H., Quintanar, D., Figueroa, J., Bechara J.E., Mc Clements, D., & Mendoza, S. (2012). Polymeric nanoparticles as oral delivery systems for encapsulation and release of polyphenolic compounds: Impact on quercetin antioxidant activity & bioaccessibility. *Food Biophysics,* 7, 276-288. https://doi.org/10.1007/s11483-012-9266-z

Rovoli, M., Gortzi, O., Lalas, S., & Kontopidi, G. (2014). β-Lactoglobulin improves liposome's encapsulation properties for vitamin E delivery. *Journal of liposome research.* 24, 74-81. https://doi.org/10.3109/08982104.2013.839701

Qiu-Yue D.Q.Y., Chen, M.Y., Xin, Y., Qin X.Y., Cheng, Z., Shi, L. M., & Tang Z.X. (2013). Alginate-based and protein-based materials for probiotics encapsulation: a review. *International Journal of Food Science and Technology,* 48, 1339-1351. https://doi.org/10.1111/ijfs.12078

Ramírez, M.J., Salgado-Aristizabal, N., & Orrego-Alzate, C.E. (2012). Conservación de polifenoles en un jugo de fruta modelo secado por aspersión y liofilización. *Viate,* 19(1), S87-S89.

Rincón-León, F. (2003). Functional Foods. En C. Trugo, & M. Finglas (Eds.). *Encyclopedia of Food Sciences and Nutrition* (2827-2831). Baltimore, Maryland: Academic Press. https://doi.org/10.1016/B0-12-227055-X/01328-6

Rodríguez-Barahona, C., Corrales-García, J., Hernández-Montes, A., Ybarra-Moncada, M., & García-Mateos, M. (2015). Contenido fitoquímico de jugo noni *(Morinda citrifolia)* microencapsulado en emulsiones W/O/W. *Revista CENIC Ciencias Químicas,* 44, 26-30.

Ruiz-Ruiz, J., Segura-Campos, M., Betancur-Ancona, D.A., & Chel-Guerrero, L. (2013). Encapsulation of *Phaseolus lunatus* protein hydrolysate with angiotensin-converting enzyme inhibitory activity. *ISRN Biotechnology.* https://doi.org/10.5402/2013/341974

Rupérez, P., & Bravo, L. (2001). Oligofructanos y gomas. En F.M. Lajolo, F. Saura-Calixto, E. Wittig de Penna, & E. Wenzel de Menezes (Eds.). *Fibra dietetica en Iberoamerica: Tecnologia y Salud* (61-74). Sao Paulo, Brasil: Varela.

Sandoval, P.V. (2015). *Microencapsulación de hidrolizados proteicos de Phaseolus lunatus L. con gomas de flamboyán (Delonix regia bojer Raf.) y chía (Salvia hispanica L.).* Tesis de Doctorado, Universidad Autónoma de Yucatán, Mérida, México.

Sankalia, M.G., Maseru, R.C., Sandalia, J.M., & Sutariya, V.B. (2004). Evaluación y Optimización Simultánea de Papaína Inmovilizada en Gránulos de Alginato Entrecruzado Mediante un Diseño Factorial 3x3 y la función de Deseabilidad. *Ars Pharmaceutica,* 45(3), 253-279.

Saupe, A., & Rades, T. (2006). Solid lipid nanoparticles. En M.R. Mozafari (Ed.). *Nanocarrier technologies: Frontiers of nanotherapy* (41-50). Dordrech: Springer. https://doi.org/10.1007/978-1-4020-5041-1_3

Segura-Campos, M., Chel-Guerrero, L., Betancur-Ancona. D., & Hernández-Escalante, V. (2011). Bioavailability of bioactive peptides. *Food Reviews International,* 27, 213-226. https://doi.org/10.1080/87559129.2011.563395

Shekhar, K., Madhu, N.M., Pradeep, B., & Banji, D.A. (2010). A review on microencapsulation. *International Journal of Pharmaceutical Sciences Review and Research,* 5(2), 58-62.

Swarbrick, J. (1997). *Encyclopedia of pharmaceutical Technology XII* (165). New York: Marcel Dekker INC.

Takenaka, H., Kawashima, Y., & Lin, S.Y. (1980). Micrometric properties of sulfamethoxazole microcapsules prepared by gelatin-acacia coacervation. *Journal of Pharmaceutical Sciences,* 69(5), 513-516. https://doi.org/10.1002/jps.2600690509

Thies, C. (2003). Microcapsules. Functional Foods. En C. Trugo, & M. Finglas (Eds.). *Encyclopedia of Food Sciences and Nutrition* (3892-3903). Baltimore, Maryland: Academic Press. https://doi.org/10.1016/B0-12-227055-X/01369-9

Torelló, M., Viscasillas, A., & Del Pozo, A. (2002). Liposomas (I). Conceptos generales y relación con las estructuras cutáneas. *OFFARM Farmacia Práctica,* 21(9), 188-190.

Weinbreck, F., Minor, M., & De Kruyf, G. (2004). Microencapsulation of oils using whey protein/gum arabic coaservates. *Journal of Microencapsulation,* 21(6), 667-679. https://doi.org/10.1080/02652040400008499

Yañez, J., Salazar, M., Chaires, M., Jiménez, H., Márquez, R., & Ramos, R. (2002). Aplicaciones biotecnológicas de la microencapsulación. *Avance y Perspectiva,* (21), 313-319.

Yeo, Y., & Park, K. (2004). Control of encapsulation efficiency and initial burst in polymeric particle systems. *Archives of Pharmaceutical Research,* 27(1), 1-12. https://doi.org/10.1007/BF02980037

Capítulo 8

MODIFICACIÓN ENZIMÁTICA DEL CONCENTRADO PROTEÍNICO DE *VIGNA UNGUICULATA* PARA SU INCORPORACIÓN A UN ALIMENTO PARA RÉGIMEN ESPECIAL

Lucía Espinosa-García, Luis Chel-Guerrero, Santiago Gallegos-Tintoré, Arturo Castellanos-Ruelas, David Betancur-Ancona*

Facultad de Ingeniería Química, Universidad Autónoma de Yucatán, Mérida, Yucatán, México.
bancona@correo.uady.mx*

https://doi.org/10.3926/oms.326

Espinosa-García, L., Chel-Guerrero, L., Gallegos-Tintoré, S., Castellanod-Ruelas, A., & Betancur-Ancona, D. (2016). Modificación enzimática del concentrado proteínico de *Vigna unguiculata* para su incorporación a un alimento para régimen especial. En M.E. Ramírez Ortiz (Ed.). *Alimentos Funcionales de Hoy*. Barcelona, España: OmniaScience. 219-246.

Resumen

Los hidrolizados proteínicos son utilizados ampliamente en la industria alimentaria debido a que presentan mejores características nutrimentales y funcionales (solubilidad, poder emulsificante, capacidad espumante) comparativamente con la proteína nativa. El objetivo de este trabajo fue hidrolizar enzimáticamente la proteína de *Vigna unguiculata*, mediante la acción independiente de proteasas comerciales (Alcalase^{MR} y Flavourzyme^{MR}), realizándose la reacción a 50°C y pH 8.0. De cada cinética se seleccionó el producto con mayor grado de hidrólisis (GH), estimado por el método de nitrógeno soluble en ácido tricloroacético. A los dos productos elegidos, se les evaluó su solubilidad de nitrógeno, hidrofobicidad superficial, perfil electroforético y digestibilidad aparente. Asimismo, se incorporaron de manera individual, en concentrados de horchata a los cuales se les determinó su caracterización proximal y fueron evaluados sensorialmente por personas de la tercera edad. Los hidrolizados enzimáticos de *Vigna unguiculata* seleccionados para su estudio fueron los obtenidos tras 60 min de hidrólisis cuyo GH fueron de 7.27% para el elaborado con Flavourzyme^{MR} (HF) y 23.61% con Alcalase^{MR} (HA). En cuanto a la solubilidad de nitrógeno se encontró que HF presentó mayores valores (93.67%) con respecto al preparado con HA (34.35%). La hidrofobicidad superficial (Ho) de HF fue mayor (291.52) que la presentada por HA (30.18). De igual manera, HA presentó mayor número de bandas (60, 51, 37, 31, 24 y 21 kDa) respecto a las encontradas en HF (60, 40, 30 y 22 kDa). La digestibilidad aparente de ambos hidrolizados fue alta (99%) y semejante a la obtenida con caseína (99%). La evaluación sensorial de los concentrados de horchata (bebida refrescante a base de arroz) enriquecidos con los hidrolizados proteínicos de *Vigna unguiculata* indicó que estos presentaron calificaciones dentro de los niveles de aceptación. El contenido proteínico de estos alimentos fue enriquecido hasta niveles del 4.8%. Tanto la solubilidad presentada por HF, así como la alta digestibilidad de ambos hidrolizados (HA y HF), aunado a las calificaciones obtenidas en la evaluación sensorial, hacen recomendable y factible la inclusión de éstos hidrolizados en alimentos dirigidos a individuos con dificultades de absorción de proteínas, como es el caso de las personas de la tercera edad así como en fórmulas infantiles.

Palabras clave

Vigna unguiculata, hidrolizados proteínicos, digestibilidad, régimen especial.

8.1. Introducción

Los alimentos son materiales biológicos constituidos por sustancias químicas complejas que los seres humanos ingieren de manera continua y directa. Los productos procedentes de animales, como carne, leche de vaca y huevo así como los de origen vegetal, como soya y nueces, son conocidos como buenas fuentes proteínicas. Sin embargo, debido a que las proteínas animales generalmente contienen grandes cantidades de grasa saturada, el consumo de alimentos provenientes de vegetales es recomendado para reducir los riesgos de ciertas enfermedades coronarias. Esto, aunado a la reducción de fuentes alimentarias, ha favorecido la búsqueda de nuevas alternativas proteínicas de origen poco convencional (Yoshie-Stark & Wäsche, 2004).

Las leguminosas representan una fuente rica en carbohidratos y proteínas, las cuales son cada vez más utilizadas en la industria alimenticia debido a que resultan ser una alternativa para sustituir o complementar a las proteínas animales tan importantes en la nutrición humana (Akinjayeju & Tolú, 2004)

La *Vigna unguiculata* ha sido reconocida como una fuente importante de proteínas, carbohidratos y otros nutrimentos como fibra, algo de grasa, vitaminas del complejo B y minerales, a individuos de los países en vías de desarrollo, donde funciona como fuente económica de proteína en lugar de otras más caras como las proteínas animales. Sus granos contienen 20-35% de proteína y es especialmente rica en lisina y otros aminoácidos esenciales, excepto aquellos azufrados (Cai, Hettiarachchy & Jalaluddin, 2003). Es ampliamente cosechada en el Estado de Yucatán, sin embargo, debe tenerse en cuenta que el consumo de proteínas vegetales en su estado nativo, se encuentra limitado debido a su baja digestibilidad y su carácter potencialmente alergénico. Es por esto que resulta relevante buscar procesos que permitan explotarla como materia prima en el desarrollo de nuevos productos y que ayuden a mejorar sus características funcionales para facilitar su incorporación en sistemas alimenticios de consumo humano (Freitas, Teixeira & Ferreira, 2004).

A pesar del alto contenido proteínico (20-30%), de la *Vigna unguiculata* su uso en alimentos para ancianos y niños se ha restringido por la presencia de oligosacáridos indigeribles que inducen flatulencias, particularmente rafinosa y estaquiosa, así como la presencia de factores antinutrimentales. Una de las alternativas para combatir este problema, es el cultivo o técnicas de biología molecular o el procesamiento de los granos por métodos específicos, como es el caso de la hidrólisis enzimática con la cual se pueden obtener productos nutracéuticos (Uwaegbute, Iroegbu, & Eke, 2000).

La modificación parcial, del tipo hidrolítica, de la estructura proteínica mediante el empleo de proteasas, puede contribuir al desarrollo de nuevos productos proteínicos con características nutrimentales o funcionales definidas. Los hidrolizados enzimáticos han sido empleados para muchos propósitos, como por ejemplo para reducir la alergenicidad de la proteína, producir péptidos bioactivos, conseguir requerimientos para dietas específicas o para mejorar sus propiedades funcionales (Doucet, Otter, Gauthier & Foegeding, 2003). Este proceso es realizado en condiciones moderadas de pH y temperatura (pH 5-9; 40-60°C) lo cual ayuda a conservar la calidad de la proteína. Particularmente es empleada para incrementar el índice de solubilidad de nitrógeno (ISN) en un intervalo amplio de pH así como para mejorar otras propiedades funcionales de las proteínas. La hidrólisis proteínica conduce un gran número de alteraciones en las características funcionales de la proteína, como viscosidad, sabor y propiedades de formar espuma y emulsión, entre otras. Estos parámetros funcionales son importantes para la aplicación de los hidrolizados en productos alimentarios y en la formulación de productos farmacéuticos y especiales para aplicaciones clínicas (Tardioli, Fernández-Lafuente, Guisán & Giordano, 2003).

La incorporación de hidrolizados proteínicos en las formulaciones alimenticias permite desarrollar productos para uso general o para personas con requerimientos especiales como podría ser el caso de personas de la tercera edad, deportistas, niños, etc. Estos hidrolizados son considerados benéficos para pacientes que sufren de desórdenes digestivos como fibrosis cística o síndrome de intestino corto o pueden utilizarse en dietas altas en proteínas en casos de desnutrición. Además, los hidrolizados libres de fenilalanina podrían ser ingeridos por pacientes con fenilcetonuria previniendo las lesiones cerebrales resultantes (Tardioli et al., 2003). Sin embargo, durante el proceso de hidrólisis de proteínas pueden llegar a producirse sabores amargos indeseables que limitan la aplicación del hidrolizado como aditivo en la formulación de productos alimenticios. No obstante, el uso de proteasas comerciales específicas como la Alcalase^{MR} y Flavourzyme^{MR} disminuye dicha característica en los hidrolizados lo cual depende básicamente del grado de hidrólisis. Con base en lo expuesto, en el presente trabajo se obtuvieron hidrolizados proteínicos de *Vigna unguiculata* mediante esas proteasas para su incorporación en un alimento para régimen especial destinado a personas de la tercera edad, evaluando sensorialmente el nivel de agrado de los productos desarrollados.

8.2. Materiales y métodos

8.2.1. Obtención de la harina de Vigna unguiculata

Se utilizaron granos secos de *Vigna unguiculata* provenientes de la cosecha del municipio de Umán, Yucatán, México. Los granos de frijol fueron sometidos a secado solar durante 8 h. Posteriormente se quebraron en un molino manual de rodillos y se les realizó una separación de partículas con aire comprimido con el objeto de eliminar la cáscara del grano. Finalmente, los granos quebrados y limpios se molieron en un equipo Cyclotec (Tecator) para obtener una harina con tamaño de partícula de 0.5 mm.

8.2.2. Obtención del concentrado proteínico de Vigna unguiculata

Se utilizó una modificación de los métodos reportados por Segura-Campos, Chel-Guerrero y Betancur-Ancona (2011). Se procesó la harina suspendiéndola en agua destilada en una relación 1:6 p/v (harina-agua), se ajustó el pH de la suspensión a 11 con NaOH 1N y se agitó a 400 rpm por 1 h con un agitador mecánico (Caframo RZ-1 marca Heidolph). Posteriormente, la suspensión se pasó secuencialmente a través de dos tamices malla 80 y 100 (0.190 y 0.140 mm de abertura de poro, respectivamente) para separar el bagazo (rico en fibra) de la mezcla de almidón y proteína. Este bagazo se lavó con agua destilada en una relación 1:1 p/v (bagazo-agua) recuperando el agua de lavado que junto con el filtrado se dejó reposar por 30 min a temperatura ambiente. Transcurrido el tiempo de reposo, la suspensión lechosa (proteína en solución), se separó para obtener sedimento rico en almidón. A la proteína separada, se le ajustó el pH a 4.5 con HCl 1N, se centrifugó a 1317 *x g* por 12 min eliminando el sobrenadante y el precipitado se secó a –47°C y 13 X10^{-3} Mbars por 48 h en un liofilizador marca Labcono.

8.2.3. Obtención del hidrolizado proteínico de Vigna unguiculata

Se utilizó el método reportado por Segura-Campos et al. (2011). empleando un diseño de bloques aleatorios para preparar los hidrolizados, donde los bloques fueron las enzimas empleadas (Alcalase^{MR} o Flavourzyme^{MR}), el factor a evaluar fue el tiempo de reacción (5, 15, 30 y 60 min) y la variable de respuesta fue el grado de hidrólisis. Se preparó una suspensión de concentrado proteínico (5 g de proteína en 250 ml de agua), se le ajustó el pH a 8 con NaOH 1N, se le adicionaron 25 mg de enzima y se realizó la reacción a 50°C, manteniéndose en agitación constante durante 1 h. Se tomaron muestras de 25 ml a los 5, 15, 30 y 60 min para la determinación del correspondiente grado de hidrólisis (GH). Los hidrolizados se prepararon utilizando individualmente las preparaciones enzimáticas. Para finalizar la hidrólisis, las proteasas se inactivaron mediante el calentamiento a 85°C durante 10 min. Se determinó el GH utilizando el método reportado por Kim, Byun, Park y Shahidi (2001). Este se estimó midiendo la cantidad de nitrógeno soluble en ácido tricloroacético (TCA) al 10% y su proporción con respecto a la cantidad de nitrógeno total en la suspensión de concentrado proteínico según la fórmula:

$$\%GH = \frac{\textit{Nitrógeno soluble en TCA al 10\%}}{\textit{Nitrógeno total}} \times 100$$

Para evaluar la cantidad de nitrógeno soluble en TCA se tomaron 10 ml del hidrolizado y se mezclaron con 10 ml de TCA al 20%. Esta mezcla se centrifugó a 12100 *x g* por 15 min y el nitrógeno presente en el sobrenadante se determinó por el método Kjeldahl (AOAC, 1997). El nitrógeno total se midió tomando 10 ml de una suspensión de proteína preparada de forma similar a la utilizada para desarrollar la hidrólisis enzimática pero sin la presencia de enzima y se le determinó el contenido de nitrógeno por el método Kjeldahl (AOAC, 1997). En las determinaciones de nitrógeno se utilizó un sistema Kjeltec (Tecator, Sweden) y el método 954.01 de la AOAC (1997).

De acuerdo a las cinéticas de hidrólisis obtenidas, se seleccionaron las condiciones correspondientes al mayor grado de hidrólisis logrado con cada una de las enzimas empleadas. A estos hidrolizados se les determinó: la solubilidad de nitrógeno (Were, Hettiarachchy & Kalapathy, 1997) y perfil electroforético (Schagger & Jagow, 1987). Asimismo, se les evaluó su calidad nutrimental mediante la determinación del coeficiente de digestibilidad aparente (Calderón de la Barca, Medrano, Jara-Marini, González & Ruiz, 2000a). Finalmente, con los hidrolizados seleccionados se prepararon concentrados para elaborar horchata los cuales fueron evaluados sensorialmente por personas de la tercera edad y a los cuales se les determinó su composición proximal (AOAC, 1997).

8.2.4. Solubilidad de nitrógeno

Se evaluó según el método propuesto por Were et al. (1997). Se prepararon 25 ml de una suspensión del hidrolizado al 0.5% (base seca), se ajustó el pH (2, 4, 6, 8, 10) con NaOH 0.01 N y HCl 0.01 N y se mantuvo en agitación durante 30 min. Posteriormente se centrifugaron a 4320 *xg* durante 30 min. y se tomaron 20 ml del sobrenadante para la determinación del contenido de nitrógeno por el método Kjeldahl (AOAC, método 954.01). La solubilidad de nitrógeno se expresó como el porcentaje de nitrógeno solubilizado con relación al contenido de nitrógeno de la muestra.

8.2.5. Perfil electroforético de los hidrolizados proteínicos

El análisis electroforético en condiciones desnaturalizante (SDS-PAGE), se aplicó a los hidrolizados de *Vigna unguiculata* mediante la técnica de Schagger y Jagow (1987). Se colocó el gel separador (Tabla 37) hasta un nivel de aproximadamente 1 cm antes de la orilla de las placas de vidrio, donde se le colocó agua destilada para nivelar el gel, al cual ya solidificado, se le eliminó el agua de la superficie. A continuación, se vertió el gel concentrador (Tabla 37) y antes de que este solidificara se colocaron los peines para la formación de los pocillos los cuales se retiraron al solidificar el gel.

	Gel separador 10%	**Gel concentrador**
Acris-bis (ml)	2.0	0.7
Regulador de gel (ml)	3.3	1.35
Glicerol (g)	1.3	–
Agua (ml)	3.3	4.0
Persulfato de amonio (µl)*	50	32
TEMED (µl)	8	8

*Solución al 10%.

Tabla 37. Relación y cantidad de reactivos para la preparación de geles.

Para la conducción de la corriente eléctrica durante el proceso de electroforesis, se emplearon las soluciones del Ánodo y Cátodo, las cuales fueron colocadas en la cubeta de electroforesis que contenía las placas de vidrio con el gel. Para la determinación de los pesos moleculares (PM) de los hidrolizados, se tomó 1 µg de cada uno de los hidrolizados y se disolvieron en 200 µl de buffer de muestra y se colocaron 4µl de esta solución por pozo. Asimismo, se inyectaron 5 µl de un estándar de pesos moleculares preteñido de bajo rango para SDS-PAGE Biorad (Cat. 161-0305) compuesto por las siguientes proteínas: Fosforilasa b (103 kDa), Albúmina sérica bovina (77 kDa), Ovalbúmina (50 kDa), Anhidrasa carbónica (34.3 kDa), Inhibidor de tripsina (28.8 kDa) y Lisozima (20.7 kDa). El proceso de electroforesis se realizó con una corriente constante de 20 mA/gel con una fuente de poder durante 1.15 h. Terminada la electroforesis, los geles se tiñeron con una solución de azul de Coomasie al 0.10% en agua:metanol:ácido acético en una relación 4:1:5 (v/v/v) durante 30 min en constante agitación. Posteriormente se decoloraron con una mezcla de agua:ácido acético:metanol en una relación 5:1:2 (v/v/v) durante 24 h. Para la estimación de los PM, primero se procedió a medir las distancias desde el inicio de la separación hasta el final de la misma para tener el valor que se llamó *b*, seguidamente se midió la distancia desde el inicio hasta la primera banda del estándar y el valor de esa distancia se llamó *a*, se calculó el valor de *a* en todas las bandas del estándar para posteriormente calcular el RF que es igual a la razón de *a*/*b*. Con los valores de RF calculados se realizó una regresión lineal graficando en el eje de las ordenadas el valor logarítmico del peso molecular en el eje de las abscisas el RF correspondiente para cada banda. Se calcularon los RF de las bandas de proteína de las fracciones y se interpolaron los valores en la ecuación, obteniendo así la estimación de los PM.

8.2.6. Digestibilidad aparente (DA)

Se determinó realizando una adaptación del método utilizado por Calderón de la Barca et al. (2000a). Se prepararon las dietas las cuales difirieron en su contenido y fuente proteínica tal como se indica en el (Tabla 38).

Para este estudio se utilizaron 24 ratas machos Sprague Dawley de 24 a 31 días, cuyos pesos variaron de acuerdo a la edad (99-130 g), las cuales fueron colocadas en jaulas individuales, a 25 °C, con ciclos luz-oscuridad de 12 h, humedad relativa de 50-65% y libre acceso a dieta con caseína y agua durante 7 días de adaptación. Tras esta fase, las ratas fueron aleatorizadas, en 4 grupos de 6 ratas

Ingredientes (g)	Dietas			
	SP	C	HA (64%)	HF (64%)
Hidrolizado de *Vigna unguiculata*	0.00	10.0	15.6	15.6
Glucosa (dextrosa)	15.0	15.0	15.0	15.0
Almidón de maíz	76.9	67.9	61.2	61.2
Aceite de maíz	5.0	5.0	5.0	5.0
Celulosa	2.0	2.0	2.0	2.0
Mezcla de vitaminas[a]	0.5	0.5	0.5	0.5
Mezcla de minerales[b]	0.6	0.6	0.6	0.6

[a]AIN-93-VX y [b]AIN-93M-MX, adquiridas de Harlan, México. SP) Dieta sin proteína; (HA) Dieta con hidrolizado con Alcalase[MR]; (HF) Dieta con hidrolizado con Flavourzyme[MR]; (C) Dieta con caseína.

Tabla 38. Composición de las dietas experimentales (%).

cada uno (HA, HF, C y SP) para la asignación de la dieta a evaluar. Durante la etapa de experimentación se tomó diariamente el peso, proteína ingerida así como las heces con sus respectivos pesos. Asimismo, se determinó el contenido de nitrógeno en heces y dietas para evaluar la digestibilidad aparente, tal como se indica a continuación:

$$DA = 100\,(I - F)$$

Donde:

$I = N_2$ ingerido
$F = N_2$ en heces

8.2.7. Obtención del producto a base de hidrolizado de *Vigna unguiculata*

Se elaboraron 3 concentrados de horchata de *Vigna unguiculata* (Tabla 39): uno sin la incorporación de fuente proteínica (SP) el cual sirvió como control con un

Ingredientes	Concentrado SP	Concentrado con HA	Concentrado con HF
Arroz (g)	41.8	41.8	41.8
Azúcar (g)	41.8	41.8	41.8
Agua purificada (ml)	15.6	15.6	15.6
Almendra pelada (g)	0.2	0.2	0.2
Vainilla (ml)	0.2	0.2	0.2
Canela (g)	0.4	0.4	0.4
Hidrolizado en seco (g)	–	3.0	3.0

(SP) sin proteína; (HA) con hidrolizado con Alcalase^{MR}; (HF) con hidrolizado con Flavourzyme^{MR}.

Tabla 39. Formulación del concentrado de horchata con y sin hidrolizado proteínico de Vigna unguiculata.

contenido proteínico de 2.3%, y dos concentrados más con la incorporación de los hidrolizados de *V. unguiculata* seleccionados tras la cinética de hidrólisis (HA y HF) de manera independiente, los cuales presentaron 4.8% de proteínas.

8.2.8. Evaluación sensorial de los productos obtenidos

El análisis sensorial de los productos con hidrolizado proteínico de *Vigna unguiculata* se realizó en el Centro Geriátrico «La tercera edad», empleando como jueces afectivos 20 personas de la tercera edad (59 y 98 años), población a la cual se destinó el producto. En algunos casos, debido a la avanzada edad de las personas, así como diversas enfermedades de los mismos, la evaluación se realizó de manera gesticular, observando el comportamiento de las personas, así como su aceptación hacia el producto.

La prueba consistió en evaluar el nivel de agrado de los productos elaborados por parte de los panelistas mediante una escala hedónica de cinco puntos (5 = Me gusta mucho, 4 = Me gusta, 3 = Ni me gusta ni me disgusta, 2 = Me disgusta, 1 = Me disgusta mucho), en la cual los jueces probaron los dos productos obtenidos (con Flavourzyme^{MR} y Alcalase^{MR}) así como la bebida a base de concentrado de horchata sin hidrolizado (control).

8.2.9. Caracterización proximal de los productos obtenidos

A las horchatas preparadas con los respectivos hidrolizados proteínicos se les determinó por triplicado: Humedad (925.09); Nitrógeno (954.01), este parámetro se determinó mediante el método Kjeldahl y el contenido de proteína se calculó como N x 6.25; Grasa cruda (920.39), empleando sistema Soxtec; Fibra cruda (956.09); Cenizas (923.03) y Carbohidratos totales como Extracto Libre de Nitrógeno (AOAC, 1997). Todos los análisis fueron realizados en la bebida diluida 1:5 (v/v, concentrado:agua), la cual para determinados análisis (grasa, fibra y cenizas) fue secada en estufa a 60ºC. Para la evaluación del contenido proteínico, se empleó la dilución directamente.

8.2.10. Análisis estadístico

Los resultados de las cinéticas enzimáticas de los hidrolizados proteínicos de *Vigna unguiculata* fueron analizados mediante un análisis de varianza (ANOVA) de dos vías para bloques completos aleatorizados, donde las enzimas empleadas se consideraron como bloques y el factor a evaluar fueron los diferentes tiempos de reacción, para establecer diferencias estadística significativas ($P<0.05$). La solubilidad de los hidrolizados se evaluó mediante el estadístico de prueba *t* de Student con un 95% de confianza, para establecer diferencia entre ellos. La digestibilidad *in vivo*, se realizó mediante un ANOVA simple, para establecer la existencia de diferencia estadística significativa ($P<0.05$). En cuanto a los resultados obtenidos de la prueba sensorial así como la caracterización proximal de los concentrados de horchata preparados, se analizaron mediante un ANOVA de una vía para un diseño completamente aleatorizado con la finalidad de determinar la existencia de diferencia estadística significativa ($P<0.05$) entre los tres productos. En los casos donde existió diferencia significativa ($P<0.05$), las comparaciones de las medias se analizaron mediante el método de la diferencia significativa mínima (DSM). Para realizar el análisis estadístico de todos los resultados, se empleó el paquete computacional Statgraphics plus versión 5.1.

8.3. Resultados y discusión

8.3.1. Cinéticas de hidrólisis del concentrado proteínico de Vigna unguiculata

Se realizaron las cinéticas de hidrólisis del concentrado proteínico (CP) de *V. unguiculata* obteniéndose ocho hidrolizados cuyos grados de hidrólisis (GH) oscilaron entre 3.26% y 23.61%. El análisis de varianza (ANOVA) de los hidrolizados obtenidos con Alcalase^{MR} y Flavourzyme^{MR}, estableció que tanto la enzima añadida como el tiempo de reacción influyeron de manera significativa ($P<0.05$) sobre el grado de hidrólisis del concentrado proteínico de *V. unguiculata.* Al comparar las medias de los tratamientos, se pudo detectar que todos los GH resultantes de la hidrólisis fueron diferentes entre sí ($P<0.05$).

Como puede observarse en la Figura 22, la hidrólisis enzimática del CP con Alcalase^{MR} se desarrolló rápidamente en el inicio y continuó en ascenso aun hasta los 60 min de la reacción. Con esta proteasa, se obtuvo un hidrolizado con 10.56% de GH en los primeros 5 min de incubación, el cual continuó hasta alcanzar 23.61% de GH al final del tiempo de reacción (60 min). Por otro lado, al

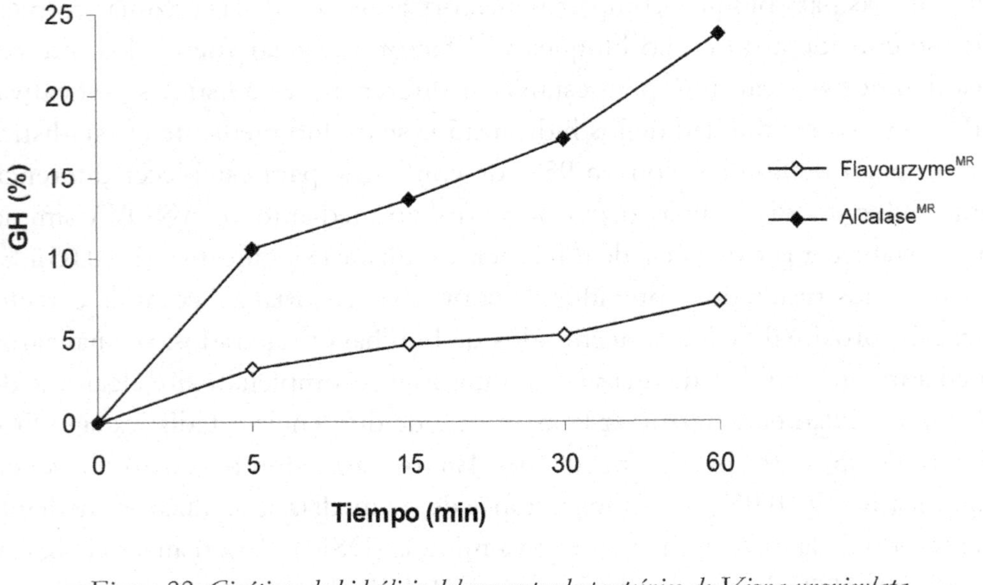

Figura 22. Cinéticas de hidrólisis del concentrado proteínico de Vigna unguiculata empleando dos proteasas comerciales.

emplear el preparado comercial Flavourzyme^{MR} la cinética de hidrólisis fue más lenta desde el inicio, sin embargo, mostró constante incremento hasta el final de la hidrólisis (60 min). Con esta exoproteasa, se obtuvo un GH de 3.26% en los primeros 5 min de reacción incrementándose hasta llegar a 7.27% a los 60 min de incubación. Este comportamiento fue similar al observado por Betancur-Ancona, Martínez-Rosado, Corona-Cruz, Castellanos-Ruelas, Jaramillo-Flores y Chel-Guerrero (2009), quienes prepararon hidrolizados proteínicos de *Phaseolus lunatus* empleado las mismas enzimas (Alcalase^{MR} y Flavourzyme^{MR}) realizando la reacción a los 5, 10, 15 y 60 min. En este estudio, la reacción con Alcalase^{MR} fue de 11%GH en los 5 primeros min de reacción incrementándose hasta 16.9%GH a los 60 min. Asimismo, con la Flavourzyme^{MR} la hidrólisis fue de 2.8%GH en los primeros minutos terminando con 7.7% GH al final de la misma.

Por otra parte, Megías, Pedroche, Yust, Alaiz, Girón-Calle, Millán y Vioque (2009) realizaron la hidrólisis de la proteína de semillas de girasol con tres diferentes preparaciones, con la endoproteasa Alcalase^{MR}, con Flavourzyme^{MR} y una mezcla de ambas. Con la primera obtuvieron un hidrolizado de 34.7%GH, en tanto que con la segunda el GH fue de 42.2%, ambas después 180 min, que comparándola con la acción de la Alcalase^{MR}, la hidrólisis fue más lenta, quizás por su actividad de exopeptidasa. Vioque, Sánchez-Vioque, Clemente, Pedoche, Bautista y Millán (1999), hidrolizaron durante 180 min semillas de rabino con una mezcla de endoproteasa (Alcalase^{MR}) y exoproteasa (Flavourzyme^{MR}) mediante el método pH-stat obteniendo 60% GH. En este mismo trabajo también se presentó un rápido incremento en el GH al emplear Alcalase^{MR} en los primeros minutos de la reacción en tanto que con la Flavourzyme^{MR} la hidrólisis fue más lenta debido probablemente a la actividad de exoproteasa de esta preparación comercial.

Como es bien sabido, la generación de hidrolizados proteínicos favorece la producción de péptidos amargos que limitan su uso en los alimentos. Vioque et al. (1999), en su estudio sobre semillas de rabino, señalaron que la presencia de sabor amargo parece ser producida por la exposición de residuos hidrofóbicos como consecuencia de la hidrólisis proteínica. Sin embargo, en otras investigaciones se ha reportado que la producción de estos péptidos puede reducirse mediante el uso de exopeptidasas, tal como ocurrió en un estudio sobre hidrolizados de huevo de gallina, donde Cigić & Zelenik-Blatnik (2004), reportaron que el uso de exopeptidasas como Flavourzyme^{MR} redujo el sabor amargo de los hidrolizados en comparación de aquellos producidos con Alcalase^{MR}. Es por todo esto, que en el presente trabajo se decidió determinar la hidrofobicidad superficial de los hidrolizados seleccionados para evaluar la presencia de péptidos amargos así como para establecer si la intensidad del sabor amargo de los péptidos fraccionados dependió del grado de hidrólisis obtenido.

Desde una perspectiva clínica, las nuevas tecnologías de obtención de hidrolizados proteínicos a partir de fuentes no convencionales de proteínas, podrían aportar soluciones a muchos aspectos de la terapéutica nutricional. Es por esto que para evaluar las características y propiedades de los hidrolizados proteínicos de *Vigna unguiculata* obtenidos con las dos proteasas comerciales evaluadas y de acuerdo a las cinéticas de hidrólisis obtenidas, se decidió emplear, de manera independiente, los hidrolizados con mayor GH derivados de la reacción a los 60 min (HA y HF) para su caracterización e incorporación en la elaboración de un producto destinado a situaciones en las que resulte necesario un mayor grado de hidrólisis de la fuente proteínica como es el caso de la alimentación en personas de la tercera edad tal como lo señalan Morris, Almarales, Carrillo y Abdala (2001) en su estudio sobre hidrolizados enzimáticos de *Chlorella vulgaris*.

8.3.2. Solubilidad de nitrógeno

Se obtuvieron las curvas correspondientes a la solubilidad de nitrógeno (Figura 23) de los dos hidrolizados seleccionados (HA y HF) así como del concentrado proteínico de *Vigna unguiculata* (CPV) a diferentes valores de pH (2, 4, 6, 8 y 10). Como se puede observar, la solubilidad del hidrolizado con Alcalase^{MR} (HA) presentó valores que se encontraron entre 29.05% y 34.35%, en tanto que para el hidrolizado con Flavourzyme^{MR} (HF) esta propiedad funcional osciló entre 27.18% y 93.67%. De acuerdo a la t de Student aplicada a esta propiedad funcional, se detectó que éste parámetro es directamente dependiente ($P<0.05$) de la enzima que se emplee durante la modificación de la proteína del x'pelón.

En la Figura 23, se puede ver que las tres curvas realizadas presentaron el patrón típico de solubilidad en forma de «V» siendo la menos pronunciada la obtenida con HA. Megías et al. (2009), en su trabajo sobre hidrolizados proteínicos de las semillas de girasol, mencionan que algunos hidrolizados proteínicos exhiben alta solubilidad a través de un amplio intervalo de pH y temperaturas, a diferencia de las proteínas nativas que poseen baja solubilidad en los valores de pH alrededor del punto isoeléctrico y altas temperaturas. Este comportamiento, se pudo detectar en este estudio, ya que las menores solubilidades obtenidas se encontraron

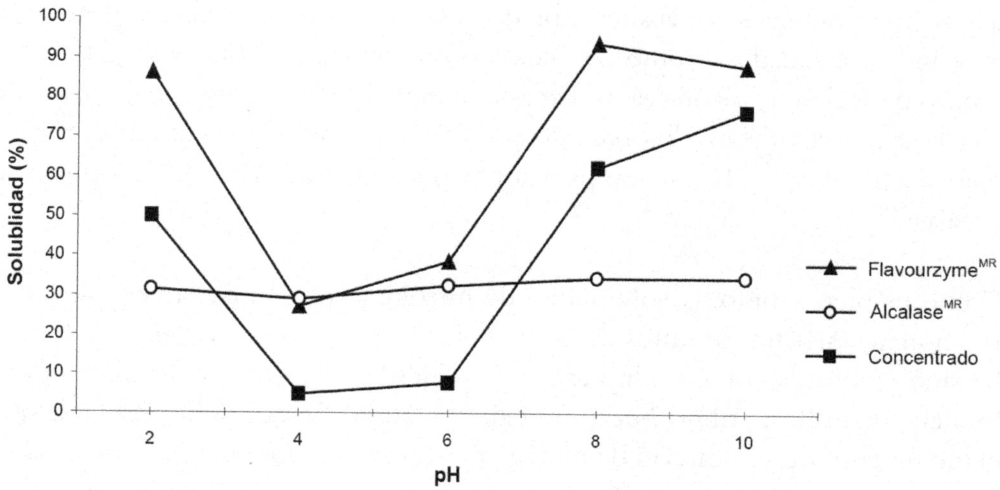

Figura 23. Solubilidad de nitrógeno del concentrado e hidrolizados proteínicos de Vigna unguiculata.

en los valores de pH de 4.0 y 6.0, rango cercano al punto isoeléctrico de las proteínas provenientes de leguminosas, siendo efectivamente, la curva obtenida con CPV la que arrojó menor solubilidad. Esta poca solubilidad, presentada en ciertos valores de pH de los hidrolizados, es un factor muy importante que podría limitar el uso de este tipo de productos al incorporarlo en algún alimento con este rango de pH, ya que pudiese ocasionar una apariencia poco atractiva y una sensación arenosa en la boca al degustar el producto final de acuerdo a lo reportado por Kristinsson y Rasco (2000) en su trabajo sobre la hidrólisis enzimática del músculo de salmón.

Por otra parte, a pH's ácidos los hidrolizados con HA y HF presentaron valores de solubilidad de nitrógeno del 29% y 27%, respectivamente, en tanto que el menor valor fue obtenido por el CPV (4%). En cuanto al rango de pH alcalinos, tanto los hidrolizados proteínicos (HA y HF) como la proteína nativa presentaron los mayores valores de solubilidad (34%, 87% y 78%, respectivamente), comportamiento también reportado en un trabajo sobre las gluteínas de las semillas de guayaba (Bernardino-Nicanor, Añón, Scilingo & Dávila-Ortíz, 2005). Asimismo, Mimouni, Azanza y Raymond (1999) en sus trabajos sobre hidrolizados de gluten y diferentes fuentes proteínicas, reportaron que este incremento en la solubilidad en los diferentes rangos de pH puede ser influenciado no solamente por el grado de hidrólisis alcanzado, sino también por los cambios presentados en los péptidos resultantes de la modificación enzimática de la proteína entre los que se pueden mencionar la alteración de su peso molecular, cambios en su carga neta, hidrofobicidad, así como cambios conformacionales debido a los diferentes modos de acción de las proteasas. En este sentido, en el presente trabajo se puede observar que el hidrolizado obtenido con Flavourzyme^{MR}, presentó mayor solubilidad a pH 2, 6, 8 y 10, en comparación con los obtenidos con la endoproteasa Alcalase^{MR}.

Como es bien sabido, la solubilidad de nitrógeno es una de las propiedades funcionales más importantes de las proteínas, de modo que la pérdida de ésta ha sido empleada como un indicador de la pérdida de funcionalidad tal como lo mencionan Bernardino-Nicanor et al. (2005). Por lo que debe resaltarse que el incremento de solubilidad de nitrógeno presentada por ambos hidrolizados, especialmente con el obtenido con Flavourzyme^{MR}, es un comportamiento que favorece y facilita la incorporación de éstos productos en ciertos sistemas alimentarios: bebidas fortificadas, suplementos para deportistas o ancianos así como en jugos de frutas tal como lo mencionan Calderón de la Barca, Ruiz-Salazar & Jara-Marini (2000b) en su estudio sobre hidrolizados proteínicos de soya.

8.3.3. Perfil electroforético de los hidrolizados proteínicos

La degradación de las proteínas ocurrida durante la hidrólisis enzimática del concentrado proteínico de *V. unguiculata* fue verificada mediante su análisis electroforético (Figura 24). Como puede observarse, el concentrado proteínico (CPV) mostró bandas con pesos moleculares (PM) de 112, 84, 68, 55, 48, 34, 29 y 26 kDa. La electroforesis realizada, reveló que los hidrolizados presentaron marcada diferencia en sus PM siendo el HA el que presentó mayor número de bandas comparado con las bandas obtenidas con Flavourzyme^{MR}, lo cual se esperaba debido al mayor GH obtenido con la proteasa Alcalase^{MR}. Estos resultados son similares a los encontrados por Bandyopadhyay y Ghosh (2004) respecto a que la hidrólisis de la proteína produce péptidos de menor tamaño molecular y a lo reportado por Kristinsson y Rasco (2000) quienes indican que esta conducta está asociada con la especificidad de las enzimas empleadas sobre sustratos específicos.

La electroforesis realizada, reveló que los hidrolizados presentaron marcada diferencia en sus PM siendo el HA el que presentó mayor número de bandas

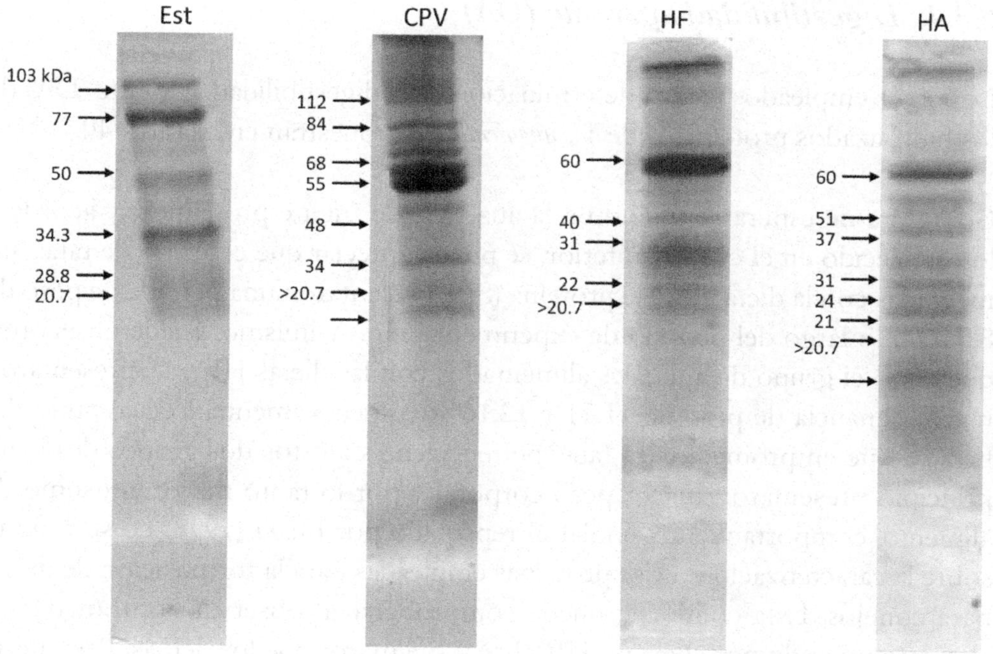

Figura 24. Perfil electroforético del concentrado e hidrolizados proteínicos de Vigna unguiculata.

comparado con las bandas obtenidas con Flavourzyme[MR], lo cual se esperaba debido al mayor GH obtenido con la proteasa Alcalase[MR]. Estos resultados son similares a los encontrados por Bandyopadhyay & Ghosh (2004) respecto a que la hidrólisis de la proteína produce péptidos de menor tamaño molecular y a lo reportado por Kristinsson y Rasco (2000) quienes indican que esta conducta está asociada con la especificidad de las enzimas empleadas sobre sustratos específicos.

Como se muestra en la figura anterior, los PM de los polipéptidos obtenidos con Flavourzyme[MR] fueron de 60, 40, 30 y 22, además este hidrolizado presentó una banda menor a 20.7 kDa. En cuanto al hidrolizado con Alcalase[MR], pueden observarse bandas con PM de 60, 51, 37, 31, 24, 21 kDa así como dos bandas menores a 20.7 kDa. A este respecto, Freitas et al. (2004), en un estudio sobre las proteínas de la semilla de *Vigna unguiculata*, reportaron la presencia de una banda con PM de 20 kDa y la asociaron con un polipéptido ligado mediante enlaces disulfuro. Debido a que ambos hidrolizados presentaron bandas menores a 20.7 kDa, esto podría indicar que dicho péptido pudiera estar presente en los productos estudiados.

8.3.4. Digestibilidad aparente (DA)

Los datos empleados para la determinación de la digestibilidad aparente (DA) de los hidrolizados proteínicos de *V. unguiculata*, se muestran en la Tabla 40.

Como era de esperarse (debido a la ausencia de fuente proteínica) y acorde a lo establecido en el cuadro anterior, se puede apreciar que el grupo de ratas alimentadas con la dieta libre de proteína (SP), presentaron una pérdida de peso de 8.04% a lo largo del período de experimentación. Asimismo, puede observarse que tanto el grupo de animales alimentados con las dietas HF y C, presentaron mayor ganancia de peso de 11.71 y 12.16%, respectivamente, lo cual pudo deberse a que en promedio, las ratas pertenecientes a estos dos grupos desde un principio presentaron mayor peso corporal y por lo tanto mayor consumo de alimento, comportamiento similar al reportado por Fraga (1998) en su estudio sobre la caracterización de las proteínas empleadas para la formulación de dietas para conejos. Esta conducta, puede comprobarse al observar el promedio de alimento ingerido por el grupo HF, el cual fue mayor que los demás. Pese a esta situación, en general los 4 grupos presentaron valores semejantes en cuanto al alimento ingerido así como las cantidades recolectadas de excretas durante este período de experimentación.

	Dieta			
	SP	**HA**	**HF**	**C**
Peso inicial (g)	92.87 ± 9.17	79.80 ± 16.68	92.02 ± 19.91	88.18 ± 33.41
Peso final (g)	85.45 ± 9.13	86.45 ± 17.09	102.80 ± 17.47	98.90 ± 36.58
Peso ganado (g)	-7.47 ± 1.75	6.65 ± 3.89	10.78 ± 2.73	10.72 ± 4.85
Alimento ingerido (g)	8.29 ± 0.70	8.22 ± 0.77	9.62 ± 0.74	8.66 ± 0.78
Heces excretadas (g)	0.49 ± 0.28	0.58 ± 0.31	0.81 ± 0.35	0.59 ± 0.32

(SP) Dieta sin proteína; (HA) Dieta con hidrolizado con Alcalase^{MR}; (HF) Dieta con hidrolizado con Flavourzyme^{MR}; (C) Dieta con caseína. Nota: Los valores son el promedio y la DS de 4 grupos de 6 ratas por dieta evaluadas durante los 7 días de experimentación.

Tabla 40. Datos reportados durante el período de experimentación para la determinación de la DA.

Para la determinación del CDA de los hidrolizados, se decidió comparar estos productos con los obtenidos con la dieta compuesta de Caseína (Tabla 41), ya que es una proteína de alta calidad. Cabe aclarar, que debido a la gran cantidad de animales a evaluar, para la determinación del contenido de nitrógeno en las heces excretadas durante el período de experimentación, se decidió formar subgrupos (HA_1, HA_2, HF_1, HF_2, C_1, C_2) dentro de los mismos 4 grupos experimentales, los cuales fueron agrupados de acuerdo al peso de las ratas dentro del grupo sin mezclar las dietas seleccionadas en un principio. Asimismo, los resultados encontrados en este estudió se compararon con datos de digestibilidad reportados en la literatura para diferentes fuentes proteínicas.

El ANOVA de la digestibilidad aparente de las dietas con hidrolizado así como con caseína, indicó que no existe diferencia estadística significativa ($P>0.05$), es decir que las fuentes proteínicas estudiadas presentaron igual calidad biológica. Con base a este parámetro, en el cuadro anterior, se puede observar que tanto el hidrolizado con Alcalase[MR] como con Flavourzyme[MR], presentan muy buena digestibilidad, ya que sus valores fueron muy cercanos a los encontrados para las dietas con caseína, lo cual indica que la proteína del hidrolizado está siendo absorbida en un 99% en todos los casos. Este comportamiento es muy significativo, ya que hay que recordar que la digestibilidad aparente es un parámetro esencial para evaluar la calidad de un ingrediente, por lo que los resultados derivados de esta experimentación muestran que la calidad nutrimental de los hidrolizados estudiados fue buena, es decir que son digeridos y absorbidos casi por completo.

	N_2 ingerido (g/100 g)	**N_2 excretado (g/100 g)**	**CDA (%)**
HA	8.22 ± 0.77	0.02 ± 0.01	99.79 ± 0.10[a]
HF	9.62 ± 0.74	0.02 ± 0.01	99.78 ± 0.09[a]
C	8.66 ± 0.78	0.01 ± 0.01	99.87 ± 0.06[a]

(HA) Dieta con hidrolizado con Alcalase[MR]; (HF) Dieta con hidrolizado con Flavourzyme[MR]; (C) Dieta con caseína. [*]Letras iguales en la misma columna indican que no existe diferencia estadística ($P>0.05$).

Tabla 41. N_2 ingerido, excretado y Coeficiente de digestibilidad aparente (CDA%) de los hidrolizados proteínicos de Vigna unguiculata.

De manera general, los CDA obtenidos establecen que los hidrolizados presentan una mayor digestibilidad compararlos con valores reportados en la literatura para otras fuentes. Estos resultados simplemente confirman la propiedad que tienen los hidrolizados de ser más digeribles que las proteínas nativas, lo cual hace a estos productos viables para su incorporación en dietas para personas de la tercera edad que se sabe presentan padecimientos crónico-degenerativos que disminuyen su capacidad de absorción de nutrimentos como las proteínas. Van der Ven, Gruppen, De Bont y Voragen (2002) en su trabajo sobre hidrolizados de soya y suero de leche, así como Calderón de la Barca et al. (2000a) en su estudio sobre la modificación enzimática de soya para alimentación especial, reportaron que este tipo de resultados en lo que respecta a la digestibilidad de los hidrolizados permitirían su incorporación en fórmulas hipoalergénicas, productos para deportistas, entre otros, ya que su absorción intestinal resulta ser muy efectiva.

8.3.5. Obtención del producto a base de hidrolizado de Vigna unguiculata

Cabe mencionar que los productos adicionados con los hidrolizados de *Vigna unguiculata* presentaron contenido proteínico mayores a los encontrados en varias bebidas comerciales a base de soya, de venta en el mercado: Ades^{MR} (0.6%), Solé^{MR} (1.1%) y SoyFrut^{MR} (0.6%).

La razón por la cual se decidió añadir los hidrolizados hasta esa concentración de proteínas, fue esencialmente para garantizar que los productos elaborados se encontraran dentro de las Ingestas Recomendadas (IR) para personas de la tercera edad. Estas IR se han estimado en 0.8 g de proteína/kg de peso corporal/día y algunos estudios han indicado que ingestas de 1 g/kg podrían favorecer un mejor balance nitrogenado, estimulando la formación de masa muscular. En el caso de pérdida de peso o estados hipercatabólicos, las IR pueden llegar a 1.5 g/kg de peso. Sin embargo, las bebidas preparadas, no sólo pueden emplearse en personas de la tercera edad, ya que su aporte de proteínas se encuentra dentro del rango establecido para niños (1.85 g/kg durante los primeros 6 meses, 1.65 g/kg de los 6-9 meses, y 1.5 g/kg de los 9-12 meses, 1.2 g/kg de los 12-24 meses, 1 g/kg hasta los 16 años y 0.95 g/kg hasta la edad adulta) y adultos (0.75 g/kg) (Serralda, Meléndez & Pasquetti, 2003).

8.3.6. Evaluación sensorial

El análisis de varianza de los resultados de la evaluación sensorial, indicó que las calificaciones de los concentrados de horchata, presentaron diferencia estadística significativa ($P<0.05$), siendo las calificaciones de los tres productos evaluados, SP (499), con HA (602) y con HF (563) de 4.1, 3.75 y 4.3, respectivamente (Figura 25). La comparación de medias, indicó que las formulaciones con HF y SP fueron iguales, en tanto que la adicionada con HA fue diferente estadísticamente ($P<0.05$) a las dos anteriores.

Como puede apreciarse en la Figura 25, todas las calificaciones emitidas por los jueces estuvieron dentro de los niveles de agrado (3.75 – 4.3 puntos) lo cual indica que todos los productos evaluados fueron calificados por a encima del punto de indiferencia (3). Igualmente, en esta figura, se puede ver que la formulación que obtuvo un promedio de calificación más alta fue aquella con el hidrolizado con Flavourzyme^{MR} (563), mientras que la que presentó en promedio menores calificaciones fue aquella con Alcalase^{MR} (602).

En cuanto a las menores calificaciones del concentrado de horchata con Alcalase^{MR}, hay que mencionar que algunos jueces percibieron un sabor amargo y/o «medicinal» en este producto. Esta característica, atribuida tanto a la fuente

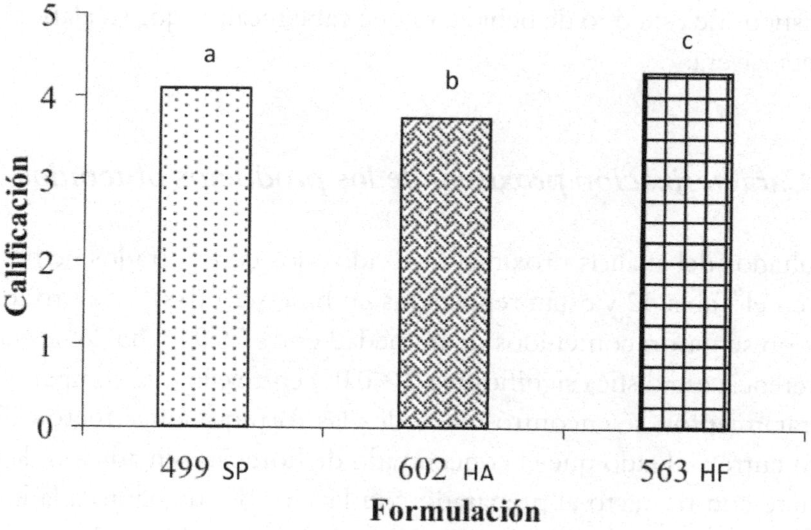

Figura 25. Nivel de agrado de los concentrados de horchata evaluados sensorialmente.

proteínica así como a la especificidad de la enzima empleada para la hidrólisis enzimática, podría resultar ser una restricción del uso de esos hidrolizados, particularmente en bebidas, tal como lo indica Van der Ven et al. (2002) en sus resultados sobre hidrólisis proteínica de soya. Así mismo, el sabor amargo encontrado en este producto puede deberse a que la Alcalase^{MR} así como la mayoría de las endoproteasas, generan cierta cantidad de péptidos amargos para lo cual se deben añadir exopeptidasas como la Flavouryzme^{MR}, al final del proceso de hidrólisis, para reducir o eliminar esta característica desfavorable. Esta alternativa puede verificarse tomando en cuenta los resultados encontrados por Cigic y Zelenik-Blatnik (2004) en su trabajo sobre hidrolizados de huevo de gallina, en el cual evaluaron sensorialmente los hidrolizados obtenidos tanto con Alcalase^{MR} como con la mezcla Alcalase^{MR}-Flavourzyme^{MR} mediante la dilución en agua de estos a una concentración proteínica de 30 mg/ml. El sabor amargo lo compararon con respecto a la concentración isointensiva de cafeína, encontrando que la introducción de Flavourzyme^{MR} generó un hidrolizado con sabor amargo moderado (4.2 mM) presentando mismo sabor que 4 mM de cafeína. En tanto que las muestras tratadas solo con Alcalase^{MR} presentaron doble sabor amargo (8.2 mM).

Así mismo, los jueces también encontraron en la horchata con HA, una sensación granulosa del arroz empleado para la formulación, lo cual puede atribuirse a que este hidrolizado presentó menor solubilidad respecto al HF, característica que de acuerdo a lo reportado por Kristinsson y Rasco (2000) puede generar una sensación arenosa en los productos, pero sobre todo se debió a los sólidos característicos de este tipo de bebida, ya que cabe recalcar que su elaboración fue de manera casera.

8.3.7. Caracterización proximal de los productos obtenidos

Los resultados del análisis proximal realizado a los concentrados de horchata se indican en el Tabla 42 y están reportados en base seca (b.s). Los productos elaborados presentaron contenidos de humedad entre 76.94 y 85.26%, encontrándose diferencia estadística significativa ($P<0.05$) entre ellos. Al comparar la media de los tratamientos, se encontró que todos las formulaciones fueron diferentes ($P<0.05$) entre sí. Dado que el concentrado de horchata sin adición de proteína (SP) difiere con respecto al preparado con HA y HF en cuanto a la incorporación de los mismos, esta diferencia de humedad pudo deberse al incremento del contenido de agua proporcionado por los hidrolizados. En cuanto al contenido

Componente (%)	**SP**	**HA**	**HF**
Humedad	76.95 ± 0.61[a]	83.87 ± 0.26[b]	85.26 ± 0.86[c]
Proteína cruda	2.26 ± 0.35[a]	4.85 ± 0.22[b]	4.79 ± 0.62[b]
Fibra cruda	0.18 ± 0.02[a]	0.12 ± 0.03[b]	0.15 ± 0.02[c]
Grasa	0.43 ± 0.00[a]	0.12 ± 0.01[b]	0.21 ± 0.00[c]
Cenizas	0.10 ± 0.02[a]	0.17 ± 0.03[a]	0.19 ± 0.12[a]
E.L.N	97.02 ± 0.34[a]	96.14 ± 1.80[b]	95.43 ± 1.46[c]

(SP) Dieta sin proteína; (HA) Dieta con hidrolizado con Alcalase[MR]; (HF) Dieta con hidrolizado con Flavourzyme[MR]. *Letras diferentes en la misma fila indican diferencia estadística (P<0.05).

Tabla 42. Caracterización proximal de los concentrados de horchata (% b.s.).

proteínico de las horchatas los valores se encontraron entre 2.25 y 4.8%. El análisis de varianza verificó que la concentración de proteína fue estadísticamente diferente (P<0.05). Al realizar la comparación de medias, se pudo detectar que la adición de hidrolizados al producto influyeron de manera significativa (P<0.05) sobre este parámetro nutrimental. Este resultado confirma la presencia de los hidrolizados en las formulaciones e igualmente asegura que éstas fueron mejoradas en lo que respecta al contenido de proteínas.

El contenido de grasas de los productos, se encontró entre 0.12% y 0.34%, valores que se encontró fueron estadísticamente diferentes (P<0.05). La comparación de medias de los mismos indicaron que la grasa encontrada en las horchatas fue diferente entre sí (P<0.05). Debido a que los valores obtenidos de este parámetro son muy bajos, debe indicarse que la metodología empleada para esta determinación conduce a mucha variabilidad en el análisis, lo cual pudo influir en el análisis graso de los productos elaborados. En lo que respecta al contenido de cenizas, el análisis de varianza indicó que no existió diferencia estadística (P>0.05) entre los concentrados evaluados. Los valores oscilaron entre 0.10% y 0.19%, notándose un ligero aumento en las formulaciones adicionadas con los hidrolizados, quizás debido al contenido de cenizas presente en los mismos.

A manera de discusión general, se puede señalar que esta investigación consistió en desarrollar la hidrólisis enzimática del concentrado proteínico de *Vigna unguiculata* mediante las proteasas comerciales Alcalase^{MR} y Flavourzyme^{MR}, seleccionándose para su estudio fisicoquímico y nurimental así como para su incorporación en un producto destinado a personas de la tercera edad, aquellos productos con mayor grado de hidrólisis; los cuales fueron obtenidos a los 60 min de reacción (23.61% y 7.27%, respectivamente). Los resultados de las cinéticas enzimáticas realizadas indicaron que la reacción con Alcalase^{MR} fue más rápida desde el inicio de la misma comparada con la hidrólisis realizada con Flavourzyme^{MR}, comportamiento reportado por varios autores y que ha sido atribuido a la actividad exoproteasa de Flavoruzyme^{MR}. Es decir, sus péptidos son aún de cadena larga y presenta menor %GH debido a su preferencia por los grupos presentes en el exterior de la cadena.

Los resultados de solubilidad de nitrógeno indicaron que los productos de hidrólisis del concentrado proteínico de *V. unguiculata* presentaron menor solubilidad en el rango de pH entre 4.0 a 6.0, posiblemente porque las proteínas están cerca de su isoeléctrico. Las mayores solubilidades en los dos hidrolizados (HA y HF) se encontraron en los valores de pH alcalinos, siendo el hidrolizado con Flavourzyme^{MR} el que presentó mayor solubilidad (93.67%). Es importante señalar que ésta alta solubilidad hace viable la incorporación de éste hidrolizado en diferentes sistemas alimentarios.

Del perfil electroforético, se pudo observar que el que presentó mayor número de bandas fue el obtenido con Alcalase^{MR}, con lo cual se verifica el mayor %GH obtenido con respecto a Flavourzyme^{MR}. Asimismo, este resultado está directamente relacionado con la especificidad de las proteasas, ya que las endopeptidasas debido a que reaccionan en el interior de la molécula peptídica, produce mayor cantidad de péptidos con menor tamaño molecular, comparado con la acción de la endopeptidasa cuyos péptidos son más largos y en menor cantidad. Sin embargo, tanto HA como HF presentaron bandas menores a 20 kDa.

En lo que respecta a la digestibilidad aparente de los hidrolizados comparados con caseína (C), los resultados indicaron que los productos obtenidos de la hidrólisis enzimática presentaron 99% de digestibilidad, lo cual indica que son productos con alta calidad nutrimental y fáciles de digerir. Esto hace viable la incorporación de estos hidrolizados en sistemas alimentarios destinados a personas que presenten dificultad de asimilar las proteínas.

La evaluación sensorial de los concentrados de horchata elaborados adicionando los hidrolizados (HA y HF), indicó que todos los productos presentaron calificaciones superiores al punto de indiferencia (3), siendo el mejor calificado el elaborado con Flavourzyme^{MR} (4.3). Asimismo, la prueba sensorial indicó que en el concentrado con HA se detectó un ligero sabor amargo y/o «medicinal», que de acuerdo a lo establecido en la literatura se debe a su actividad endoproteasa y a la posible generación de más péptidos amargos.

Las características químicas de los concentrados de horchata elaborados con los hidrolizados fueron muy similares respecto al producto control preparado sin hidrolizado, destacando un incremento del contenido proteínico a niveles aproximados de 4.8% al adicionar los hidrolizados (4.85 y 4.79%).

8.4. Conclusiones

Los hidrolizados enzimáticos de *Vigna unguiculata* con mayor GH se obtuvieron haciendo reaccionar el concentrado proteínico con las proteasas comerciales Flavouryzme^{MR} y Alcalase^{MR}, durante 60 min alcanzándose valores de 7.27 y 23.61%, respectivamente. El hidrolizado obtenido con Flavourzyme^{MR} presentó mayores valores (93.67%) de solubilidad de nitrógeno con respecto al preparado con Alcalase^{MR} (34.35%). La hidrofobicidad superficial (Ho) del hidrolizado con Flavourzyme^{MR} fue mayor (291.52) que la presentada por el hidrolizado con Alcalase^{MR} (30.18). El perfil electroforético del hidrolizado con Alcalase^{MR} indicó mayor número de bandas (60, 51, 37, 31, 24 y 21 kDa) respecto a las encontradas en el hidrolizado con Flavourzyme^{MR} (60, 40, 30 y 22 kDa). En ambos se detectaron bandas menores a los 20 kDa. La digestibilidad *in vivo* de los hidrolizados fue alta (99%) y comparada con la obtenida para caseína (99%). Se desarrollaron fórmulas de concentrados de horchatas enriquecidos con los hidrolizados proteínicos de *Vigna unguiculata* que al ser evaluados sensorialmente por personas de la tercera edad obtuvieron calificaciones dentro de los niveles de aceptación. La incorporación de los hidrolizados en la formulación de los concentrados de horchata logró un enriquecimiento en el contenido de proteínas de los productos hasta niveles del 4.8%. La solubilidad presentada por el hidrolizado con Flavourzyme^{MR}, así como la alta digestibilidad de ambos hidrolizados (HA y HF), aunado a las calificaciones obtenidas en la evaluación sensorial, hace útil y factible su incorporación como ingrediente en sistemas alimentarios destinados a personas o situaciones donde sea difícil la absorción de las proteínas, como es el caso de las personas de la tercera edad así como en fórmulas para niños.

Referencias

Akinjayeju, O., & Tolú, B.K. (2004). Comparative studies of some properties of undehulled, mechanically dehulled and manually dehulled cowpea (Vigna unguiculata Walp. L.) flours. *International Journal of Food Science and Technology*, 39, 355-360. https://doi.org/10.1111/j.1365-2621.2004.00792.x

Association of Official Analytical Chemists (AOAC) (1997). *Methods of analysis of association of official analytical chemists.* 16 th Edition. Washington, D.C.

Bandyopadhyay, K., & Ghosh, S. (2002). Preparation and characterization of papain-modified sesame (*Sesamum indicum* L.) protein isolates. *Journal of Agricultural and Food Chemistry*, 50(23), 6854-6857. https://doi.org/10.1021/jf020320x

Bernardino-Nicanor, A., Añón, C., Scilingo, A.A., & Dávila-Ortíz, G. (2005). Functional properties of guava seed glutelins. *Journal of Agricultural and Food Chemistry*, 53(9), 3613-3617. https://doi.org/10.1021/jf0400359

Betancur-Ancona, D., Martínez-Rosado, R., Corona-Cruz, A., Castellanos-Ruelas, A., Jaramillo-Flores, M.E., & Chel-Guerrero, L. (2009). Functional properties of hydrolysates from Phaseolus lunatus seeds. *International Journal of Food Science and Technology*, 44, 128-137. https://doi.org/10.1111/j.1365-2621.2007.01690.x

Cai, R., Hettiarachchy, N.S., & Jalaluddin. (2003). High-performance liquid chromatography determination of phenolic constituents in 17 varieties of cowpeas. *Journal of Agricultural and Food Chemistry*, 51(6), 1623-1627. https://doi.org/10.1021/jf020867b

Calderón de la Barca, M.A., Medrano, A.W., Jara-Marini, E.M., González, C.A.F., & Ruiz, S.A. (2000a). Modificación enzimática de las propiedades funcionales, nutricias y sensoriales de la soya para alimentación especial. *Archivos Latinoamericanos de Nutrición*, 50(1), 26-34.

Calderón de la Barca, M.A., Ruiz-Salazar, A.R., & Jara-Marini, E.M. (2000b). Enzymatic hydrolysis and synthesis of soy protein to improve its amino acid composition and functional properties. *Journal of Food Science*, 65(2), 246-253. https://doi.org/10.1111/j.1365-2621.2000.tb15988.x

Cigic, B., & Zelenik-Blatnik, M. (2004). Preparation and characterization of chicken egg white hydrolysate. *Acta Chimica Slovenica,* 51, 177-188.

Doucet, D., Otter, D.E., Gauthier, S.F., & Foegeding, E.A. (2003). Enzyme-induced gelation of extensively hydrolyzed whey proteins by Alcalase: peptide identification and determination of enzyme specificity. *Journal of Agricultural and Food Chemistry,* 51(21), 6300-6308. https://doi.org/10.1021/jf026242v

Fraga, M.J. (1998). Some characteristics of main protein sources included in rabbit diets. En *Protein Digestión. The Nutrition of the Rabbit,* 39-53.

Freitas, R.L., Teixeira, A.R., & Ferreira, R.B. (2004). Characterization of the proteins from Vigna unguiculata seeds. *Journal of Agricultural and Food Chemistry,* 52(6), 1682-1687. https://doi.org/10.1021/jf0300588

Kim, S-K., Byun, H-G., Park, P-J., & Shahidi, F. (2001). Angiotensin I converting enzyme inhibitory peptides purified from bovine skin gelatin hydrolysate. *Journal of Agricultural and Food Chemistry,* 49(6), 2992-2997. https://doi.org/10.1021/jf001119u

Kristinsson, H.G., & Rasco, B.A. (2000). Biochemical and functional properties of atlantic salmon (Salmo salar) muscle proteins hydrolyzed with various alkaline proteases. *Journal of Agricultural and Food Chemistry,* 48(3), 657-666. https://doi.org/10.1021/jf990447v

Megías, C., Pedroche, J., Yust, M.M., Alaiz, M., Girón-Calle, J., Millán, F., & Vioque, J. (2009). Sunflower protein hydrolysates reduce cholesterol micellar solubility. *Plant Foods for Human Nutrition.* 64, 86-93. https://doi.org/10.1007/s11130-009-0108-1

Mimouni, B., Azanza, J.L., & Raymond, J. (1999). Influence of double enzymatic hydrolyses on gluten functionality. *Journal of the Science of Food and Agriculture,* 79, 1048-1053. https://doi.org/10.1002/(SICI)1097-0010(19990515)79:7<1048::AID-JSFA327>3.0.CO;2-Y

Morris, Q.H.J., Almarales, A.A., Carrillo, F.O., & Abdala, D.R.T. (2001). Combinaciones enzimáticas en la obtención de hidrolizados proteicos a partir de Chlorella vulgaris. *Revista Cubana de Alimentación y Nutrición,* 15(2), 85-89.

Schägger, H., & Jagow, G.V. (1987). Tricine-sodium dodecyl sulfate-polyacrylamide gel electrophoresis for the separation of proteins in the range from 1 to 100 kDa. *Analytical Biochemistry,* 166, 368-379. https://doi.org/10.1016/0003-2697(87)90587-2

Segura-Campos, M., Chel-Guerrero, L., & Betancur-Ancona, D. (2011). Purification of angiotensin I-converting enzyme inhibitory peptides from a cowpea *(Vigna unguiculata)* enzymatic hydrolysate. *Process Biochemistry,* 46, 864-872. https://doi.org/10.1016/j.procbio.2010.12.008

Serralda, Z.A.E., Meléndez, M.G. & Pasquetti, C.A. (2003). Requerimientos y recomendaciones proteicas, referencias internacionales y mexicanas. *Revista de Endocrinología y Nutrición,* 11(2), 73-79.

Tardioli, P.W., Fernández-Lafuente, R., Guisán, J.M., & Giordano, R.L.C. (2003). Design of new immobilized-stabilized carboxypeptidase A derivative for production of aromatic free hydrolysates of proteins. *Biotechnology Progress,* 19(2), 565-574. https://doi.org/10.1021/bp0256364

Uwaegbute, A.C., Iroegbu, C.U., & Eke, O. (2000). Chemical and sensory evaluation of germinated cowpeas (Vigna unguiculata) and their products. *Food Chemistry,* 68(2), 141-146. https://doi.org/10.1016/S0308-8146(99)00134-X

Van der Ven, C., Gruppen, H., De Bont, D.B.A., & Voragen, A.G.J. (2002). Correlations between biochemical characteristics and foam-forming and stabilizing ability of whey and casein hydrolysaates. *Journal of Agricultural and Food Chemistry,* 50(10), 2938-2946. https://doi.org/10.1021/jf011190f

Vioque, J., Sánchez-Vioque, R., Clemente, A., Pedoche, J., Bautista, J. & Millán F. (1999). Production and characterization of an extensive rapeseed protein hydrolysate. Journal of the American Oil Chemists' Society, 76(7), 819-823. https://doi.org/10.1007/s11746-999-0071-x

Were, L., Hettiarachchy, L. & Kalapathy, U. (1997). Modified soy proteins with improved foaming and water hdratation properties. *Journal of Food Science,* 62(4), 821-824. https://doi.org/10.1111/j.1365-2621.1997.tb15463.x

Yoshie-Satrk, Y. & Wäsche, A. (2004). In vitro binding of bile acids by lupin protein isolates and their hydrolysates. *Food Chemistry,* 88(2), 179-184. https://doi.org/10.1016/j.foodchem.2004.01.033

Capítulo 9

ASPECTOS EVOLUTIVOS DE LA ALIMENTACIÓN BÁSICA DE LA POBLACIÓN MEXICANA Y SU EFECTO EN LA OBESIDAD

Maritza Cruz-Castellanos, Noemí Amellali Sánchez-Mendoza, Gloria Dávila-Ortiz, Cristian Jiménez-Martínez*

Escuela Nacional de Ciencias Biológicas, Instituto Politécnico Nacional, D.R. Unidad Profesional Lázaro Cárdenas, Ciudad de México México.
maritcc@gmail.com, amellallism@gmail.com, gdavilao@yahoo.com, crisjm_99@yahoo.com*

https://doi.org/10.3926/oms.353

Cruz-Castellanos, M., Sánchez-Mendoza, N.A., Dávila-Ortiz, G., & Jiménez-Martínez, C. (2016). Aspectos evolutivos de la alimentación básica de la población mexicana y su efecto en la obesidad. En M.E. Ramírez Ortiz (Ed.). *Alimentos Funcionales de Hoy*. Barcelona, España: OmniaScience. 247-284.

Resumen

En todo el mundo se ha observado un fenómeno de transición alimentaria, modificándose la prevalencia de personas con desnutrición, a un aumento de éstas con sobre alimentación, alcanzando cifras alarmantes, hasta el punto en que se ha convertido en un problema sanitario de primera magnitud (pandemia), dando como resultado un problema de salud global, que se asocia con el desarrollo de enfermedades crónico degenerativas como: la intolerancia a la glucosa, la resistencia a la insulina, hígado graso no alcohólico, hiperlipidemias, diabetes mellitus tipo 2, complicaciones cardiovasculares y algunos tipos de cáncer. El curso y la prevalencia de la obesidad reciben influencia secundaria de la globalización económica, cuya tendencia es dirigir las oportunidades laborales hacia actividades que prácticamente demandan un nulo gasto de energía comparadas con las del pasado. Es bien sabido que los nutrientes aportados por la dieta, también pueden influir de manera positiva el metabolismo durante el desarrollo de obesidad. El consumir regularmente las leguminosas como las lentejas, habas, garbanzos y los frijoles en particular, se han asociado una menor probabilidad de desarrollar diabetes mellitus, sobrepeso y obesidad, así como varios tipos de cáncer. En este contexto es relevante regresar a la base de alimentación de nuestros antepasados (maíz y el frijol) y de la mayoría de los países de América Latina. En México, el consumo de maíz, nopal, chiles y frijol ha constituido la dieta básica desde tiempos inmemoriales, sin embargo, desde el siglo pasado, su consumo ha disminuido, aun cuando los beneficios dietéticos y funcionales son evidentes. Por lo es necesario el redescubrimiento de alimentos nutricionales que han sido empleados por nuestros antepasados para preservarlos y reincorporarlos en la dieta actual y de esa manera contribuir a evitar el desarrollo del sobrepeso y obesidad en México.

Palabras clave

Alimentación, transición, epidemiologia, obesidad.

9.1. Introducción

La alimentación es un fenómeno complejo, ya que, aunque solo se trata de cubrir una necesidad biológica, no todos los grupos humanos la llevan a cabo del mismo modo (Bertran Vilà, 2010). La Norma Oficial Mexicana (NOM-043-SSA2-2005), define la alimentación como: conjunto de procesos biológicos, psicológicos y sociológicos relacionados con la ingestión de alimentos, mediante el cual, el organismo obtiene del medio los nutrimentos que necesita, así como las satisfacciones intelectuales, emocionales, estéticas que son indispensables para la vida humana plena. En ese mismo contexto, de acuerdo a lo expuesto en la Cumbre Mundial sobre la Alimentación en 1996, dentro los compromisos planteados está el acceso garantizado a una alimentación nutricionalmente adecuada e inocua, lo que es esencial para el bienestar individual y el desarrollo social y económico nacional, de conformidad con la Declaración Mundial sobre Nutrición (Conferencia Internacional sobre Nutrición, CIN), Roma, 1992 (FAO, 1996). El derecho a la alimentación implica el derecho a medios de producción o adquisición de alimentos en cantidad y calidad suficientes, libres de sustancias nocivas y culturalmente aceptables. Este derecho se puede realizar en virtud de los esfuerzos del propio individuo o en comunidad con otros y deben disfrutarlo todos sin ninguna distinción basada en la raza, religión, sexo, idioma, opinión política u otra condición (FAO, 2001). La alimentación adecuada constituye un derecho de cada persona, en cada país. Así lo han reconocido oficialmente la gran mayoría de los países (FAO, 2006).

México es un país grande y diverso, en términos económicos, sociales y culturales. Desde la segunda mitad del siglo pasado, ha ido experimentando cada vez con mayor rapidez, cambios en todos los aspectos de su vida. Conviven al mismo tiempo la globalización y todos sus efectos, con estilos de vida tradicionales de los grupos indígenas (Vilá, 2010). El estudio de la alimentación humana en México ha sido abordada desde diversos enfoques: 1) la alimentación vista como un asunto de Estado, desde este enfoque surgen conceptos como autosuficiencia, soberanía y seguridad alimentaria, 2) estudios de orden económico a partir de los cuales se han reconstruido los cambios en el patrón alimentario mexicano desde los años cuarenta del siglo pasado, 3) la antropología ha contribuido al estudio de los hábitos, costumbres y prácticas culturales que rigen la alimentación mexicana, así como las características de la dieta de ciertos grupos sociales, y 4) por estudios nutricionales que han documentado desde los años cincuenta el nivel *per capita* de consumo de alimentos y el estado nutricional de niños, niñas y mujeres en edad reproductiva, resaltando los problemas de desnutrición crónica en las zonas rurales del sur del país, sobre todo de aquellas con población indígena (Gómez, García & Estrada, 2005). Sin embargo, al hablar de los diferentes enfoques sobre la alimentación y como ha ido evolucionando en México, es inevitable pensar como esos cambios en las perspectivas y directrices alimentarias, han afectado la calidad de vida de los mexicanos, incidiendo directamente en la salud.

La población de Latinoamérica, incluyendo México, guarda en su genoma el efecto de las adaptaciones evolutivas acordes a los alimentos y la cultura. Desde tiempos prehispánicos, los mexicanos desarrollaron una dieta tradicional en donde el maíz y el frijol aportaron los aminoácidos esenciales para la síntesis de proteínas, así como el almidón resistente, el cual es protector contra el cáncer (Román, Ojeda-Granados & Panduro, 2013). La base de la alimentación prehispánica mexicana era el maíz, frijol, calabaza y chile, que en términos nutricionales son una buena fuente de hidratos de carbono complejos, fibra alimentaria, calcio y proteína vegetal (Ramos-López, Ojeda-Granados, Román & Panduro, 2013). Los alimentos que aportan el mayor contenido energético en la dieta de los mexicanos por excelencia siguen siendo el maíz (Sánchez & Muñoz, 2014; Vilá, 2010), seguido por el azúcar y siete productos más que junto con los otro dos, aportan el 75.8% del suministro energético alimentario; el frijol, no destaca por su participación en la alimentación (Sánchez & Muñoz, 2014). Sin embargo, en los últimos años, la población mexicana ha modificado sus patrones alimentarios hacia productos industrializados como el refresco, el pan dulce, productos de confitería, los alimentos fritos, las carnes rojas y los embutidos; Estas preferencias alimentarias ha incrementado el aporte de calorías, de azúcares, grasas saturadas, colesterol y sodio, disminuyendo así los aportes de fibra y ácidos grasos poliinsaturados (Fausto-Guerra, Valdez-López, Aldrete-Rodríguez & López-Zermeño, 2006). Asociado a estos cambios, se ha observado un aumento en las patologías crónicas relacionadas con la nutrición, como es la obesidad, siendo el punto de partida de un importante número de enfermedades metabólicas, cardiovasculares, trastornos músculo esqueléticos, neurológicas, pulmonares, psicológicas, genitourinario, gastrointestinales, dermatológicas y algunos tipos de cáncer (Barrera-Cruz, Rodríguez-González & Molina-Ayala, 2013; Fausto-Guerra et al., 2006; González Jiménez, 2011). En México se ha experimentado una transición epidemiológica de la mortalidad por malnutrición y enfermedades infecciosas, hacia un descontrolado incremento en la prevalencia de enfermedades crónicas no transmisibles (ETN) (de los Monteros, Robles Ramirez & Mora, 2011; Frenk et al., 1991). Actualmente, tanto en los países industrializados como en los que se encuentran en vías de desarrollo, se observa el fenómeno de transición alimentaria, la prevalencia de obesidad está alcanzando cifras alarmantes, hasta el punto en que se ha convertido en un problema sanitario de primera magnitud alcanzando valores propios de una pandemia, siendo en este sentido denominada por la Organización Mundial de la Salud (OMS) como la «epidemia del siglo XXI» (Figuras 26 y 27) (Barrera-Cruz et al., 2013; González Jiménez, 2011). En la actualidad, México y Estados Unidos, ocupan los primeros lugares de prevalencia mundial de obesidad en la población adulta (30%), la cual es diez veces mayor que la de países como Japón y Corea (4%). En nuestro país, las tendencias de sobrepeso y obesidad en las diferentes encuestas nacionales muestran un incremento constante de la prevalencia a lo largo del tiempo. De 1980 a la fecha, la prevalencia de obesidad y sobrepeso en México se ha triplicado, alcanzando proporciones alarmantes (Barrera-Cruz et al., 2013).

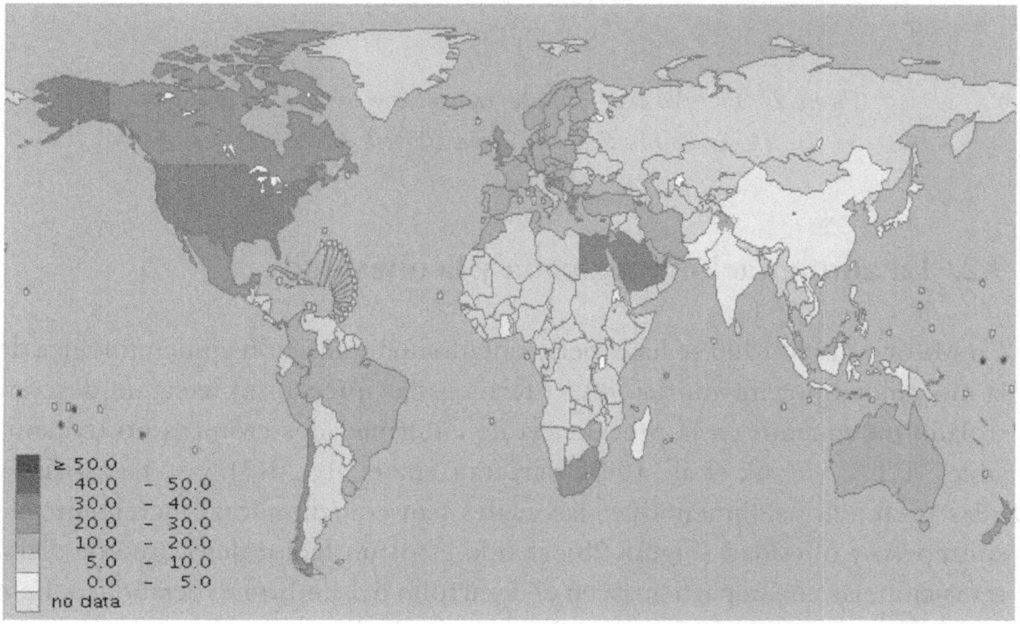

Figura 26. Índice de masa corporal (IMC) > = 30. Los datos que se muestran en el mapa representan los IMC en el mundo (WHO, 2006).

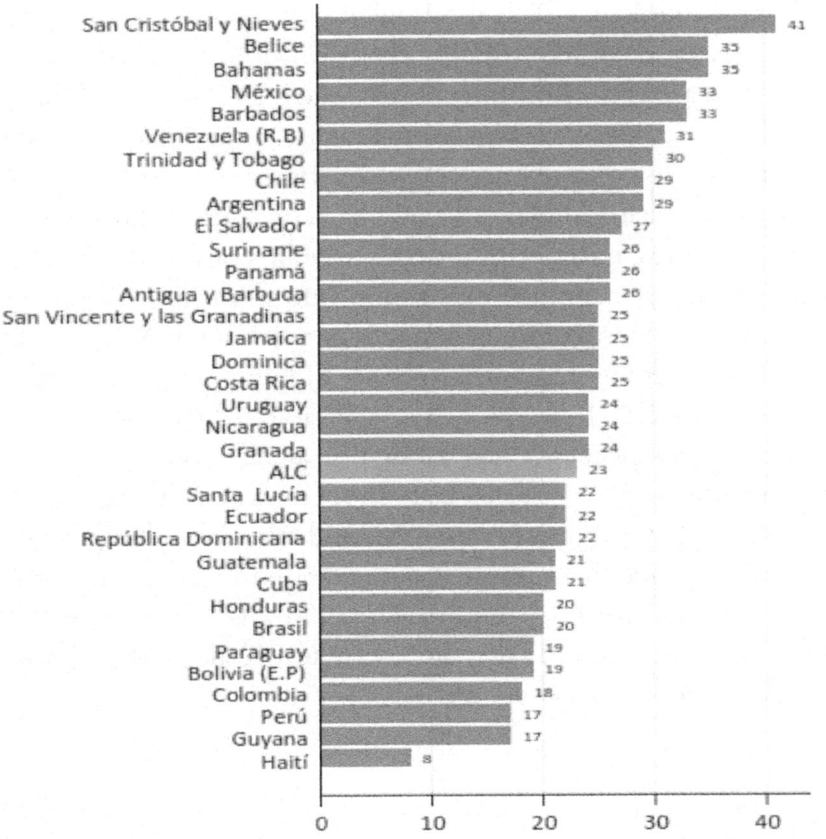

Figura 27. Prevalencia de Obesidad en adultos mayores de 20 años (%) en América Latina y el Caribe, 2008 (FAO, 2014).

9.2. La alimentación mexicana y la obesidad

En México desde 1960 se ha experimentado una transición epidemiológica de la mortalidad por malnutrición y enfermedades infecciosas hacia un descontrolado incremento en la prevalencia de enfermedades crónicas no transmisibles (ETN) (Frenk et al., 1991; Barrera-Cruz et al., 2013), y se ha asociado a las preferencias alimentarias, las cuales han contribuido al incremento de sobrepeso y obesidad (Figura 28), siendo estos un factor detonante de dicha transición, las cuales participan en el desarrollo del síndrome metabólico. Este padecimiento se caracteriza por la asociación de diferentes alteraciones metabólicas, como la intolerancia a la glucosa, la resistencia a la insulina, la hiperlipidemia, el hígado graso no alcohólico (EHGNA) y la hipertensión (Figura 29)

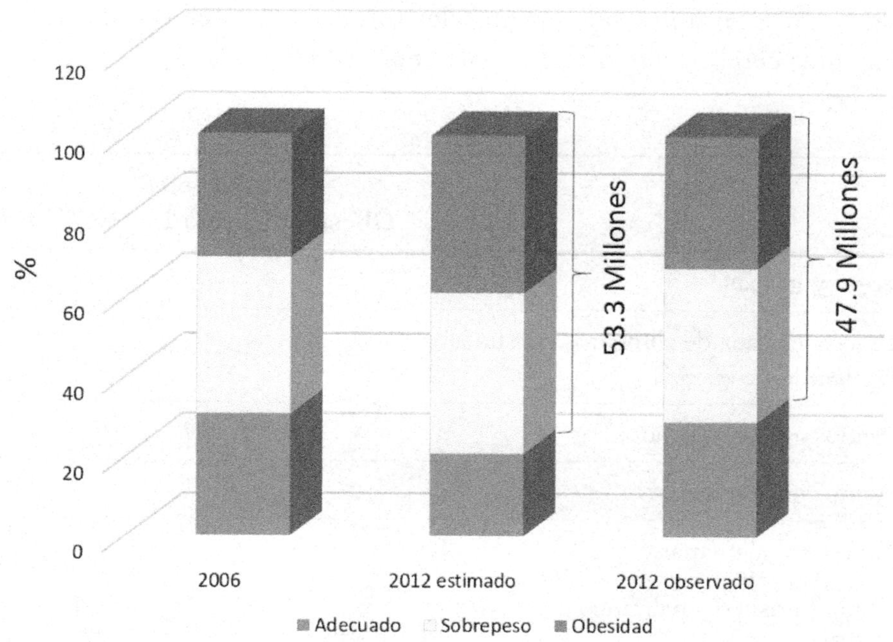

Figura 28. Prevalencia de la obesidad en población mexicana (ESANUT, 2012b).

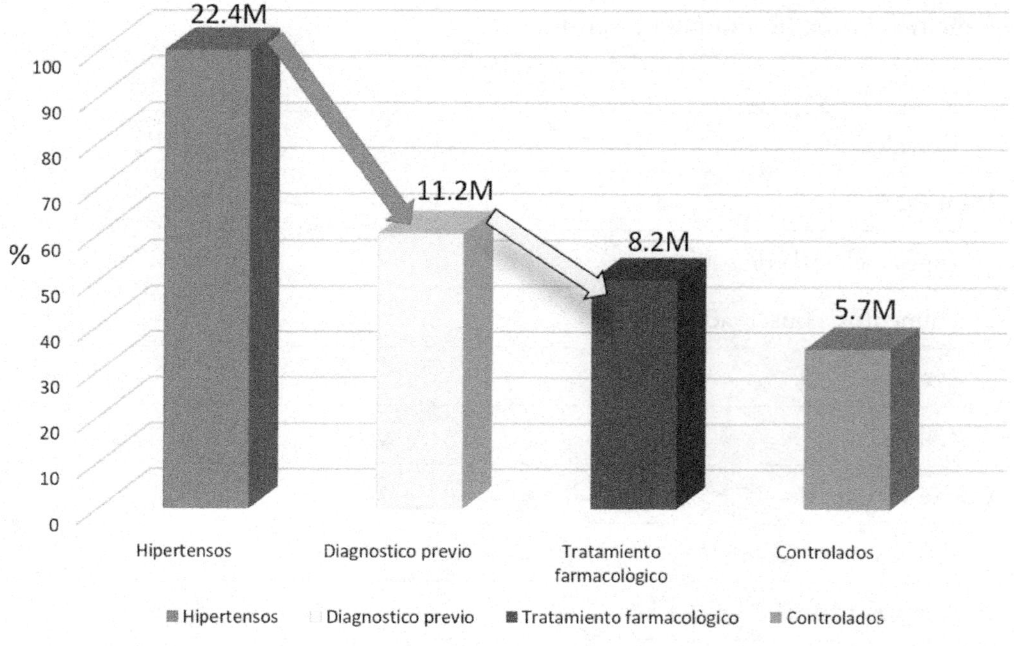

Figura 29. Población adulta mexicana hipertensa (ESANUT, 2012b).

(Tabla 43), responsables de la arteriosclerosis, diabetes mellitus tipo 2, infartos y accidentes cerebro-vasculares (Ayala et al., 2008).

	Obesidad	Diabetes tipo 2	ECV	Cáncer
Energía y grasas				
Ingesta elevada de alimentos con un alto contenido de energía	C↑			
Ácidos grasos saturados		P↑	C↑[a]	
Ácidos grasos trans			C↑	
Colesterol alimentario			P↓	
Ácido mirístico y palmítico			C↑	
Ácido linoléico			C↓	
Carbohidratos				
Ingesta elevada de PNA (fibra alimentaria)	C↓	P↓	P↓	
Azúcares libres (frecuencia y cantidad)				
Almidón				
Cereales integrales			P↓	
Minerales				
Ingesta elevada de sodio			C↑	
Alimentos, conservados en sal				P↑[c]
Potasio			C↓	
Calcio				
Carne y Pescado				
Carne en conserva				P↑[d]
Frutas y verduras				
Frutas (incluidas bayas) y verduras	C↓[b]	P↓[b]	C↓	P↓[d]

	Obesidad	Diabetes tipo 2	ECV	Cáncer
Bebidas no alcohólicas				
Bebidas gaseosas y jugos edulcorados	P↑			
Bebidas y alimentos muy calientes				P↑
Café hervido sin filtrar			P↑	
Bebidas alcohólicas				
Ingesta alta			C↑	C↑
Ingesta baja o moderada			C↓	
Peso y actividad física				
Obesidad abdominal		C↑		
Sobrepeso y obesidad		C↑	C↑	C↑
Inactividad física/sedentarismo	C↑	C↑		
Variables ambientales				
Hogar y entorno escolares facilitadores de la elección de alimentos saludables para los niños	P↓			
Comercialización masiva de alimentos de alto contenido energético, y distribuidores de comida rápida	P↑			
Condiciones socioeconómicas adversas	P↑			

C↑: aumento del riesgo, convincente; ↓C: disminución del riesgo, convincente; ↑P: aumento del riesgo, probable P↓: disminución del riesgo, probable.

[a] Datos resumidos para determinados ácidos grasos; véanse los ácidos mirístico y palmítico.

[b] Considerando el aporte de las frutas y verduras a los polisacáridos no feculentos.

[c] Para el cáncer de estómago.

[d] Para el cáncer de colon y recto.

Tabla 43. Evidencia concerniente a la obesidad, la diabetes tipo 2, enfermedades cardiovasculares (ECV) y cáncer (OMS/FAO, 2003).

Diversos estudios reflejan que este aumento de la obesidad está ligado al sedentarismo y por tanto, a una disminución del gasto energético, pero lo cierto es que en algunos países se ha observado en las últimas décadas, un incremento importante de la ingesta energética diaria (Vizmanos, Hunot & Capdevila, 2006). La acumulación de grasa involucra hábitos alimentarios, estilos de vida, condiciones ambientales, tanto en el acceso a los alimentos como en los cambios acontecidos en el núcleo familiar, que han evolucionado de manera muy notoria y han favorecido los enormes cambios en los patrones de consumo, factores psicológicos, alteraciones metabólicas, trastornos endócrinos y factores hereditarios, sin descartar la interacción entre todos estos factores. De manera general, los genes y el medio ambiente participan en el mantenimiento del peso y la grasa corporal a través de cuatro vías principales: a) regulación del apetito y saciedad, b) gasto energético, c) metabolismo y d) adipogénesis (Piña-Calva, Álvarez-González, Madrigal-Bujaidar & Espinosa, 2011; Vizmanos et al., 2006).

La obesidad es una enfermedad sistémica, crónica y multicausal, no exclusiva de países económicamente desarrollados, que involucra a todos los grupos de edad, de distintas etnias y de todas las clases sociales (Barrera-Cruz et al., 2013; Canizales-Quinteros, 2008; Chima-Galán, 2012; García-García, 2004).

La obesidad se origina por un excesivo aporte calórico por parte de sustratos combustibles presentes en los alimentos y bebidas (proteínas, lípidos, carbohidratos y alcohol) respecto a un menor gasto energético (metabolismo basal, efecto termogénico y actividad física) de forma crónica (Borrajo, 2002; Martí et al., 2004). Cuando una enfermedad es producida por diversos factores, surgen diferentes definiciones y explicaciones etiológicas. Tal es el caso de la obesidad, cuyo análisis conceptual puede ser diverso dependiendo del enfoque con que se aborde. Su definición varía desde el concepto más claro y simple, que se refiere como: la alteración de la composición corporal caracterizada por un exceso de tejido adiposo (Tovar et al., 2011), hasta la más compleja cuya definición es: el desequilibrio entre el aporte y el gasto energético que es producido por una serie de alteraciones genéticas, bioquímicas, dietéticas y conductuales (De los Monteros et al., 2011; Hernández-Jiménez, 2004), y se acompaña de anomalías metabólicas incluyendo la hipertensión, hiperlipidemia y resistencia a la insulina (Tovar et al., 2011). La existencia de la obesidad se establece de manera indirecta,

	IMC (Kg/m²)	Clase de obesidad	Riesgo de enfermedad Hombre ≤102 cm Mujer ≤ 88 cm	Hombre ≥102 cm Mujer ≥88 cm
Bajo peso	< 18.5		–	–
Normal	18.5 – 24.9			
Sobrepeso	25.0 – 29.9		Aumentado	Alto
Obesidad	30.0 – 34.9	I	Alto	Muy alto
	35.0 – 39.9	II	Muy alto	Muy alto
Obesidad extrema	>40.0	III	Extremadamente alto	Extremadamente alto

Tabla 44. Clasificación de obesidad por índice de masa corporal (IMC) y circunferencia de la cintura (OMS, 2000).

ya que los métodos directos para evaluar la masa grasa no son de fácil acceso. Un elemento de diagnóstico ampliamente aceptado es el índice de masa corporal (IMC, el peso en kg/altura en m^2), el cual tiene una alta correlación con la grasa corporal (Figura 29) (Bernal-Reyes, Monzalvo-López & Bernal-Serrano, 2013; Canizales-Quinteros, 2008). Los puntos de corte propuestos por la Organización Mundial de la Salud (OMS) para definir la obesidad se presentan en la Tabla 44.

9.2.1. Etiología de la obesidad y su relación con factores ambientales

La etiología de la obesidad es compleja y multifactorial, abarca causas genéticas y del medio ambiente tales como la edad, estado fisiológico, hábitos alimentarios y estilo de vida (Bastarrachea, Fuenmayor, Brajkovich & Comuzzie, 2005; Gil-Hernández, Aguilera-García & Gil-Campos, 2007; Hernández-Jiménez, 2004; Lai, Wu & Pan, 2015; Marti et al., 2004). En la Figura 30 se muestra la interrelación de varios factores complejos con el desarrollo de la obesidad (De los Monteros et al., 2011).

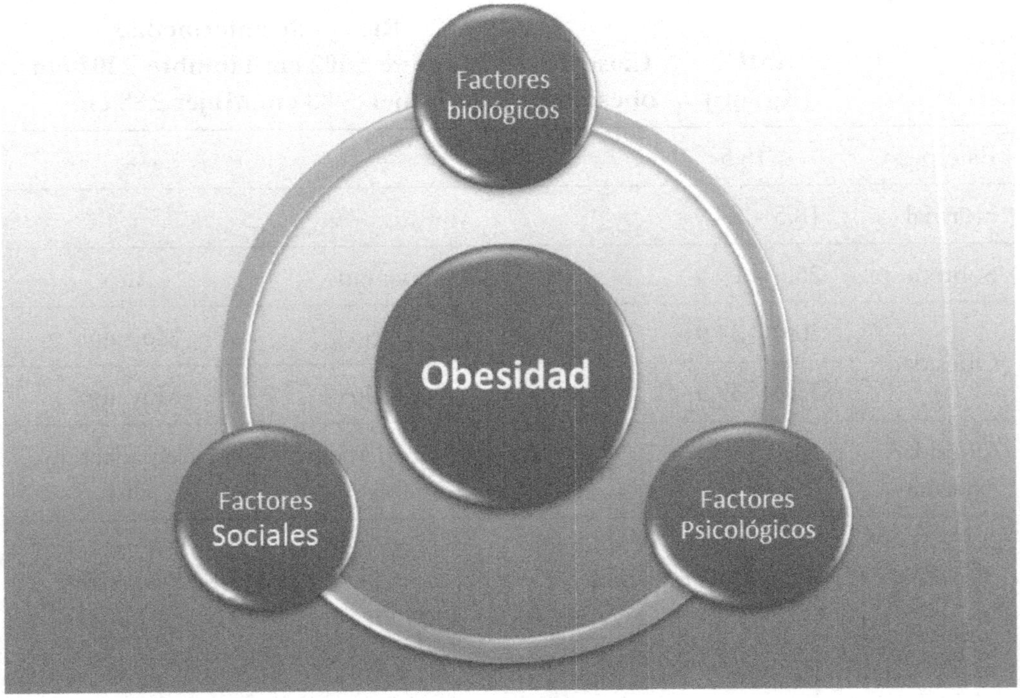

Figura 30. Etiología de la obesidad.

En la Tabla 45 se muestra una descripción del gran complejo de factores interrelacionados. Al exponer las distintas causas, se puede constituir un grupo de síndromes basados en diferentes orígenes. Algunas clasificaciones etiológicas tratan de comprender el fenómeno en distintas categorías. Desafortunadamente, es una combinación de estos factores lo que afecta con este procedimiento a la mayoría de las personas (Hernández-Jiménez, 2004).

9.2.2. Factores ambientales que influyen en el desarrollo de la obesidad

9.2.2.1. Factores sociales

El curso y la prevalencia de la obesidad reciben una fuerte influencia secundaria a la globalización económica, cuya tendencia es dirigir las oportunidades laborales hacia actividades que prácticamente demandan un nulo gasto de energía comparadas con las del pasado (Bastarrachea et al., 2005). Este estilo de vida sedentario

Causas	
Factores ambientales sociales y psicológicos	
Dietéticas	Malos hábitos de alimentación desde la infancia
	Obesidad hiperfágica progresiva
	Comidas frecuentes
	Dietas altas en grasas
	Sobrealimentación
Conductuales y sociales	Socioeconómicos Variaciones étnicas Factores psicológicos Restricción y desinhibición Trastorno afectivo estacional
Por sedentarismo	Inactividad forzada (postración prolongada)
Factores Biológicos	
Latrogénicas	Fármacos
	Daño hipotalámico
	Envejecimiento
Genéticas	Alteraciones autosómicas recesivas
	Alteraciones autosómicas dominantes
	Alteraciones ligadas al X
	Alteraciones cromosómicas
Neuroendocrinas	Síndrome hipotalámico
	Síndrome de Cushing
	Hipotiroidismo
	Síndrome de ovarios poliquísticos
	Hipogonadismo
	Deficiencia de hormona del crecimiento
	Psedohipoparatiroidismo
	Síndrome del «comer nocturno»
	Trastorno alimentario por «atracón»

Tabla 45. Etiología de la obesidad (Adaptado de: Gil-Ángel, 2002; Hernández-Jiménez, 2004).

es desafortunadamente reforzado con actividades recreativas orientadas a entretener a las masas como, por ejemplo, la televisión. Es claro que este marcado incremento mundial de la obesidad es atribuible a un medio ambiente tóxico u «obesogénico», que se caracteriza por la tendencia generalizada a aumentar el tamaño de las raciones estimulada por promociones publicitarias de restaurantes de comida rápida, como «súper tamaño» o «súper menú» por el mismo precio o las ofertas de 2 por 1 en los supermercados, que inducen al consumo de alimentos en exceso. Estas dietas ricas en grasa han demostrado tener un importante papel en el desarrollo de obesidad, tanto en experimentación animal como en seres humanos (Bastarrachea et al., 2005; Gallardo-Rincón, De Mucha Mora & Montiel-Egremy, 2013; Santi-Cano, Barba-Chacón & Mangas Rojas, 2001). Los cambios en las tendencias de los patrones alimentarios y transición nutricional que se han observado en los últimos años en diferentes países, entre los que se encuentra México, son: 1) aumenta la disponibilidad a bajo costo de alimentos procesados que son adicionados con altas cantidades de grasas, azúcar y sal; 2) El aumento de la tendencia a consumir alimentos de comida rápida; 3) aumenta de forma importante la exposición a publicidad sobre alimentos industrializados y productos que facilitan las tareas cotidianas y el trabajo de las personas, lo cual disminuye su gasto energético; 4) aumenta el poder adquisitivo de la población; 5) aumenta la oferta de alimentos industrializados en general; y 6) disminuye de forma importante la actividad física de la población (Barquera-Cervera, Campos-Nonato, Rojas & Rivera, 2010; Barrera-Cruz et al., 2013; Vizmanos et al., 2006). La seguridad nutricional ha cambiado, la compra y la ingesta de alimentos ahora es diferente en lo que se refiere al tamaño de las raciones (ver Figura 31) y el tipo de alimentos que se consumen, los cuales tienen un alto contenido energético y una baja densidad, modificando la tasa de mortalidad infantil y la esperanza de vida en niños y adultos (Gallardo-Rincón et al., 2013).

Los cambios en la disponibilidad y características de los patrones de alimentos y en la actividad física de la población en las últimas décadas han dado lugar a un aumento en la ingestión de energía, en mayor medida al gasto. Esta tendencia se observa en todos los grupos de edad y en numerosos países. La respuesta a estos cambios ambientales que afectan a la dieta y actividad física es variada y ciertos individuos y poblaciones parecen tener mayor predisposición al desarrollo de la obesidad y de sus comorbilidades (Tejero, 2008; Vizmanos et al., 2006). La influencia ambiental puede iniciarse desde la gestación. Estudios diversos han relacionado a la obesidad con la exposición prenatal a un exceso en la ingesta calórica, a diabetes, tabaquismo y a la ausencia de lactancia. Se reportó que ver

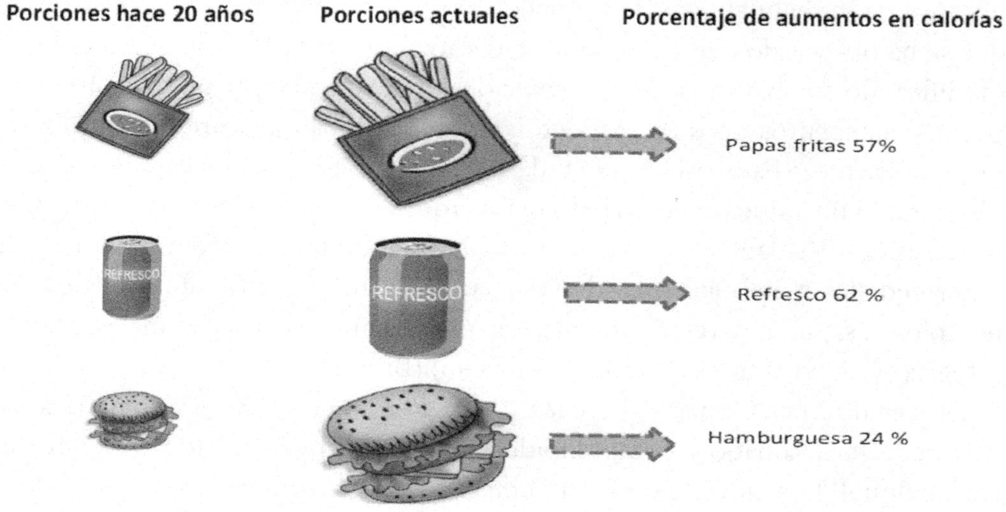

Figura 31. Diferencia de calorías entre las porciones de hace 20 años y las actuales (Gallardo-Rincón et al., 2013).

televisión durante 2 h al día se asocia a un aumento del 23 y 14% en el riesgo de obesidad y diabetes, respectivamente. La obesidad es más prevalente en adultos con incapacidades físicas, sensoriales o con enfermedades mentales (Hernández-Jiménez, 2004).

9.2.2.2. Factores socioculturales de la alimentación mexicana y su efecto en la obesidad

La obesidad y el sobrepeso, tanto en México como a nivel mundial, obedecen a un cambio de patrón cultural que comienza a gestarse en el siglo XIX y culminará en el siglo XXI. Se ha sugerido mayor susceptibilidad genética a la obesidad en población mexicana comparada con otras poblaciones. Sin embargo, los factores genéticos no explican los aumentos inusitados de obesidad en la población mexicana en un corto periodo. Este gran aumento en la prevalencia de obesidad parece obedecer a cambios en el entorno (Barquera-Cervera et al., 2010). En México el proceso de desarrollo y de cambios socioculturales acelerados, por la incorporación a la comunidad económica internacional, trajo como consecuencia aspectos positivos que implica el progreso hacia el status de un país desarrollado e industrializado, pero también genero aspectos negativos asociados al bienestar alcanzado. Entre los cambios observados que pueden tener una connotación negativa en los habitantes, están aquellos asociados con la dieta y la nutrición, ya que se ha observado que en las últimas décadas, que la población Mexicana está modificando sus patrones de alimentación, caracterizada por un consumo creciente de alimentos ricos en colesterol, grasas saturadas, azúcares y sodio, entre otros nutrientes (Fausto-Guerra et al., 2006). Asociado a estos cambios se está observando un aumento en las patologías crónicas relacionadas con la nutrición, como es la obesidad, siendo el punto de partida de un importante número de enfermedades metabólicas, cardiovasculares, trastornos músculo esqueléticos, neurológicas, pulmonares, psicológicas, genitourinario, gastrointestinales, dermatológicas y algunos tipos de cáncer (Tabla 46) (Barrera-Cruz et al., 2013; Fausto-Guerra et al., 2006; González Jiménez, 2011). Por otra parte, el estado nutricional no puede ser evaluado y comprendido completamente, separado del contexto sociocultural. Los antropólogos han enfatizado que siendo todos los individuos miembros de una cultura y la cultura una guía aprendida de comportamientos aceptables, los modos de alimentación deben ser necesariamente influidos por la cultura. La antropología entiende que la alimentación es el modo de alimentarse (cultura alimentaria), que implica los hábitos alimentarios de una sociedad en particular, incluyendo preferencias y aversiones, prácticas en torno a la adquisición, distribución, preparación y consumo de alimentos (Fausto-Guerra et al., 2006). Con respecto a los cambios socioeconómicos y situación nutricional, la sociedad actual está orientada por procesos mercantiles dirigidos a estimular la economía consumista, la industria alimentaria interviene a través de diferentes instrumentos entre los que destaca la publicidad, para introducir un concepto nuevo de alimento y dieta. Esta industria segmenta la oferta y comercialización de productos alimentarios de consumo masivo, en función de la capacidad económica de los consumidores (Fausto-Guerra et al., 2006). En México, la cultura alimentaria tiene un amplio mosaico de expresiones regionales y locales, sin embargo, en la actualidad muestra tendencia a la homogeneización debido a la estigmatización que se ha hecho de la comida mexicana y la promoción de la comida industrial constituida como símbolo de abundancia (Fausto-Guerra et al., 2006). La urbanización, junto con los cambios sociales, tecnológicos y económicos ocurridos en México en las últimas décadas, han implicado modificaciones importantes en los patrones de actividad física en el entorno laboral, en los momentos de esparcimiento y a la agenda cultural de los medios masivos y al bombardeo sistemático de la publicidad. Anteriormente, la mayoría de los trabajos requerían un esfuerzo físico considerable y los momentos de esparcimiento se aprovechaban en pasatiempos más activos, en la actualidad se ha observado una tendencia al comportamiento sedentario promovido por la mecanización creciente tanto de los medios

Cardiovascular	**Neurológico**	**Pulmonar**	**Trastorno músculo esquelético**	**Dermatológico**
Enfermedad cardiovascular aterosclerótica Dislipidemia Hipertensión Insuficiencia cardiaca congestiva Insuficiencia venosa Trombosis venosa profunda/ Embolia pulmonar	Enfermedad vascular cerebral Hipertensión intracraneal idiopática Demencia	Apnea del sueño Síndrome de hipoventilación Asma Hipertensión pulmonar Disnea	Osteoartrosis Limitación de la movilidad Lumbalgia	Celulitis Acantosis nigricans Estrías de distensión Estasis venosa Intertrigo

Psicológico	**Genitourinario**	**Gastrointestinal**	**Metabólico**	**Cáncer**
Depresión Baja autoestima Inadecuada calidad de vida Trastornos de la alimentación	Síndrome de ovario poliquístico Alteraciones de la menstruación Esterilidad Incontinencia urinaria de esfuerzo Enfermedad renal terminal Hipogonadismo/ Impotencia Glomerulopatía Cáncer	Colelitiasis Enfermedad por reflujo Gastroesofágico Enfermedad de hígado graso no alcohólico Hernias	Diabetes tipo 2 Intolerancia a la glucosa Resistencia a la insulina Hiperuricemia/ gota Síndrome metabólico Deficiencia de vitamina D	De mama De colon Uterino

Tabla 46. Comorbilidad y complicaciones de la obesidad
(Adaptado de Barrera-Cruz, et al., 2013).

de transporte como de las actividades del tiempo libre o del trabajo, serían los principales factores asociados a un menor gasto de energía (Barquera-Cervera et al., 2010; Fausto-Guerra et al., 2006). La inseguridad alimentaria, entendida como el aumento en la oferta de alimentos de alta densidad energética y baja densidad nutricional, aunada a la inseguridad, la violencia y la falta de ejercicio, constituyen un ambiente obesogénico en el que los niños y adultos fácilmente aumentan de peso (Gallardo-Rincón et al., 2013).

9.2.2.3. Factores psicológicos

No existe una causa psicológica primaria en la génesis de la obesidad sino la combinación de ciertas características psicológicas que interactúan con otros factores ampliamente reconocidos (herencia genética, sedentarismo, etc). Sin embargo, hasta el momento resulta imposible determinar si la obesidad provoca alteraciones específicas en la personalidad o son éstas las que desencadenan la obesidad (Silvestri & Stavile, 2005) . Gallardo-Rincón et al., (2013) señala en el manual de obesidad para profesionales de la salud, algunos factores psicológicos determinantes para que una persona adopte y repita conductas de daño que obstaculizan el cuidado de su salud y un estilo de vida saludable. Estos son:

- Mitos y creencias falsas.
- Miedo, ansiedad, angustia, depresión.
- Adicción a la comida como un escape a otros problemas.
- Factores de información y publicidad que condicionan la obesidad
- La desinformación y la falta de conocimientos y educación en temas de nutrición
- El aumento desmedido de alimentos con alta densidad energética y muy baja densidad nutricional.
- Las falsas promesas publicitarias y la existencia de productos milagro, que ofrecen soluciones instantáneas para bajar de peso.
- La publicidad que promueve el consumo de grandes porciones en las raciones de alimentos que tienen un alto contenido energético y un bajo contenido nutricional.
- La información parcial o la desinformación en las etiquetas de los alimentos.
- El desconocimiento de los beneficios del ejercicio en el tratamiento.
- Las enfermedades como la depresión, la diabetes, la hipertensión, las dislipidemias y el riesgo cardiovascular.

Muchos alimentos poseen además de sus cualidades alimenticias, un valor simbólico y emocional por estar, muchos de ellos, asociados en nuestro cerebro a recuerdos buenos o malos, a situaciones, personas, etapas de la vida, etc., especialmente se recurre a la comida para atenuar el malestar emocional de cualquier origen. Existen asociaciones más o menos compartidas por la mayoría de la población, como asociar las tortas y postres a momentos de grata celebración de cumpleaños, a la experiencia de ser agasajados por sacar buenas notas, los helados a vacaciones de verano, a momentos de mayor libertad, etc. (Bersh, 2006; Silvestri & Stavile, 2005; Sonia, 2006). Los aspectos psicológicos y familiares juegan un papel decisivo en la producción y mantenimiento de la obesidad. Existen personas que en forma consciente o inconsciente manifiestan miedo a estar delgados o a adelgazar, que están en la base de sus miedos, una asociación entre perder peso, la delgadez y el sentir hambre, la enfermedad, el miedo y hasta la muerte. Son personas que suelen tener cierta tendencia a acaparar alimentos, a tener una exagerada reserva de comida en su hogar, a consumir cuanto se les ponga en el plato, ya que dejar algo de comida en el plato o tirarla les significa gran remordimiento y malestar (Silvestri & Stavile, 2005).

9.2.2.4. Factores biológicos

La obesidad es un área multidisciplinaria y compleja que debe estudiarse paso a paso, cuya biología abarca: 1) los mecanismos fundamentales sobre la regulación del balance energético; 2) las bases genómicas para el desarrollo de la obesidad, la expresión génica y las relaciones entre proteínas y hormonas 3) las vías celulares de las funciones del tejido adiposo; 4) la descripción molecular del estado obeso; 5) las consecuencias patológicas de la obesidad; 6) las bases fisiológicas para las estrategias de tratamiento (Alvarenga, 2004; Bastarrachea, Fuenmayor, Brajkovich & Comuzzie, 2005).

Entre los genes implicados en la etiología de la obesidad se encuentran genes que codifican péptidos de función señal de hambre y saciedad, genes implicados en el crecimiento y diferenciación de los adipocitos, genes metabólicos y genes implicados en el control del gasto energético (Gil-Hernández, Aguilera-García & Gil-Campos, 2007). En este sentido, alteraciones de la expresión de genes relacionados con el metabolismo de la insulina y la inflamación del tejido adiposo son procesos básicos que explican la etiología de la obesidad (González-Jiménez, 2011).

9.2.2.5. Regulación metabólica: ingesta y gasto energético

El cuerpo humano requiere diferentes formas de energía como química, eléctrica, mecánica y radiante para su funcionamiento. Necesita energía en forma de adenosín trifosfato (ATP) para realizar diversas funciones como: el metabolismo celular, la síntesis molecular, el mantenimiento de la temperatura corporal y el trabajo mecánico interno como la respiración, el latido del corazón o el efecto termogénico de los alimentos (Gallardo-Rincón, De Mucha Mora & Montiel-Egremy, 2013). El balance energético se refiere al equilibrio entre la energía ingerida a través de la dieta y la energía gastada en un periodo de 24 horas (Figura 32) (Gallardo-Rincón et al., 2013).

El control de la ingesta se puede describir mejor considerando separadamente, dos sistemas de regulación, a corto y a largo plazo, si bien las señales de adiposidad –proporcionales al tamaño de reservas grasas (control a largo plazo)– fun-

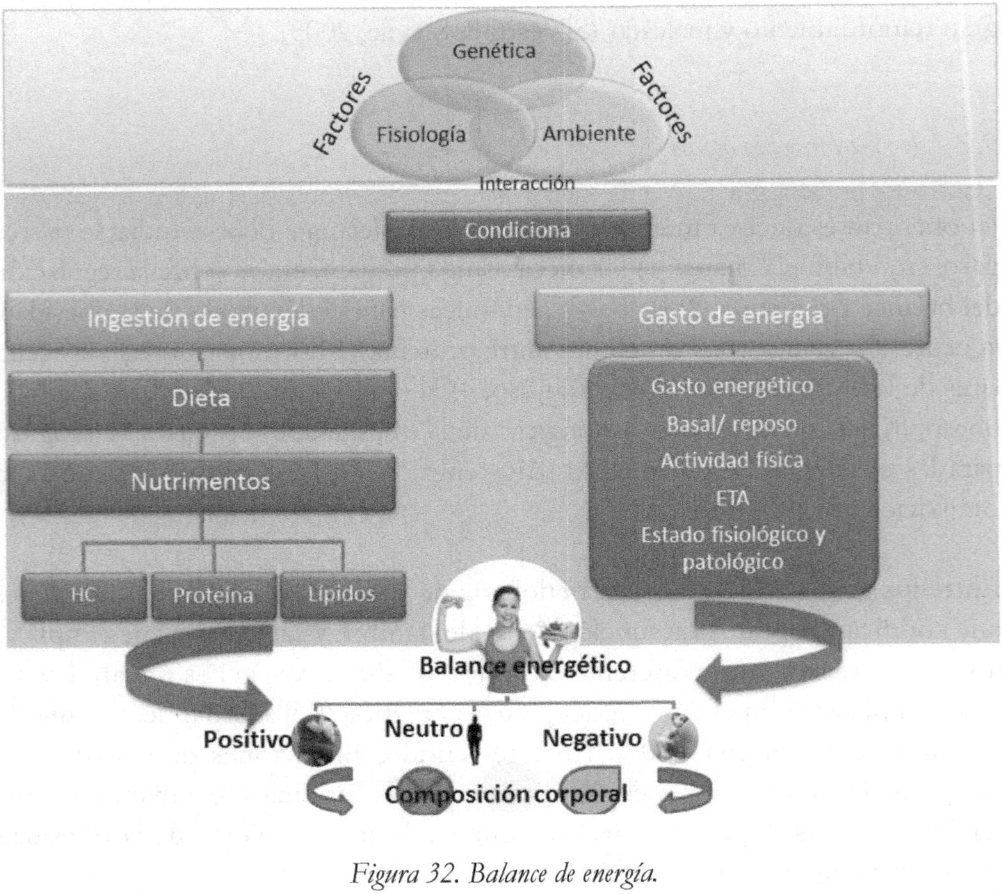

Figura 32. Balance de energía.

cionan, al menos en parte, modulando la efectividad de las señales de saciedad (que regulan el tamaño y la duración de las comidas individuales a corto plazo) y la integración de ambos tipos de señales conecta la regulación a corto y a largo plazo de la ingesta (Palou, Bonet, Picó & Rodríguez, 2004).

También se ha mencionado que el equilibrio energético está mediado por muchas condiciones de la ingestión de energía a lo largo de varios días regulados por un complejo sistema fisiológico y extra-fisiológico, por lo que a pesar de haber desequilibrios breves, la homeostasis energética del organismo permite mantener una estabilización del peso corporal constante a pesar de las fluctuaciones entre la ingestión y el gasto de energía a través de respuestas compensatorias que gradualmente restablecen la adiposidad a estados basales (Gallardo-Rincón et al., 2013). El proceso de homeóstasis involucra cuatro elementos: a) sustancia que va a ser regulada, b) valor fijo óptimo de la sustancia, c) mecanismo sensible a las señales de desviación del nivel de la sustancia y d) mecanismo corrector para restablecer los valores normales de dicha sustancia (Gallardo Wong, 2010). Este modelo, implica una retroalimentación negativa; es decir, el proceso de alimentación inicial solo bajo un déficit de alimento. Diversos modelos sugieren que la ingestión de alimentos se da como una respuesta a las señales de hambre la cual puede estar desencadenada por depleción de los depósitos internos de energía, que a su vez puede estar regulado por la interacción de múltiples efectos cognitivos, orosensoriales y fisiológicos (pos-ingestivos y pos-absortivos), así como por factores genéticos, emocionales, las preferencias o aversiones, la ingestión de fármacos, las condiciones sociales, religiosas, ambientales, económicas, psicológicas y lo inherente al sistema nervioso central y periférico dando como resultado los diversos estados del balance energético (Tabla 47) (Gallardo-Rincón et al., 2013; Palou et al., 2004).

Balance energético	**Características**
Neutro	La ingestión y el gasto de energía son iguales, manteniendo el equilibrio en cuanto al depósito calórico representado por el peso corporal.
Positivo	La ingestión de energía es mayor que el gasto, lo cual se traduce en un aumento de peso debido al aumento del tejido adiposo.
Negativo	La ingestión de energía es menor que el gasto, por lo que se produce una disminución del peso corporal.

Tabla 47. Estados de balance energético (Mahan, 2008).

Diversas hormonas y otros componentes humorales informan al encéfalo sobre los depósitos de energía y de determinados aspectos metabólicos. En general, la regulación del balance energético a largo plazo se realiza a través de hormonas como la leptina, adiponectina, resistina e insulina, las cuales son sintetizadas y liberadas en proporción a la cantidad de tejido adiposo corporal, con lo que se regula la ingesta de alimentos y el almacenamiento de energía como masa grasa, asociado a su efecto regulador y su acción lipolítica. Los cambios en los niveles plasmáticos de leptina y/o de insulina reflejarían cambios en el estado energético, la adiposidad y estatus nutrimental, frente a los cuales, el sistema nervioso central (SNC) responde ajustando la ingesta para restablecer el tamaño de los depósitos grasos (Figura 31). La grelina, por su parte, podría ejercer un papel estimulando el inicio de la ingesta (Gallardo-Rincón et al., 2013; Lazo de la Vega-Monroy & Fernández-Mejía, 2010; Palou et al., 2004).

9.2.3. La obesidad desde una perspectiva molecular

El estudio de la obesidad desde el punto de vista molecular, implica necesariamente reconocer el papel fisiopatológico que tiene el sistema endocrino en los fenómenos de adquisición de nutrimentos calóricos, su conversión metabólica posterior y la capacidad orgánica para almacenar o disponer de estos depósitos energéticos (Godínez-Gutiérrez, 2004). El tejido adiposo (TA) es el órgano con mayor capacidad para guardar energía, la cual es almacenada en forma de triacilglicéridos (González-Hita, Bastidad-Ramírez, Ruíz-Madrigal, Gódinez & Panduro, 2002; Lazo de la Vega-Monroy & Fernández-Mejía, 2010). Los triacilglicéridos pueden provenir de la dieta o bien pueden ser sintetizados a partir de otros metabolitos, principalmente azúcares, mediante el proceso denominado lipogénesis. Los triacilglicéridos se almacenan en el tejido adiposo. Cuando se requiere de energía, éstos son hidrolizados por la vía metabólica denominada lipólisis (Lazo de la Vega-Monroy & Fernández-Mejía, 2010). Un exceso en el almacenaje de triacilglicéridos es la causante de la obesidad. Este padecimiento es por su origen, una enfermedad del tejido adiposo. La excesiva expansión del tamaño (hipertrofia) de los adipocitos produce alteraciones en su funcionamiento y es considerada como la principal desencadenante de las alteraciones presentes en la obesidad (Lazo de la Vega-Monroy & Fernández-Mejía, 2010). En los humanos hay 2 tipos de tejidos adiposos: el tejido adiposo blanco (WAT) y el tejido adiposo marrón o pardo (BAT). Ambos tejidos adiposos presentan diferencias importantes con relación a su funcionalidad, su morfología y su distribución. El WAT, además de ser el principal reservorio de energía, es un órgano secretor de un gran número de hormonas y citoquinas que modulan el metabolismo del organismo. Por otro lado, el BAT está especializado en el gasto energético a través de la termogénesis. Por tanto, el desarrollo de la obesidad depende del balance entre el WAT y el BAT (Gómez-Hernández, Perdomo, Escribano & Benito, 2012). En los humanos se diferencian 2 depósitos principales de WAT: el depósito subcutáneo, correspondiente al tejido adiposo que se localiza bajo la piel, y el depósito visceral. Hay 2 tipos de tejido adiposo visceral: el mesentérico y el omental. El primero se encuentra envolviendo al intestino, y el segundo se extiende desde la parte inferior del estómago, recubriendo el abdomen, y es el que normalmente se emplea en el estudio de la grasa visceral (Gómez-Hernández et al., 2012; Lazo de la Vega-Monroy & Fernández-Mejía, 2010). En este sentido, una obesidad periférica se caracteriza por una acumulación de tejido adiposo subcutáneo y es más frecuente en mujeres. Este tipo de obesidad no se ha asociado a un mayor riesgo de sufrir patologías asociadas. Sin embargo, la obesidad central o abdominal es más frecuente en hombres y consiste en una acumulación de tejido adiposo visceral. Este tipo de obesidad se ha asociado, mediante estudios epidemiológicos, con un mayor riesgo de padecer enfermedades tales como resistencia a la insulina, diabetes mellitus tipo 2 e hipertensión, aumentando considerablemente el riesgo cardiovascular (Gómez-Hernández et al., 2012; Lazo de la Vega-Monroy & Fernández-Mejía, 2010).

Es importante mencionar que la obesidad es una enfermedad poligénica en la que varios polimorfismos genéticos, a través de la interacción con el medio, dan lugar a un depósito excesivo de grasa corporal. Por tanto, es muy probable que no exista un solo tipo de obesidad sino varios genotipos con fenotipos similares (Gil-Hernández et al., 2007; González Jiménez, 2011). De entre los genes implicados en la etiología de la obesidad se encuentran genes que codifican péptidos orientados a transmitir señales de hambre y saciedad, genes implicados en el crecimiento y diferenciación de los adipocitos y genes que interactúan con factores ambientales y psicosociales, que actúan fisiológicamente a través de mediadores de la ingesta y del gasto energético (González Jiménez, 2011; Santi-Cano, Barba-Chacón & Mangas Rojas, 2001). Existen evidencias que sugieren que la acumulación de grasa corporal tiene una base genética, no sólo para las formas monogénicas de obesidad (Tabla 48), sino también para la obesidad poligénica común (Canizales-Quinteros, 2008). La herencia monogénica no es una explicación adecuada para la obesidad en la mayoría de las personas (Alvarenga, 2004). Tan solo en un 5% de casos, la obesidad es debida a la existencia de alteraciones monogénicas o bien a síndromes mendelianos de escasa incidencia (Gil-Hernández et al., 2007; González Jiménez, 2011).

El conocimiento de estas formas «puras» de obesidad, donde el defecto génico se ubica principalmente en la regulación del apetito y se caracterizan por obesidad severa con un inicio temprano, han sido de gran importancia no sólo para la identificación de los genes que ocasionan dichos fenotipos, sino también para proveer información adicional en los mecanismos moleculares que controlan el balance energético y la ingesta calórica, puntos clave en el desarrollo de la obesidad (Canizales-Quinteros, 2008)

Nombre del Gen	Genes/Símbolo	Localización
Receptor 1 de hormona liberadora de corticotropina	CRHR1	17q12-q22 (Gene ID: 1394)
Receptor de leptina	LEPR	1p31 (Gene ID: 3953)
Proopiomelanocortina	POMC	2p23.3 (Gene ID: 5453)
Subtilisina convertasa de la proproteína	PCSK1	5q15-q21 (Gene ID: 5122)
Homólogo de la proteína SM de Drosophila	SIM1	6q16.3-q21(Gene ID: 6492)
Receptor 2 de hormona liberadora de corticotropina	CRHR2	7p14.3 (Gene ID: 1395)
Leptina	LEP	7q31.3 (Gene ID: 3952)
Receptor 4 de melanocortina	MC4R	18q22 (Gene ID: 4160)
Receptor 3 de melanocortina	MC3R	20q13.2-q13.3 (Gene ID: 4159)
Receptor 24 acoplado a proteínas G (Hormona concentradora de melanina	GPR24	22q13.2 (Gene ID: 2847)

Tabla 48. Genes causantes de la obesidad humana monogénica (Adaptado de Gil-Hernández et al., 2007; González-Jiménez et al., 2012).

Las formas más comunes de obesidad son consideradas de etiología poligénica sobre las que actúa el entorno ambiental (Clement et al., 2002) Exceptuando algunos casos de obesidad monogénica, habitualmente la obesidad suele ser poligénica y la susceptibilidad a desarrollarla presenta una variación interpersonal de entre 40 y 70% (Ruiz-Prieto, 2012).Debido a que los genes que participan en las formas monogénicas de obesidad explican sólo una pequeña parte de la contribución genética requerida para el desarrollo de la obesidad poligénica, la cual está presente en la gran mayoría de los casos, ha sido necesario el uso de distintas estrategias que permitan la identificación de los genes de la obesidad poligénica común. Dos de las principales estrategias utilizadas son: el estudio de genes candidatos, es decir, genes que han sido previamente relacionados con los mecanismos que condicionan el desarrollo de la obesidad; y el escrutinio completo del genoma para detectar regiones cromosómicas ligadas con rasgos cuantitativos (QTL, Quantitative Traits Loci) asociados a la obesidad (tal es el caso del IMC, la circunferencia de cintura, entre otros) (Canizales-Quinteros, 2008; Lazo de la Vega-Monroy & Fernández-Mejía, 2010).

9.3. Epidemiología de la obesidad en México

A lo largo de la historia evolutiva de la raza humana, los recurrentes períodos de escasez de alimentos han seleccionado sujetos con una propensión a incrementar su reserva lipídica. Las ventajas biológicas que suponía esta capacidad de almacenamiento de lípidos siempre habían superado sus posibles efectos perjudiciales, con lo que nunca fue imperativo para la supervivencia del ser humano el desarrollar unos mecanismos de saciedad tan eficaces como los mecanismos «de hambre» que poseemos (Vizmanos, Hunot & Capdevila, 2006).

Sin embargo, en nuestra Sociedad actual se vive una situación de abundancia en la que este mecanismo adaptativo de conseguir el máximo de energía en los alimentos puede conducir a una ingesta excesiva de alimentos con alto contenido energético y gasto energético mínimo (metabolismo basal, efecto termogénico, y actividad física), mecanismo fisiopatológico básico del aumento del peso corporal y la génesis de la obesidad (Piña-Calva et al., 2011; Santi-Cano et al., 2001; Vizmanos et al., 2006). Así, muchos estudios reflejan que este aumento de la obesidad está ligado al sedentarismo y, por tanto, a una disminución del gasto energético, pero lo cierto es que en algunos países se ha observado en las últimas décadas un incremento importante de la ingesta energética diaria (Vizmanos et al., 2006).

La OMS calcula que para el año 2015 habrá aproximadamente 2 millones 300 mil adultos con sobrepeso, más de 700 millones con obesidad y más de 42 millones de menores de cinco años con sobrepeso. De acuerdo con proyecciones de la Organización para la Cooperación y el Desarrollo Económicos (OCDE) se estima que más de dos de tres personas tendrán sobrepeso u obesidad en el año 2020 (Barrera-Cruz et al., 2013). Analizando la evolución de este fenómeno se puede constatar que históricamente en México, el principal problema de salud relacionado con la nutrición hasta principios y mediados del siglo pasado, era la desnutrición, así lo confirman los primeros antecedentes publicados en México que hacen clara referencia a los padecimientos del hambre como problema médico epidemiológico (Fausto-Guerra et al., 2006). Desde 1988 y 2006, las encuestas nacionales de nutrición en México mostraron un rápido aumento de la obesidad en la población a un nivel, que cerca del 70% de la población adulta tiene algún grado de sobrepeso (Figura 33) (Vilá, 2010). La Encuesta Nacional de Salud 2000 mostró que cerca de 8% de los adultos mayores de 20 años sufren de diabetes tipo II y aproximadamente 30%, de hipertensión arterial. La prevalencia de dislipidemia es cercana a 30%.

Los datos de la Encuesta Nacional de Salud y Nutrición 2006 indican que siete de cada diez personas adultas presentaron sobrepeso y obesidad (ESANUT, 2006). De acuerdo con los hallazgos de la ENSANUT, la prevalencia de sobrepeso y obesidad en menores de cinco años ha registrado un ligero ascenso a lo largo del

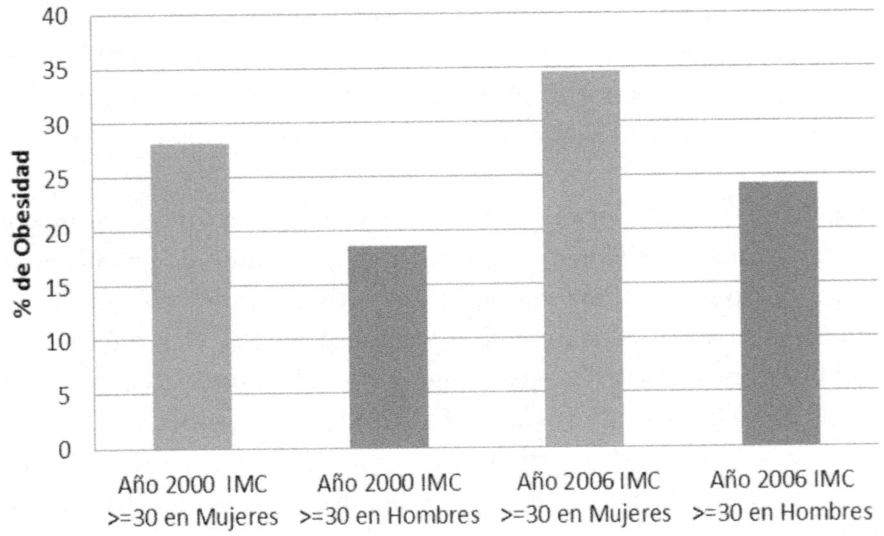

Figura 33. Prevalencia de obesidad en México del año 2000 al 2006 (OMS, 2006).

tiempo, casi 2 puntos porcentuales (pp) de 1988 a 2012 (de 7.8 a 9.7%, respectivamente) (Figura 34). Respecto a la población en edad escolar (de 5 a 11 años de edad), la prevalencia nacional combinada de sobrepeso y obesidad en 2012, a partir de los criterios de la OMS, fue de 34.4% (19.8 y 14.6%, respectivamente). Para las niñas, esta cifra es de 32% (20.2 y 11.8%, respectivamente) y para los niños es casi 5 pp mayor 36.9% (19.5 y 17.4%, respectivamente) (ESANUT, 2012a) (Tabla 49).

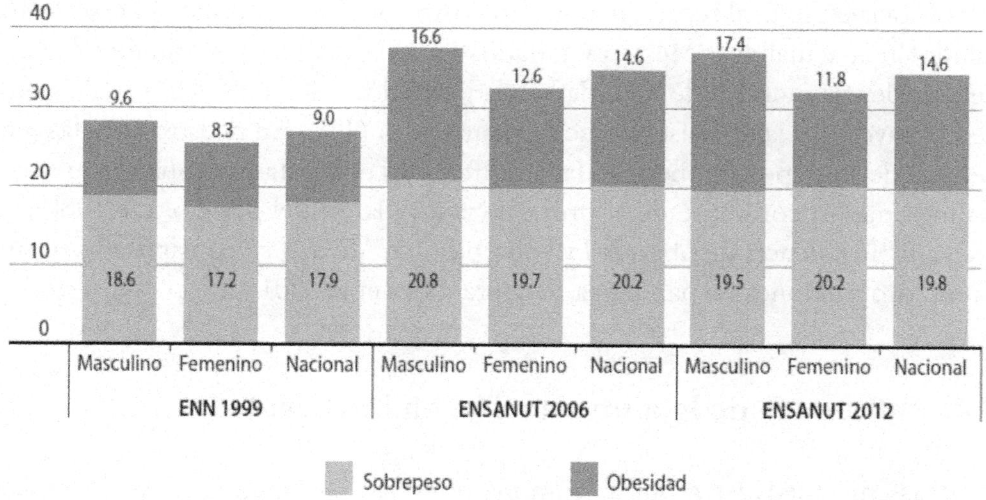

Figura 34. Comparativo de la prevalencia nacional de sobrepeso y obesidad en población de 5 a 11 años de edad, de la ENN 99, ENSANUT 2006 y ENSANUT 2012, por sexo, de acuerdo con los criterios propuestos por la OMS (ESANUT, 2012b).

Grupo de edad	Sobrepeso (%)	Obesidad (%)
Niños menores de cinco años	12.0	5.2
Niños de cinco a nueve años	16.2	12.1
Adolescentes	26.5	11.9
Mujeres	36.8	38.6
Hombres	42.5	32.5
Adultos mayores	41.9	33.5

Tabla 49. Prevalencia de sobrepeso y obesidad por grupo de edad (Barrera-Cruz et al., 2013).

El incremento en la incidencia de obesidad se ha observado en diferentes países del mundo, sin embargo, en México ha sido particularmente rápido. De acuerdo con los resultados de la ENSANUT 2012, 35% de los adolescentes tiene sobrepeso u obesidad. En el ámbito nacional esto representa alrededor de 6 325 131 individuos entre 12 y 19 años de edad. De 1988 a 2012, el sobrepeso en mujeres de 20 a 49 años de edad se incrementó de 25 a 35.3% y la obesidad de 9.5 a 35.2%. De acuerdo a las cifras anteriores, la obesidad y el sobrepeso han alcanzado proporciones de epidemia, al afectar a todos los grupos de edad y todas las clases sociales, lo cual representa un alto costo social y económico para el sector salud. En la actualidad, México y Estados Unidos, ocupan los primeros lugares de prevalencia mundial de obesidad en la población adulta (30%), la cual es diez veces mayor que la de países como Japón y Corea (4%). En nuestro país, las tendencias de sobrepeso y obesidad en las diferentes encuestas nacionales muestran un incremento constante de la prevalencia a lo largo del tiempo. De 1980 a la fecha, la prevalencia de obesidad y sobrepeso en México se ha triplicado, alcanzando proporciones de pandemia (Barrera-Cruz et al., 2013).

9.4. Influencia de la alimentación en la obesidad

Muchas enfermedades crónicas como la obesidad, diabetes, enfermedades cardiovasculares o enfermedades neurodegenerativas así como el cáncer, se han asociado repetidamente con hábitos poco saludables en la dieta. Por el contrario, la baja ingesta de grasa saturada y alta ingesta de frutas y verduras, pueden ayudar en la prevención de problemas de salud y en la reducción de los riesgos de enfermedades crónicas. La OMS recomienda el consumo de leguminosas para disminuir el riesgo de enfermedades asociadas a la alimentación (ej. diabetes tipo 2, obesidad). Las distintas leguminosas muestran un contenido de nutrientes y otros compuestos bioactivos diferentes, por lo que es importante conocer el efecto de su consumo sobre todo en relación con patologías crónica (Olmedilla et al., 2010). Se han documentado estudios clínicos epidemiológicos *in vivo* e *in vitro* de varios péptidos y proteínas de semillas de leguminosas con efectos anticancerígeno, hipocolesterolémico, disminución de la glucosa y la presión arterial (ECA), así como efectos antioxidantes y antimicrobianos (Jenkins et al., 2006; Luna Vital, González de Mejía, Dia & Loarca-Piña, 2014). En este contexto, la capacidad antioxidante de varias sustancias que se producen en las plantas se han evaluado en humanos, aunque la mayor parte de las investigaciones se ha dirigido hacia los efectos de las vitaminas C, E y el β caroteno (Goralczyk, Bachmann,

Wertz, Lenz, Riss, Buchwald Hunziker et al., 2006). Por otra parte, las dietas hipocalóricas enriquecidas con frutas, parecen estar involucradas en los efectos favorables sobre los riesgos asociados a las enfermedades cardiovasculares al disminuir los niveles plasmáticos de colesterol, además de promover la pérdida de peso (Crujeiras, Parra, Rodríguez, Martínez de Morentin & Martínez, 2006). Así también, algunos ensayos clínicos demuestran que el enriquecimiento de las dietas con alimentos con alto contenido de fibra y antioxidantes tales como frutas, verduras y leguminosas con la finalidad de reducir el riesgo de las enfermedades asociadas a la obesidad podría proporcionar un valor adicional de salud (Crujeiras, Goyenechea & Martínez. , 2010). Las leguminosas han sido consumidas por los seres humanos en todos los países desde hace miles de años. Estas constituyen uno de los grupos de plantas más importantes de la humanidad, ya que son los principales alimentos básicos y sus semillas proporcionan a los seres humanos, una fuente de alimentos altamente nutritivos. En los últimos años sus efectos sobre el bienestar físico ha comenzado a ser investigado (Duranti, 2006). Las leguminosas son productos agrícolas de valor incalculable que son producidos e importados por muchas regiones del mundo (Roy, Boye & Simpson, 2010). Desde el punto de vista nutricional, son consideradas como una fuente de proteínas libres de colesterol. El contenido de proteína de las leguminosas generalmente oscila entre 20 y 30%, aunque la calidad de la proteína de las leguminosas es a menudo subestimada debido a su relativamente bajo contenido de aminoácidos azufrados (Belitz, 2004). Por las características nutricionales se han asociado con una reducción en la incidencia de varios tipos de cáncer, colesterol HDL, diabetes tipo 2 y enfermedades del corazón (Roy et al., 2010). Diversos estudios demuestran el efecto positivo de las leguminosas en la salud humana, por ejemplo; una dieta alta en chícharos secos demostró ser eficaz en la reducción de la incidencia de cáncer de colon, diabetes tipo 2, colesterol LDL y enfermedades del corazón (Canada, 2006), el garbanzo es una buena fuente de proteínas para la dieta debido a su composición de aminoácidos bien equilibrada y la biodisponibilidad de proteínas (Yust, Pedroche, Millan, Alaiz, Giron & Vioque, 2003), es relativamente de bajo costo, se ha asociado con la prevención de enfermedades cardiovasculares, diabetes tipo-2 y disminuye los niveles de colesterol LDL baja.

La relación entre la obesidad y sus comorbilidades, suele estar vinculada a una serie de deficiencias metabólicas acompañada por desórdenes del estrés oxidativo. Por lo tanto, las dietas enriquecidas con antioxidantes incluyendo frutas, verduras y leguminosas se podrían aplicar en la terapia nutricional de la obesidad para mejorar el daño oxidativo y el aumento de los efectos beneficiosos asociados con la pérdida de peso (Crujeiras, Parra, Goyenechea & Martínez, 2008). La obesidad, diabetes tipo II y la hiperlipidemia, que frecuentemente coexisten y están fuertemente asociadas con el estrés oxidativo, y aumentan el riesgo de enfermedad cardiovascular (Rivera-Ramirez, Escalona-Cardoso, Garduno-Siciliano, Galaviz-Hernandez & Paniagua-Castro, 2011). Por tanto las leguminosas además de proporcionar proteínas y fibra dietética, las semillas pueden servir como una excelente fuente dietética de antioxidantes naturales para la prevención de enfermedades y promoción de la salud, así como su uso potencial como ingredientes funcionales para su transformación en productos nutracéuticos y alimentos saludables en la industria alimentaria (Bes-Rastrollo, Martínez-González, Sánchez-Villegas, de la Fuente Arrillaga & Martínez, 2006).

Los sujetos obesos no sólo comen grasa o hidratos de carbono, sino también consumen diferentes tipos de proteínas (Fulgoni, 2008). La proteína de la carne es la fuente más cara de calorías en el presupuesto de alimentos. Los alimentos con proteínas de origen animal son también generalmente más altos en grasa saturada y colesterol, mientras que proteínas de origen vegetales, principalmente de leguminosas, son una buena fuente de proteínas de bajo costo. Existe un considerable interés en el papel que las leguminosas pueden desempeñar en la prevención de enfermedades crónicas (Tovar & Torres, 2010). Existen estudios que sugieren que los individuos obesos son más propensos a perder peso, cuando se alimentan con proteína de soya que con proteínas de origen animal como un importante componente de la dieta. Este efecto es más relevante cuando la comida a base de soya se acopla con un alto consumo de frutas y verduras (Anderson, Fuller, Patterson, Blair & Tabor, 2007). Estudios anteriores han demostrado que el tipo de proteína regula la secreción de insulina en diferentes grados. El consumo a corto plazo de proteína de soya, o zeína y proteína de maíz, estimularon las concentraciones de insulina sérica en menor medida que una dieta de caseína en ratas (Tovar, Ascencio & Torres., 2002).

En el contexto de la obesidad, el aumento de evidencia de los estudios sugiere que la proteína es más saciante comparado con los hidratos de carbono o grasas (Clifton, 2007). El componente en la proteína de leguminosa que es responsable de los efectos hipolipidémicos y contra la obesidad no es totalmente dilucidado (Velasquez & Bhathena, 2007). Sin embargo, una acción directa específica de ciertos polipéptidos o subunidades de proteínas de leguminosas tales como inhibidores la α-amilasa, que puede interferir con la digestión de los carbohidratos complejos, promoviendo la pérdida de peso, ha sido considerada para su uso potencial en la prevención y el tratamiento de la obesidad y la diabetes (Mosca, Boniglia, Carratu, Giammarioli, Nera & Sanzini, 2008).

9.5. Conclusión

La obesidad es una condición que ha aumentado de manera epidémica en las últimas décadas. Su etiología es compleja y es el resultado de efectos combinados de la adaptación de los genes al medio ambiente, estilos de vida y sus interacciones. En paralelo al crecimiento de este padecimiento, el estudio sobre la obesidad ha sufrido un considerable desarrollo.

Es bien sabido que los nutrientes aportados por la dieta, también pueden influir de manera positiva el metabolismo durante el desarrollo de obesidad, o bien pueden desempeñar un papel fundamental en la prevención y disminución del sobrepeso y obesidad. Frutas, hortalizas y leguminosas son fuentes ricas de una de nutrientes, incluyendo minerales, vitaminas, fibra y algunos tipos de sustancia bioactivas como péptidos, polifenoles, flavonoides y carotenoides, entre muchos otros. Estos compuestos pueden ser importantes en la prevención de enfermedades crónicas como obesidad y sus comorbilidades y promover el estado de salud en general.

En términos de importancia económica, las leguminosas y cereales constituyen uno de los grupos alimenticios más importantes para la humanidad, debido a que son los principales alimentos básicos y proporciona a la humanidad una fuente muy nutritiva. Siendo, más baratos que los productos de origen animal. Por lo tanto, se consumen en todo el mundo como las principales fuentes de proteína de primera necesidad, especialmente en países de bajos ingresos. Diversas investigaciones científicas avalan el efecto de las propiedades de las leguminosas como alimento funcional. En ese sentido, el uso de semillas como el maíz y frijol que constituyen la dieta básica del pueblo mexicano desde tiempos inmemoriales pueden contribuir a ser una fuente importante de proteína vegetal en base a su composición química y procesamiento tecnológico. Sin embargo, desde el siglo pasado se observa una tendencia a la baja en el consumo de frijol y maíz, aun cuando los beneficios dietéticos y funcionales son evidentes. Por lo tanto, es importante la innovación de alimentos nutricionales y nutracéuticos que han sido empleados por nuestros antepasados para preservarlos y reincorporarlos en la dieta actual.

Agradecimientos

Los autores agradecen al Consejo Nacional de Ciencia y Tecnología (CONACYT) por el apoyo brindado a través de las becas de Doctorado: 268862 y 473062 y al Instituto Politécnico Nacional a través del proyecto SIP201600335.

Referencias

Alvarenga, L. (2004). Genética en la obesidad. *Revista de Endocrinología y Nutrición,* 12(4), S96-S101.

Anderson, J.W., Fuller, J., Patterson, K., Blair, R., & Tabor, A. (2007). Soy compared to casein meal replacement shakes with energy-restricted diets for obese women: randomized controlled trial. *Metabolism,* 56, 280-288. https://doi.org/10.1016/j.metabol.2006.10.013

Barquera-Cervera, S., Campos-Nonato, I., Rojas, R., & Rivera, J. (2010). Obesidad en México: epidemiología y políticas de salud para su control y prevención. *Gaceta Médica de México,* 146, 397-407.

Barrera-Cruz, A., Rodríguez-González, A., & Molina-Ayala, M.A. (2013). Escenario actual de la obesidad en México. *Rev Med Inst Mex Seguro Soc,* 51(3), 292-299.

Bastarrachea, R.A., Fuenmayor, R., Brajkovich, I., & Comuzzie, A.G. (2005). Entendiendo las causas de la obesidad a traves de la biologia celular del adiposito. *Rev Vene. Endocrino. Metab* [online], 3(3).

Belitz, H.-D., Grosch, W., & Schieberle, P. (2004). *Food Chemistry.* Springer. 4th ed. (2009).

Bernal-Reyes, R., Monzalvo-López, A., & Bernal-Serrano, M. (2013). Prevalence of gastrointestinal symptoms in overweight and obese subjects: an epidemiologic study on a Mexican population. *Rev Gastroenterol Mex,* 78(1), 28-34. https://doi.org/10.1016/j.rgmx.2012.10.006

Bersh, S. (2006). La obesidad: aspectos psicológicos y conductuales. *Revista Colombiana de Psiquiatria,* XXXV(4), 537-546.

Bes-Rastrollo, M., Martínez-González, M.Á., Sánchez-Villegas, A., de la Fuente Arrillaga, C., & Martínez, J.A. (2006). Association of fiber intake and fruit/vegetable consumption with weight gain in a Mediterranean population. *Nutrition,* 22(5), 504-511. https://doi.org/10.1016/j.nut.2005.12.006

Canada, AAFC (2006). Lentils: Situation and outlook. *Bi-weekly Bulletin,* 19(7).

Canizales-Quinteros, S. (2008). Aspectos genéticos de la obesidad humana. *Revista de Endocrinología y Nutrición,* 16(1), 9-15.

Clifton, P.M., & Keogh, J. (2007). Metabolic effects of high-protein diets. *Curr Atheroscler Rep,* 9, 472-478. https://doi.org/10.1007/s11883-007-0063-y

Crujeiras, A.B., Goyenechea, E., & Martínez, J.A. (2010). Fruit, Vegetables, and Legumes Consumption: Role in Preventing and Treating Obesity. En *Bioactive Foods in Promoting Health,* capítulo 24, 359-380.

Crujeiras, A.B., Parra, M.D., Rodríguez, M.C., Martínez de Morentin, B.E., & Martínez, J.A. (2006). A role for fruit content in energy-restricted diets in improving antioxidant status in obese women during weight loss. *Nutrition,* 22, 593-599. https://doi.org/10.1016/j.nut.2006.03.008

Crujeiras, A.B., Parra, D., Goyenechea, E., & Martínez, J.A. (2008). Sirtuin gene expression in human mononuclear cells is modulated by caloric restriction. *European Journal of Clinical Investigation,* 38(9), 672-678. https://doi.org/10.1111/j.1365-2362.2008.01998.x

Chima-Galán, M. (2012). Genética y obesidad. Farmacología en Anestesia, 35(1), S189-S190.

de los Monteros, L.A.G.E., Robles Ramirez, M.d.C., & Mora, R. (2011). Soybean and Obesity. Prof. Tzi-Bun Ng (Ed.). *In Tech,* Pp.555-576. https://doi.org/10.5772/15051

Duranti, M. (2006). Grain legume proteins and nutraceutical properties. *Fitoterapia,* 77:67-82. https://doi.org/10.1016/j.fitote.2005.11.008

ESANUT (2006). Encuesta nacional de salud y nutrición, 11, 121.

ESANUT (2012a). Encuesta nacional de salud y nutrición 2012, 180.

ESANUT (2012b). Encuesta nacional de salud y nutrición 2012: Resultados nacionales, 13, 180.

FAO (1996). Declaración de Roma sobre la Seguridad Alimentaria Mundial Y Plan de Acción de la Cumbre Mundial sobre la Alimentación Deposito de documentos de la FAO.

FAO (2001). Reforzar la voluntad política para combatir el hambre. Depósitos de documentos de la FAO (CFS:2001/Inf.6).

FAO (2006). El derecho a la alimentación en la práctica. Dependencia del Derecho a la Alimentación, 1-29.

FAO (2014). Panorama de la Seguridad Alimentaria y Nutricional en América Latina y el Caribe 2013: Hambre en América Latina y el Caribe: acercándose a los Objetivos del Milenio, 1, 55.

Fausto-Guerra, J., Valdez-López, R., Aldrete-Rodríguez, M., & López-Zermeño, M. (2006). Antecedentes históricos sociales de la obesidad en México. *Investigación en Salud,* VIII(2), 91-94.

Frenk, J., Frejka, T., Bobadilla, J., Stern, C., Lozano, R., Sepúlveda, J., & José, M. (1991). La Transición epidemiológica en América Latina. *Boletin de la Oficina Sanitaria Panamericana,* 111(6).

Fulgoni, V.L. (2008). Current protein intake in America: analysis of the National Health and Nutrition Examination Survey. *Am J Clin Nutr,* 87, 1554S-1557S.

Gallardo-Rincón, H., De Mucha-Mora, M.T., & Montiel-Egremy, J.C. (2013). *Obesidad. Manual de obesidad para profesionales de la salud.*

García-García, E. (2004). ¿Qué es la obesidad? *Revista de Endicronología y Nutrición,* 12(4), S88-S90.

Gil-Hernández, A., Aguilera-García, C.M., & Gil-Campos, M. (2007). Genética de la obesidad humana. *Nutr Clín Med,* 1, 163-173.

Godínez-Gutiérrez, S. (2004). ¿Cuáles son las bases moleculares de la obesidad? *Revista de Endicronología y Nutrición,* 12(4), S102-S108.

Gómez-Hernández, A., Perdomo, L., Escribano, O., & Benito, M. (2012). Papel del tejido adiposo blanco en las complicaciones vasculares asociadas a la obesidad. *Clin Invest Arterioscl,* 25(1), 27-35. https://doi.org/10.1016/j.arteri.2012.11.003

Gómez, A.S.O., García, V.V., & Estrada, M.M. (2005). La alimentación en México: enfoques y visión a futuro. *Estudios Sociales: Revista de investigación científica,* 13(25), 7-34.

González-Hita, M., Bastidad-Ramíerz, B.E., Ruíz-Madrigal, B., Gódinez, S., & Panduro, A. (2002). Funciones endocrinas de la célula adiposa. *Revista de Endicronología y Nutrición,* 10(3), 140-146.

González-Jiménez, E. (2011). Genes y obesidad: una relación de causa-consecuencia. *Endocrinología y Nutrición,* 58, 492-496. https://doi.org/10.1016/j.endonu.2011.06.004

Goralczyk, R., Bachmann, H., Wertz, K., Lenz, B., Riss, G., Buchwald Hunziker, P., Greatrix, B., & Aebischer, C.P. (2006). Beta-carotene-induced changes in RARbeta isoform mRNA expression patterns do not influence lung adenoma multiplicity in the NNK-initiated A/J mouse model. *Nutr Cancer,* 54, 252-262. https://doi.org/10.1207/s15327914nc5402_12

Hernández-Jiménez, S. (2004). Fisiopatologia de la obesidad. *Gac Méd Méx,* 140(2), S27-S32.

Jenkins, D.J., Kendall, C.W., Faulkner, D.A., Nguyen, T., Kemp, T., Marchie, A., & Vidgen, E. (2006). Assessment of the longer-term effects of a dietary portfolio of cholesterol-lowering foods in hypercholesterolemia. *The American Journal of Clinical Nutrition,* 83(3), 582-591.

Lai, C.-S., Wu, J.-C., & Pan, M.-H. (2015). Molecular mechanism on functional food bioactives for anti-obesity. *Current Opinion in Food Science,* 2(0), 9-13. https://doi.org/10.1016/j.cofs.2014.11.008

Lazo de la Vega-Monroy, M.L., & Fernández-Mejía, C. (2010). *Obesidad: Bases moleculares de la obesidad*, 101-124.

Luna-Vital, D.A., González de Mejía, E., Dia, V.P., & Loarca-Piña, G. (2014). Peptides in common bean fractions inhibit human colorectal cancer cells. *Food Chemistry*, 157(0), 347-355. https://doi.org/10.1016/j.foodchem.2014.02.050

Mahan, L.K., & Escott-Stump, S. (2008.). *Krause's food & nutrition therapy & diet therapy* (12th ed.). St. Louis, Mo.: Saunders/Elsevier. 1352.

Marti, A., Moreno-Aliaga, M.J., Ochoa, M.C., Marrades, P., Santos, J.L., & Martínez, J.A. (2004). Genética de la obesidad en humanos: rumbos de investigación. *Rev Esp Obes*, 2(6), 351-362.

Mosca, M., Boniglia, C., Carratu, B., Giammarioli, S., Nera, V., & Sanzini, E. (2008). Determination of alpha-amylase inhibitor activity of phaseolamin from kidney bean *(Phaseolus vulgaris)* in dietary supplements by HPAEC-PAD. *Anal Chim Acta*, 617, 192-195. https://doi.org/10.1016/j.aca.2007.12.046

OMS (2000). *Obesity: Preventing and Managing the Global Epidemic*. Ginebra: World Health Organization. 253.

OMS/FAO (2003). *Dieta, nutrición y prevención de enfermedades crónicas*. Serie de Informes Técnicos 916. Ginebra: Organización Mundial de la Salud. 152.

OMS (2006). Global Database on Body Mass Index.

Palou, A., Bonet, M.L., Picó, C., & Rodríguez, A.M. (2004). Nutrigenómica y obesidad. *Rev Med Univ Navarra*, 48(2), 36-48.

Piña-Calva, A., Álvarez-González, I., Madrigal-Bujaidar, E., & Espinosa, E. (2011). Review of the main genes involved in the development of obesity. *Revista Mexicana de Ciencias Farmacéuticas*, 42(4).

Ramos-López, O., Ojeda-Granados, C., Román, S., & Panduro, A. (2013). Influencia genética en las preferencias alimentarias. *Rev Endocrinol Nutr*, 21, 74-83.

Rivera-Ramirez, F., Escalona-Cardoso, G.N., Garduno-Siciliano, L., Galaviz-Hernandez, C., & Paniagua-Castro, N. (2011). Antiobesity and hypoglycaemic effects of aqueous extract of Ibervillea sonorae in mice fed a high-fat diet with fructose. *J Biomed Biotechnol*, ID 968984, 1-6. https://doi.org/10.1155/2011/968984

Román, S., Ojeda-Granados, C., & Panduro, A. (2013). Genética y evolución de la alimentación de la población en México. *Rev Endocrinol Nutr*, 21(1), 42-51.

Roy, F., Boye, J.I., & Simpson, B.K. (2010). Bioactive proteins and peptides in pulse crops: Pea, chickpea and lentil. *Food Research International*, 43(2), 432-442. https://doi.org/10.1016/j.foodres.2009.09.002

Ruiz-Prieto I. (2012). Obesidad y genes asociados. *Trastornos de la conducta Alimentaria*, 16, 1813-1830.

Sánchez, G.S., & Muñoz, V.H.P. (2014). El Escenario Actual de la Alimentación en México/The Actual Scene of the Feeding in Mexico. *Textos & Contextos (Porto Alegre)*, 13(1), 128-142. https://doi.org/10.15448/1677-9509.2014.1.16223

Santi-Cano, M.J., Barba-Chacón, A., & Mangas-Rojas, A. (2001). Obesity molecular basis: appetite regulation and energetic metabolism control. *Med Clin (Barc)*, 117(2), 463-476. https://doi.org/10.1016/S0025-7753(01)72146-X

Silvestri, E., & Stavile, A. (2005). *Aspectos Psicológicos de la obesidad.* Posgrado en Obesidad a Distancia-Universidad Favaloro. 8-12.

Sonia, B. (2006). La obesidad: aspectos psicológicos y conductuales. *Revista Colombiana de Psiquiatria*, XXXV(4), 537-546.

Tejero, M. (2008). Genetics of obesity. *Bol Med Hosp Infant Mex*, 65, 441-450.

Tovar, A.R., & Torres, N. (2010). The role of dietary protein on lipotoxicity. *Biochim Biophys Acta*, 3, 367-371. https://doi.org/10.1016/j.bbalip.2009.09.007

Tovar, A.R., Ascencio, C., & Torres, N. (2002). Soy protein, casein, and zein regulate histidase gene expression by modulating serum glucagon. *Am J Physiol Endocrinol Metab*, 283, E1016-1022. https://doi.org/10.1152/ajpendo.00398.2001

Velasquez, M.T., & Bhathena, S.J. (2007). Role of Dietary Soy Protein in Obesity. *Int J Med Sci,* 4, 72-82. https://doi.org/10.7150/ijms.4.72

Vilá, M.B. (2010). Acercamiento antropológico de la alimentación y salud en México. *Physis: Revista de Saúde Coletiva,* 20(2).

Vizmanos, B., Hunot, A.C., & Capdevila, F. (2006). Alimentación y obesidad. *Red de Revistas Científicas de América Latina, el Caribe, España y Portugal,* VIII(3), 79-85.

Yust, M.M., Pedroche, J., Millan, F., Alaiz, M., Giron, J., and Vioque, J. (2003). Production of ace inhibitory peptides by digestion of chickpea legumin with alcalase. *Food Chemistry,* 81(3), 363-369.